국직업능력개발원 등록 제 2013-1464호   체형관리사 자격시험 대비

체형 관리학

핵심요약과 적중문제 수록

도서출판 한수

머/리/말

고도의 산업화 사회로 발전되면서 우리는 문화적, 사회적, 경제적으로 풍요와 편리함을 제공받는 환경에서 살고 있다. 더불어 웰빙이라는 표현이 대중화 되면서 아름다운 신체, 건전한 정신을 소중하게 여기는 분위기가 강조되었다. 웰빙의 의미에는 건강, 음식, 미용 및 행복의 모든 가치가 포함되어 있다. 즉, 현대인은 삶의 큰 가치를 웰빙에 두고 있다고 해도 과언이 아닐 것이다.

따라서 현대를 살아가는 모든 사람들에게 아름다움을 유지하고 가꾸는 것은 중요한 관심사이다. 하지만 문명의 발달로 인하여 현대의 생활은 신체 활동의 범위가 줄어들었고 점점 시간적 공간적 움직임이 적은 환경으로 변하여 운동부족이 되었다. 또한 스트레스 및 식습관의 변화로 인체에 부정적인 영향을 미치고 있다. 이런 영향은 체형에도 나쁜 변화를 유도하면서 외관상 문제와 함께 질병으로 건강에도 적신호를 주게 되었다. 이런 상황에서 체형관리사의 역할은 중요하게 되었고, 체형관리사는 과학적인 원리를 통하여 식사요법, 운동요법, 마사지요법 등을 인체에 적용시켜야 한다. 즉 정확한 체형분석을 통하여 잘못된 체형의 문제점을 발견하고 수기와 도구 및 기기를 활용하여 체격의 중심을 바로 잡는 것이 필수적인 일이다. 이런 필요에 의하여 체형관리사는 외모의 아름다움을 유지시켜주는 데 중요할 뿐 아니라 만족스런 체형관리로 인하여 현대인들에게 정신적인 만족과 행복을 줄 수 있는 역할을 한다.

한편 체형과 아름다움에서의 웰빙은 외적인 아름다움과 함께 내적인 아름다움이 중요한 요소임을 말할 나위가 없다. 체형의 아름다움은 내면이 건강해야 가능하며 건강하지 못한 신체는 바람직한 체형을 유지할 수 없다. 따라서 체형관리사는 식품과 영양에 관심을 가져야 한다. 아름다운 외모를 유지하기 위해서 무엇보다도 중요한 것은 올바른 식생활과 꾸준한 관리이다. 더불어 이 책을 접하는 독자들은 올바른 체형과 영양에 대한 이해로 최적의 건강과 아름다운 체형을 가꿀 수 있기를 바라는 마음이 간절하다.

체·형·관·리·학

Preface

　본서는 인간의 아름다움에 실제 적용 가능한 실천적인 방법론으로서, 전문적인 체형관리사의 양성에 도움이 되도록 체형에 따른 전반적인 기본 이론과 체형에 적합한 관리방법을 제시하였고 이를 돕기 위해 그림 및 실제의 관리 사진을 수록하여 구성하였다. 체형관리에 관심을 갖고 공부하는 학생 및 이 분야에 종사하는 사람들뿐만이 아니라 본인의 건강과 체형을 관리하는 많은 독자들이 이론과 실무의 내용을 함께 습득하기를 바란다. 그리고 아름다움을 사랑하는 많은 독자들이 이 책을 통하여 기쁨과 행복을 전수할 수 있는 현대의 Life Stylist가 되기를 바란다.

　이 책이 나올 수 있도록 많은 배려를 해주신 사단법인 한국능력교육개발원의 전석한 원장님, 사진촬영에 도움을 주신 김혜란님과 관리사분들께 감사의 마음을 전하며, 마지막으로 탈고에서부터 마지막 편집과정까지 꼼꼼하게 수고해주신 '도서출판 한수'에게 깊은 감사를 드린다.

2015년 4월
저자 **전형주**

차/례

머리말/ 자격검정안내-체형관리사

제1장 체형관리 개요
1. 체형관리의 정의 / 16
2. 체형관리의 목적 및 필요성 / 17
3. 체형관리의 적용영역 / 18

제2장 체형관리와 영양
1. 탄수화물 / 30
2. 지질 / 37
3. 단백질 / 42
4. 비타민 / 46
5. 무기질 / 53
6. 수분 / 57

제3장 체형관리와 비만
1. 비만(Obesity)의 정의 / 68
2. 비만의 원인 / 68
3. 비만의 분류 / 72
4. 비만과 질환 / 76
5. 비만의 진단과 측정법 / 84
6. 비만과 신체의 대사 / 87

제4장 체형관리와 적용방법
1. 체형관리를 위한 식사요법 / 98
2. 체형과 체중관리를 위한 운동요법 / 108
3. 비만습관에 대한 행동수정 요법 / 119
4. 약물요법 / 122
5. 수술요법 / 123
6. 보정속옷 / 124
7. 셀룰라이트 관리 / 126

제5장 체형관리의 상담 및 분석
1. 상담 / 135

체·형·관·리·학

Contents

  2. 분석 / 140
  3. 상담 및 유형 / 146
  4. 체형관리 상담 및 관리 시 사용자료 / 157

제6장 체형관리 프로그램의 실제
  1. 체형관리 절차 / 168
  2. 프로그램 단계 / 171
  3. 관찰과 지지 / 179

제7장 체형관리를 위한 마사지 요법
  1. 마사지의 종류 / 190
  2. 카이로프락틱 / 205
  3. 슬리밍 요법 / 206
  4. 지압(시아추) / 207
  5. 체형관리와 테이핑 요법 / 212

제8장 체형관리를 위한 기기 테크닉
  1. 체형관리 기기의 분류 / 222
  2. 체형관리 기기의 특징 및 종류 / 223
  3. 체형관리 전신 운동 기기의 종류 / 238

제9장 체형관리를 위한 골격과 근육 이해
  1. 골격과 체형관리 / 246
  2. 근육과 체형관리 / 251
  3. 근육이 형성하는 체격과 체질의 이해 / 257

제10장 올바른 체형관리를 위한 자세 교정법
  1. 일상적인 생활의 자세 / 264
  2. 체형관리를 위한 운동 / 273
  3. 이상적인 자세를 위한 체형 만들기 / 288

모의고사 / 304
참고문헌 / 315

자격검정 안내

자격명: 체 형 관 리 사
[등록번호 2013-1464]

주최:    주관:

목 차

I. 체형관리사의 개요
1. 직무의 정의
2. 산업계 종사현황
3. 직업명세서

II. 체형관리사 자격검정 시행요강
1. 자격의 목적 및 시행근거
2. 응시자격
3. 검정과목 및 검정방법
4. 검정기준 (합격기준)
5. 검정 일정
6. 원서접수 및 검정수수료

Ⅰ. 체형관리사의 개요

1. 직무의 정의

체형관리사는 고객의 체중, 체지방, 식습관, 운동량, 주변 환경을 파악하고, 이를 토대로 식이요법, 운동요법, 행동수정요법 등 가장 이상적인 다이어트를 설계하는 전문가로서 운동이나 식이요법을 통해 전체적인 체형이나 신체 특정 부분의 균형을 잡아주고 탄력 있게 유지·관리하는 업무를 수행한다.

체형관리사는 우선 고객이 체중감량을 원하는지, 부분 몸매 교정을 원하는지 등 고객의 요구와 몸의 특성을 파악하고 신체균형 상태가 어떤지 기계로 측정한다. 그 후 고객에게 적합한 운동처방, 식이요법, 마인드컨트롤 등으로 나뉘는 다이어트 프로그램을 설계한다. 고객의 체형 특성에 맞게 설계된 프로그램에 따라 운동을 하도록 하고 마사지와 래핑(지방분해 효과를 위해 랩이나 붕대 등으로 몸을 감싸는 관리) 등을 하기도 한다. 또한, 식이요법을 잘 지킬 수 있도록 확인하고, 체형 때문에 우울증이나 스트레스가 심한 고객들에게는 심리적인 안정감을 주는 것이 중요하다. 최근에는 청소년비만, 산후비만, 요요예방 등 대상별, 특성별 차별화된 체형관리 프로그램을 기획하여 관리하기도 하고, 기업의 임직원을 대상으로 단체로 체형관리 프로그램을 제공하기도 한다.

2. 산업계 종사현황

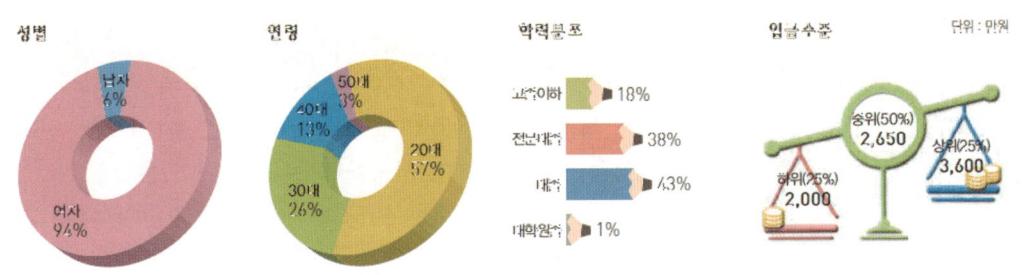

〈체형관리사〉

자료 : 한국직업정보 재직자조사

3. 직업명세서

가. 직업 분류

직업명	체형관리사	유사직업	다이어트컨설턴트
현장 직업명	체형관리사, 다이어트플래너	자격종목명	체형관리사

나. 직무 수행 조건

최소교육정도	고등학교 졸업 이상	적정연령	20세 이상
적성 및 흥미	개개인에 알맞은 식생활 프로그램의 실시 및 상담 업무를 수행하기 위해 영양 조절 및 운동방법, 행동수정요법, 심리학 등에 대한 지식과 이해가 요구된다. 1대1로 고객을 관리하고 상담하기 때문에, 원만한 대인관계 능력, 의사소통능력, 그리고 고객에 대한 서비스 정신이 요구된다.		
근무환경	체형관리실은 대부분 예약제를 실시하기 때문에 고객의 예약상태에 따라 근무시간이 좌우되는데 최근에는 직장인 고객을 위해 저녁 늦게까지 영업하는 곳이 많으며, 주말에도 예약제로 오픈하는 곳이 많다. 손으로 장시간 섬세하게 마사지를 할 경우 체력적인 소모도 큰 편이며, 다양한 고객들을 대하는 것에서 오는 정신적 스트레스가 있을 수 있다.		

다. 인력양성 실태 및 취업 경로 등

교육 및 훈련	체형관리사는 체형, 식품영양 등에 대한 지식을 기본으로 가지고 있어야 하므로 다이어트, 식품, 체육 관련한 전공을 하는 사람들이 유리할 수 있으며, 최근에는 체형관리사 양성을 위한 별도의 사설 교육기관이 생겨 업무와 관련한 교육을 받을 수 있다.
관련학과	피부비만관리과, 식품영양학과, 운동처방학과, 다이어트건강관리과, 사회체육학과 등이 있다.

취업 등 진출분야	체형관리실 및 비만클리닉센터, 다이어트센터, 병원부설 다이어트클리닉 및 상담실 등에 주로 취업하며, 스포츠 및 헬스장, 생식 및 다이어트 관련 업체에 취업하여 상담업무를 하기도 하다.
승진 및 경력개발	체형관리사는 일반적으로 견습생으로 입사하여 3개월 내외의 경력을 쌓고, 대략 3~4년의 경력을 가지면 실장(매니저)으로 승진하며 그 후 부원장, 원장(센터장)으로 승진할 수 있다. 또 경력을 쌓고, 마케팅 능력을 갖춘 후 프리랜서로 종사하기도 한다.
직업전망	체형관리사의 고용은 외모와 건강에 대한 국민의 관심이 높아지면서 꾸준히 증가할 것으로 전망된다. 유럽, 미국보다는 비만인구가 낮지만 우리나라의 비만인구 비율도 매년 증가하고 있다. 특히 소아청소년의 비만에 대한 사회적 관심이 높다. 체형관리나 다이어트를 위해 예전에는 식사량을 모조건 줄이거나 무리한 일정으로 살을 빼는 것에 집중하였다면, 최근에는 건강을 고려하여 본인에게 맞는 맞춤형 운동, 식이요법, 마사지, 행동수정요법, 상담 등을 복합적으로 병행하여 건강하게 체중, 체형을 관리·유지하려는 사람들이 늘고 있어 다이어트프로그래머, 퍼스널트레이너 등 전문가로부터 도움을 받는 사람들이 증가할 것으로 예상된다. 또 소아청소년, 고령자, 여성 등 대상별로 특화된 서비스를 제공하는 체형관리사의 수요도 꾸준할 것이다. 하지만 체형관리사는 산업 경기에 매우 민감한 업종이라는 한계가 있으며, 대도시를 주변으로 활성화되어 있어 지역별로 일자리 창출과 취업경쟁이 상이할 것이다. 또한 관련 기술을 익히고 배출되는 인력이 증가하면서 안정적인 업체에 취업하기 위해서는 전문성을 갖추도록 노력해야 하며, 아직은 영세하고 열악한 근무환경으로 이직 또는 전직하는 사람들도 많은 편이어서 취업 시 장기적인 안목이 필요하다.

체·형·관·리·학

Ⅱ. 체형관리사 자격검정 시행요강

1. 자격의 목적 및 시행근거

① 일반인의 체중감소 및 건강 증진을 목적으로 고객의 체형과 체질 개선
② 개인서비스 분야의 취업을 원하는 이들에게 전문지식 제공으로 취업 지원

제 2013-1464 호

민간자격등록증

1. 등록자격관리자: (사)한국능력교육개발원

2. 사업자등록번호: 418-82-04862

3. 주소(소재지): 서울 성동구 행당동 286-64번지 4층

4. 대표자

   성명: 전석한   생년월일: 1957-02-28

   주소: 서울 노원구 상계2동 중앙하이츠@ 203동 401호

5. 자격의 종목 및 등급: 체형관리사, 등급없음

6. 자격의 검정기준·검정과목·검정방법·응시자격 또는 교육훈련과정의 교과목·교육기간·이수기준·평가기준·평가방법에 관한 사항: (민간자격 등록신청시 제출한 『민간자격의 관리·운영에 관한 규정』에 따름)

7. 등록에 따른 이행 조건:
   가. 등록한 자격과 관련하여 광고하는 경우 자격의 종류와 등록번호, 해당 민간자격관리기관, 그 밖에 소비자 보호를 위해서 대통령령으로 정하는 사항 등을 반드시 표시하여야 함.
   나. 등록한 자격에 대하여 허위 또는 과장 광고하는 등의 행위는 관련법령에 의거 처벌받을 수 있음.
   다. 등록한 자격을 폐지하고자 하는 경우 반드시 신고하여야 하며, 등록한 자격의 명칭, 등급, 직무내용을 변경하고자 하는 경우 변경등록을 신청하여야 함.

「자격기본법」 제17조제2항과 같은 법 시행령 제23조제4항 및 제23조의2제2항에 따라 위와 같이 민간자격에 대하여 등록하였음을 증명합니다.

2013년 12월 31일

한국직업능력개발원장

2. 응시자격

대한민국 국민이면 누구나 연령, 학력, 경력에 제한 없이 응시가 가능하다.

다음의 각 호에 해당하는 자는 체형관리사 자격검정에 응시할 수 없다.

(1) 금치산자 또는 한정치산자.
(2) 법정관리 질병 보유자.
(3) 기타 부정한 방법에 의하여 자격이 취소된 후 2년이 경과되지 아니한 자.
(4) 업무를 수행하기에 장애(시각 등)로 인하여 무리가 있다고 판단되는 자.

3. 검정방법

구 분	형 태	비 고
일반형 (필기합격+실무교육)	필기시험 합격 후 10시간 이상 교육이수	
과정 이수형 (무시험 교육이수)	20시간 이상 교육이수	(사)한국능력교육개발원이 지정한 교육기관에서 받은 교육에 국한 함

Chapter 01 체형관리 개요

1. 체형관리의 정의
2. 체형관리의 목적 및 필요성
3. 체형관리의 적용영역

CHAPTER 01 체형관리 개요

　체형이란 체격의 겉모양에 따라 나누어지는 몸의 부류로, 좋은 체형은 신체의 균형을 이루는 건강한 몸을 말한다. 현대는 식생활의 변화와 활동량의 감소에 의하여 체중이 증가하면서 건강상의 문제를 야기하였다. 우리사회에 비만을 비롯한 심혈관계 질환 등 성인병의 문제를 가져왔고, 비만은 신체의 외형상의 문제는 물론 정신적 문제뿐 아니라 다양한 질병을 유발하여 개인의 건강과 행복에 큰 악영향을 미치게 되었다. 또한 바르지 못한 자세로 인하여 많은 사람들은 시간이 흐를수록 근육의 불균형 현상이 발생되면서 근육은 약해지고, 관절의 이상이 생기게 되었다.

　체형은 우리의 건강과 밀접한 상관관계가 있으므로 개인의 건강한 생활을 위하여 올바른 식사 요법과 운동요법을 함께 병행하고, 적절한 체중을 유지하는데 힘써야 한다. 한편 사회적 인식에 따라 자신의 외모에 관심을 갖는 사람들이 늘어나고 있으며, 아름다움에 대한 욕구로써 몸매뿐만 아니라 건강을 유지하는 일은 행복의 개념으로 추구되고 있다. 따라서 체형관리의 중요성 및 건강한 체형을 위한 많은 방법들을 제대로 인식하여야 한다.

　건강한 삶을 추구하는 웰빙 시대 속의 현대인들은 바쁜 생활 속에서도 건강하고 아름다운 체형을 갖기 위해 많은 시간과 다양한 노력을 하고 있는데, 건강수명은 '아프지 않고, 얼마나 오랫동안 삶을 건강하게 잘 사는가'의 개념으로 볼 수 있다. 따라서 체형관리는 시대적 욕구와 필요에 의하여 과학적이며 개인에 맞춘 체계적인 방법으로 접근하여야 한다.

1 체형관리의 정의

　체형은 보통 비만형, 세장형 등과 같이 겉모습으로 본 체격의 형태를 말한다. 체형을 관리한다는 것은 나쁜 생활습관과 근육의 경직 등 여러 가지 요인들이 신체에 긍정적이지 못한 악영향을 미쳤을 때 건강하고 정상적인 체형을 유지하도록 하는 것이다. 즉 체격이 너무 크거나 작은 상태, 또는 등이 굽거나 골격이 변형된 체형을 물리적,

전기적, 과학적인 방법을 이용하여 전체적으로 몸의 형태를 바르게 하고, 건강하고 아름다운 체형을 유지하도록 하는 것이다.

2 체형관리의 목적 및 필요성

1) 체형관리의 목적

몸의 골격이 변형되어 통증을 호소하거나 외적 변화로 자신의 체형에 대하여 불만과 자신감 결여가 나타나는 체형의 비정상적인 변화는 많은 사람들에게 큰 스트레스를 주게 된다. 체형관리의 목적은 이러한 체형의 비정상적인 변화를 정상적인 상태로 회복시키거나, 또는 건강했던 체형을 잘 유지하도록 하는데 있다. 즉 체형관리를 통해 건강하고 행복한 삶을 살도록 하는 것이다.

체형 관리의 목표는 혈액과 림프액의 순환으로 골격을 바로잡고 균형을 이루게 하는데 그 중요성이 있다. 건강하게 체형을 유지시키는 것은 모든 사람의 바람이므로 전문적인 상담과 개인 맞춤의 체형분석을 통하여 합리적이고 올바른 프로그램이 적용되어야 한다. 이러한 필요성에서 전문적인 지식을 습득한 체형관리사는 체형관리를 원하는 사람들의 육체적, 심리적 효과를 극대화할 수 있는 다양한 프로그램의 개발 및 그 활용에 최선을 다하여야 한다.

2) 체형관리의 필요성

체형관리의 필요성은 사회적 만족뿐만이 아니라 육체적 건강과 정신적, 정서적 안정감을 얻는 것이다. 체형의 불균형이 가져오는 스트레스는 육체적·정신적 불안감을 유발하고 자신감을 결여시키게 된다. 즉 건강한 체형을 유지하게 되면 중추신경계와 면역계가 활성화 되어서 신체의 피로와 사회적 결핍을 감소시켜주며 신진대사와 혈액순환이 원활해진다. 따라서 올바른 식이요법, 운동 요법 등을 체형관리의 면에서 복합적 프로그램과 함께 적용한다면 아름다운 체형의 만족 뿐 아니라 사회적 건강한 삶을 유지할 수 있다.

체·형·관·리·학

 체형관리사

체형관리사는 정확한 체형분석과 전문적인 상담 등을 통하여 그에 따른 적절한 프로그램을 설계하는 직업이다. 전문적이고 과학적인 방법으로 고객의 체형과 체질을 고려하여 체계적인 계획을 세우고 개인의 맞춤 프로그램에 따라 관리해주며, 일시적 관리에서 끝나는 것이 아니라 지속적으로 바른 체형을 유지하도록 돕는 직업이다.

3 체형관리의 적용영역

1) 체형보정

 습관화된 바르지 못한 자세로 긴 시간이 지나면 체형이 비정상적으로 변하게 되어 몸의 균형을 잃게 된다. 몸이 구부정해 지거나 한쪽으로 비틀어지게 되면 골반의 이상, 척추측만이 유발되게 된다. 또한 경추가 변형되면서 잦은 통증과 함께 신체기능의 이상으로 진행하게 된다.
 체형보정은 처진 근육과 탄력이 감소한 피부 및 근막을 올바로 잡아 주어 신체를 균형있게 보정해주는 것이다. 몸매 라인을 바로 잡아 건강한 체형을 만들어 준다. 개인에 맞는 복합프로그램을 활용하고 스트레칭 등을 이용하여 균형 잡힌 체형을 만들어 갈 수 있는데, 효과적이고 빠른 시간에 체형보정이 가능한 방법을 합리적으로 선택해야 한다.

2) 셀룰라이트의 관리

 셀룰라이트는 우리 몸의 대사과정에서 여러 가지 요인으로 인하여 노폐물과 독소 등이 배출되지 못하고 부분적으로 피부조직과 함께 지방세포가 과잉 축적되어 수분과 노폐물들이 뭉쳐지면서 형성된다. 울퉁불퉁한 결합조직의 변성을 일으켜 혈관을 누르게 되고 통증을 유발시킬 수 있다. 셀룰라이트는 내분비요인, 신경계요인, 유전적 요인에 의하여 생성될 수 있는데, 식생활의 큰 영향을 받는다. 대부분 여성에게서 나타나며 지방세포가 많이 분포되어 있는 허벅지나 엉덩이, 복부, 팔 등에 주로 생성되는데, 셀룰라이트를 제거하기 위하여 여러 순환관리와 더불어 식이요법을 따라야 한다.

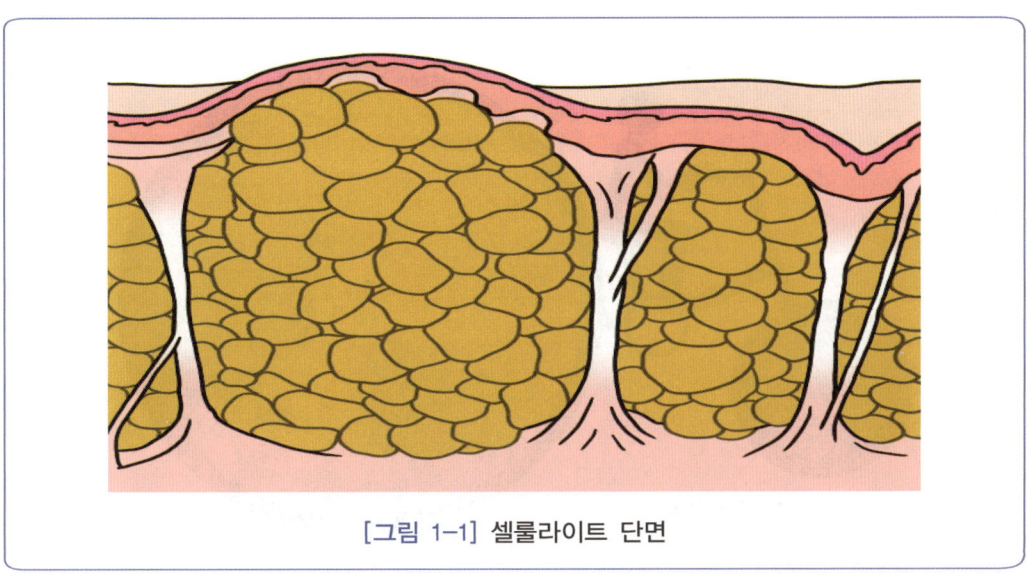

[그림 1-1] 셀룰라이트 단면

3) 영양관리

　매일 섭취하는 적절한 식품은 필요한 영양소를 공급해주고 체내 면역체계를 튼튼하게 하여 좋은 체형을 유지하게 한다. 신체의 건강한 발달과 생명을 유지하기 위해서 하루 3끼의 적절한 영양소 공급이 필요하다. 우리가 섭취한 음식물의 영양분은 에너지를 공급하고, 신체의 구성 성분이 되며 신체의 기능 및 체형을 유지하는 역할을 하는데, 우리가 음식을 통해 섭취한 영양소를 신체에서 충분하게 활용하기 위해서는 우리 몸에서 요구되고 있는 열량과 영양소의 필요량을 정확하게 파악하여 효율적인 식단으로 섭취하는 것이 중요하다.

　[그림 1-2]의 식품구성자전거는 한국인의 식생활 중 주식으로 하는 곡류는 뒷바퀴의 가장 큰 면적을 가지고, 유지 및 당류는 적은 면적으로 배분되었다. 수분의 섭취의 중요성을 알리기 위해 앞바퀴에 배치되어 있으며, 사람이 자전거를 타는 것을 통해 영양공급과 운동이 필요하다는 것을 강조하였다. 현대인들의 영양 불균형은 편식과 인스턴트 섭취, 튀긴 음식, 불규칙적인 식사 때문이다.

[그림 1-2] 식품구성 자전거

4) 탄력관리

현대인들의 노화는 활성산소 및 지나친 스트레스에 영향을 받는다. 노화로 인하여 탄력이 저하되는 요인 이외에도 자외선과 갱년기 이후 호르몬 불균형이 피부를 건조하게 만들고 칙칙하게 한다. 또한 극심한 다이어트로 인한 영양의 불균형에 의한 수분과 영양공급의 부족은 피부탄력의 저하현상을 가져온다. 외인적인 요인으로 유발된 탄력의 저하는 지속적인 관리로 회복되므로 젊음을 되돌릴 수 있다. 보습과 리프팅관리에 초점을 두고 적절한 운동을 함께 비타민 섭취 등을 병행하면 탄력회복에 많은 효과를 기대 할 수 있다.

5) 운동관리

운동을 하는 목적은 체력을 향상시키고 건강을 유지하기 위한 것이다. 운동은 육체의 건강뿐만 아니고 정신적인 건강까지 관련 되어 있으며 개인에 맞는 적절한 운동을 선택해야 한다. 걷기, 조깅, 헬스, 수영, 요가, 자전거타기 등 매우 다양한 운동은 체형관리에도 큰 도움을 주는데, 목적에 따라 효과적인 운동을 선택해야 한다.

체형관리 개요 제1장

 운동은 잘하면 보약을 먹는 것과 같지만 잘못하면 독약을 먹는 것과 같다. 즉, 자신의 체형에 맞는 운동을 선택해서 동작, 방법 등 올바르게 해야 한다. 잘못된 운동이나 과도한 운동은 오히려 활성산소와 스트레스를 증가시켜서 건강에 도움이 되지 않을 수 있다. 즉 다른 사람들이 효과를 얻은 운동이라고 하여 무조건 따르는 것은 어리석은 일이며, 운동을 하기 전 전문가인 체형관리사와 충분한 상의를 통하여 운동을 시작 하는 것이 바람직하다.

6) 비만관리

 비만은 섭취열량과 활동열량의 불균형으로 체지방이 과도하게 축적된 상태를 말한다. 즉 잉여 에너지가 지방조직에 체지방으로 변화하여 체형의 부조화를 유발한다. 비만의 원인은 유전적 요인과 환경적 요인으로 분류할 수 있는데, 식습관 및 심리적 요인, 내분비 요인, 대사 장애, 활동 부족 등이다. 비만 및 체형관리를 위한 방법으로 전신관리나 부분관리, 특히 복부, 둔부 관리 등이 많이 적용된다. 비만의 정도가 증가할수록 건강상 위험성이 증가하므로 당뇨, 고혈압, 심장질환과 같은 성인병, 또한 현대에 증가하는 암의 발생률이 높아지고 있다. 따라서 외관상의 문제뿐 아니라 건강 및 사회적 만족을 위하여 비만관리는 효과적으로 이루어져야 한다.

체·형·관·리·학

 **비만관리 시 다이어트 부작용**

➡ **거식 또는 폭식 증후군**

　체중이나 체형에 병적인 집착을 보이거나 음식에 대한 비정상적인 행동을 보이는 식이장애를 거식 또는 폭식 증후군이라 한다. 스트레스를 먹는 것으로 해소하기 위해서 단식과 폭식을 반복하는 것으로 악순환이 거듭되며, 이러한 현상은 사춘기 청소년이나 젊은 여성에게서 많이 나타난다. 비정상적인 식사습관은 행동수정이 요구되며 다른 건강상의 장애와 정신질환으로 이어지기 쉽다.

➡ **생리불순**

　심한 다이어트는 생리의 양이 극도로 적어지거나 생리 주기가 매우 불규칙해진다. 즉 지나친 절식이나 단식으로 생리불순은 더욱 심하게 나타난다.

➡ **골다공증**

　극단적 다이어트는 칼슘 등 비타민의 섭취량 부족으로 뼈를 만들어내는 조골세포의 기능이 더욱 저하되어 골감소증 및 골절 이상이 나타난다.

➡ **탈모와 피부 탄력 저하**

　과도한 다이어트에 의하여 신체에서 필요로 하는 영양소가 부족하게 되면 영양공급의 부족으로 피부와 모발 전체의 건강에 영향을 미친다.

7) 부종관리

　부종은 동맥관을 통해 말단까지 갔던 혈액이 정맥관을 타고 다시 올라 와야 하는 정상경로에서 정맥계에 압박이 있거나 지속적인 중력에 저항하게 되면, 혈액이 심장 쪽으로 올라오지 못하고 그 자리에 정체 현상이 나타나는 것을 말한다. 부종은 오랫동안 서서 일을 하는 사람이나 대사적 장애로 순환문제가 있는 경우에 나타나는데, 부종에 좋은 아로마 오일 등을 이용한 마사지는 부종을 줄이는 방법으로 효과적이다.

8) 통증관리

　신체적 문제나 잘못된 자세에 의하여, 또는 현대인의 경쟁 및 과도한 스트레스에 의하여 통증이 유발될 수 있다. 통증은 육체적, 정신적 안정감을 방해하며 통증이 심해지면 일상생활에 나쁜 영향을 미친다. 마사지는 근육이완을 통해 통증을 감소시키며 모세

혈관의 순환을 촉진시켜서 전신의 건강을 지켜줄 수 있다. 고주파에 의한 통증관리를 하면 기기의 열이 손상 부위 혈액순환을 촉진시켜 염증 부산물을 제거함과 동시에 피부의 대섬유를 자극하여 긴장과 불안을 완화시킨다. 고주파의 심부열에 의한 관리는 근육경련 통증, 퇴행성 통증 등에 효과적이다.

통증관리

근육통, 뒷목 통증, 어깨 통증 등은 마사지로 완화되기 쉬운 부위이다. 통증관리를 할 때, 경우에 따라서는 온·냉 요법을 함께 적용시키는 것이 효과적일 수 있다. 온요법은 경부 통증 등 심부열에 의한 혈액순환을 필요로 할 때 사용되며 냉요법은 다리를 삐었을 경우 등에 적용된다. 냉요법은 신경전달 속도를 느리게 하여 통증 자극량을 극소화하는 방법인데, 감각적으로 냉각이 우세하기 때문에 통증을 낮추는 방법으로 사용된다.

9) 자세관리

체형과 신체의 건강을 위하여 자세관리는 매우 중요하다. 인간은 서서 다니는 시간이 많기 때문에 중력에 저항 하며 살아가고 있다. 누워 있는 시간을 제외한다면 걸을 때도, 앉아 있을 때도, 활동을 할 때도 대부분의 움직임은 중력에 저항을 하며 살아가고 있다.

잘못된 자세로 오랜 시간을 보내게 된다면 자연의 저항이 아니기 때문에 체형의 균형이 쉽게 무너질 수 있다. 한 가지 예를 들면 앉아 있을 때 허리를 세우고 정면을 바라보며 앉아 있는 자세가 바른 자세인데, 그런 자세를 취하지 않은 채 한쪽으로 몸을 기울이고 앉는 자세가 반복된다면 골반과 척추가 틀어진다. 즉 몸의 균형이 무너지는 건강하지 못한 체형으로 될 것이다. 많은 현대인들은 어떤 것이 바른 자세이며 자신의 건강을 위한 자세인지를 모르는 경우가 많다. 따라서 체형관리사는 바른 자세를 교육시키고 그 개인에게 맞는 자세를 습관화 시키는 것이 필요하다.

10) 미용관리

인체는 체형이 바르지 못하면 미용적인 관점에서 바라봐도 보기가 좋지 않다. 또한 척추가 한쪽으로 기울고 골반이 틀어지면 옷을 입어도 아름답지 않다. 또한 체형이 바르지 못하면 순환기에 장애가 생겨 각종 피부 트러블이 생길 수도 있다.

체·형·관·리·학

 **체형관리사가 갖추어야할 조건**

➡ **지식과 정보**

  체형관리사는 해부학, 생리학, 운동학, 영양학 등 많은 이론적인 지식을 바탕으로 실무 능력을 길러야 한다. 실전에서 할 수 있는 수기요법 등의 역할을 갖추어 체형학적인 문제점을 해결할 수 있어야 한다.

➡ **인성과 감성**

  체형이 불균형을 이루고 있는 사람은 그 심신이 허약해질 수 있으므로 이들을 항상 따뜻한 마음으로 이해하고 다독거리며 용기를 줄 수 있는 체형관리사가 되어야 한다.

➡ **건강과 올바른 정신**

  타인을 교육하고 체형을 교정 시키는 일은 쉽지 않은 일이다. 따라서 고객의 바른 체형을 관리하기 위하여 체형관리사는 건강과 바른 정신을 가지고 있어야 한다.

체형관리 개요 **제1장**

제1장 체형관리 개요
핵심요약

○ 체형관리의 정의
나쁜 생활습관과 근육의 경직 등 여러 가지 요인들이 체형에 부정적 영향을 미쳤을 경우 물리적, 전기적, 과학적인 방법을 이용하여 전체적인 몸의 형태를 바르게 하고, 건강하고 아름다운 체형을 유지하도록 하는 것이다.

○ 체형관리를 통한 건강수명의 의미
체형관리를 위한 많은 시간과 다양한 노력으로 얻게 되는 건강수명의 개념은 '아프지 않고, 얼마나 오랫동안 삶을 건강하게 잘 사는가'라고 할 수 있다.

○ 체형관리사의 의미
정확한 체형분석과 전문적인 상담 등을 통하여 그에 따른 적절한 프로그램을 설계하는 직업이다. 체형관리사는 전문적이고 과학적인 방법으로 고객의 체형과 체질을 고려하여 체계적인 계획을 세우고 개인의 맞춤 프로그램에 따라 관리해 주어야 한다. 또한 일시적 관리에서 끝나는 것이 아니라 지속적으로 체형을 유지 관리하는 직업을 의미한다.

○ 체형관리의 적용영역

영 역	내 용
체형보정	처진 근육과 탄력이 감소한 피부 및 근막을 올바로 잡아 주어 신체를 균형 있게 보정함.
셀룰라이트관리	피부조직과 함께 지방세포가 과잉 축적되어 수분과 노폐물들이 뭉친 부위를 순환관리 함.
영양관리	적절한 식품 관리로 필요한 영양소를 공급해주고 체내 면역체계를 튼튼하게 하여 좋은 체형을 유지함.
탄력관리	노화로 인한 탄력 저하, 다이어트로 인한 피부탄력 저하현상을 회복시킴.
운동관리	체력을 향상시키고 건강을 유지시켜 몸의 균형을 유지하도록 관리함.

영 역	내 용
비만관리	섭취열량과 활동열량의 불균형으로 인한 체지방 과다축적 체형의 전신관리나 부분관리를 실시함.
부종관리	부종은 혈액이 심장 쪽으로 올라오지 못하고 그 자리에 정체 현상으로 오랫동안 서서 일을 하는 사람이나 대사적 장애로 순환문제가 있는 경우 부종을 줄이도록 관리.
통증관리	신체적 문제나 잘못된 자세에 의한 통증을 기계적, 물리적 방법을 이용하여 근육을 이완시켜 통증을 감소시킴.
자세관리	몸의 균형이 무너지는 건강하지 못한 체형을 바른 자세를 교육시키고 그 개인에게 맞는 자세를 습관화 시킴.
미용관리	척추가 한쪽으로 기울고 골반이 틀어지면서 순환기에 장애가 생겨 각종 피부 트러블이 발생하는 것을 관리.

제1장 체형관리 개요
연습문제

객관식

1. 다음 중 설명이 가장 옳은 것은?
   ① 비만은 신체의 외형상의 문제에만 악영향을 미친다.
   ② 체형은 우리의 건강과 밀접한 상관관계에 있다.
   ③ 체형의 변화는 소득과 무관하다.
   ④ 바르지 못한 자세는 근육의 변화와 관절의 이상과는 무관하다.

2. 체형관리의 적용영역에 대한 설명으로 옳지 않은 것은?
   ① 영양관리는 적절한 식품 관리로 필요한 영양소를 공급해주고 체내 면역체계를 튼튼하게 하여 좋은 체형을 유지하는 것이다.
   ② 운동 관리는 섭취열량과 활동열량의 불균형으로 인한 체지방 과다축적 체형의 전신관리나 부분관리를 실시하는 것이다.
   ③ 자세관리는 몸의 균형이 무너지는 건강하지 못한 체형을 바른 자세를 교육시키고 그 개인에게 맞는 자세를 습관화 시키는 것이다.
   ④ 통증관리는 신체적 문제나 잘못된 자세에 의한 통증을 기계적, 물리적 방법을 이용하여 근육을 이완시켜 통증을 감소시키는 것이다.

3. 다음 중 체형관리사가 갖추어야할 조건을 바르게 묶은 것은?

㉠ 인성과 감성	㉡ 올바른 정신
㉢ 전문지식	㉣ 신뢰성 있는 정보력

   ① ㉠
   ② ㉠, ㉡, ㉢
   ③ ㉠, ㉡
   ④ ㉠, ㉡, ㉢, ㉣

체·형·관·리·학

4. 체형관리의 필요성으로 옳지 않은 것은?
   ① 사회적 만족뿐만이 아니라 육체적 건강과 정신적, 정서적 안정감을 얻는 것이다.
   ② 체형의 불균형이 가져오는 스트레스는 육체적으로 불안감을 유발한다.
   ③ 건강한 체형을 유지하게 되면 중추신경계와 면역계가 활성화 되어서 신체의 피로와 사회적 결핍을 감소시킨다.
   ④ 올바른 식이요법, 운동 요법 등을 체형관리의 면에서 복합적 프로그램과 함께 적용하면 아름다운 체형을 유지할 수 있다.

5. 부적합한 다이어트를 실시하였을 경우 나타나는 부작용끼리 묶인 것은?

㉠ 식이장애	㉡ 생리불순
㉢ 골다공증	㉣ 골감소증

   ① ㉠
   ② ㉠, ㉡, ㉢
   ③ ㉠, ㉡
   ④ ㉠, ㉡, ㉢, ㉣

주관식

1. 체형관리의 정의를 쓰시오.

2. 체형관리사가 갖추어야 할 조건을 쓰시오.

3. 건강수명의 개념을 쓰시오.

Chapter 02
체형관리와 영양

1. 탄수화물
2. 지질
3. 단백질
4. 비타민
5. 무기질
6. 수분

CHAPTER 02 체형관리와 영양

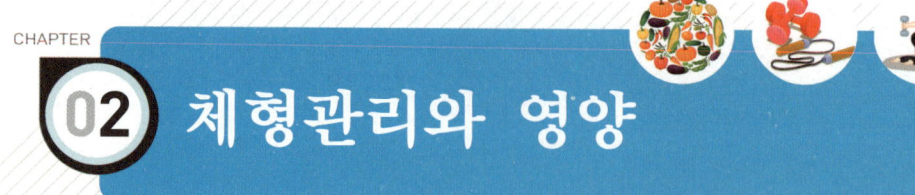

모든 생명체는 생명을 유지하기 위해 식품과 음식으로부터 영양을 공급받아야 한다. 즉 신체는 영양분을 받아들여 몸 안에서 소화, 흡수 및 대사의 과정을 거쳐서 생명유지에 이용하는 것이다. 인체가 필요로 하는 기본적인 성분을 6대 영양소라 부른다. 이들은 체내에 각기 필요한 에너지를 공급하고 신체의 조직 형성에 관여하며 신체를 건강하게 유지하는데 기여 한다.

영양소는 성질에 따라 탄수화물(Carbohydrate), 지질(Lipid), 단백질(Protein), 비타민(Vitamin), 무기질(Mineral)로 구분한다.

각 영양소는 체내에서 대사과정을 돕기 위하여 여러 가지 작용을 하는데 다음과 같이 크게 세 가지로 구분 할 수 있다.

① 열과 에너지 발생
② 체조직 구성과 보수
③ 여러 형태의 체내 대사과정 조절

1 탄수화물

1) 탄수화물의 분류

탄수화물은 주로 탄소, 수소 그리고 산소로 구성되어 있으며 탄수화물은 에너지를 공급하는 중요한 역할을 담당한다. 우리가 섭취하는 탄수화물은 전분, 설탕, 기타 여러 종류의 당류이지만 이들이 체내에서 이용되기 위해서는 소화과정 중 모두 단당류로 분해되어 체내에서 이용된다. 또한, 흡수된 단당류는 각 조직으로 운반되어 에너지를 발생할 때 모두 포도당의 형태로 변화되어 사용된다.

당질의 기능은 아래와 같다.

① 당질 1g당 4kcal를 공급하며 소화흡수율은 98%이다.
② 필수영양소로서 1일 권장량은 60~100g이다.
③ 단백질이 에너지로 사용되는 것을 아껴주는 단백질의 절약작용을 한다.

(1) 단당류

① 포도당 (Glucose)

체내에서 전분이 소화되어 만들어지고 혈중에 존재하는 기본 당질이다. 포도당이 모이면 식물체에 존재하는 전분과 동물성 글리코겐으로 합성된다.

② 과당 (Fructose)

과일이나 꿀에 함유되어 있으며 단맛이 강하다.

③ 갈락토우즈 (Galactose)

유당(Lactose)을 가수분해하면 생기는 당으로 뇌 발육에 매우 중요한 요소이다. 수유부는 혈액에 의하여 운반된 포도당이 유선에서 갈락토우즈와 결합하여 유당이 되어 분비된다.

(2) 이당류

① 자당 (Sucrose)

일반적으로 설탕을 말하며 포도당과 과당으로 구성되어 있다.

② 맥아당 (Maltose)

2개의 포도당으로 구성되어 있으며 곡류의 발아과정에서 생기는 것으로 감주나 물엿은 맥아당을 함유한다.

③ 유당 (Lactose)

유당은 포유동물의 유즙에 존재하며 포도당과 갈락토우즈로 구성되어 있다. 물에 잘 녹지 않아 위속에서는 발효가 되지 않으므로 많이 섭취해도 위 점막을 자극하지 않지만 유당 분해 효소가 부족하면 소화가 잘 되지 않는다.

(3) 다당류 (Polysaccharide)

다당류는 자연계에 널리 다량으로 분포하고 있으며 에너지의 저장형태이거나 식물의 구조 성분이다. 일반적으로 단당류의 결합을 통해 만들어지는데 단당류 3,000개 이상이 결합하여 이루어진 당질을 다당류 또는 복합당질이라 한다. 다당류는 소화성당질(전분, 글리코겐)과 난소화성당질(식이섬유소)로 구분한다.

① 전분 (Starch)

전분은 식물에 있는 저장성 다당류로서, 식물이 성장하면서 포도당이 합성되어 형성된다. 보통 곡류, 두류, 감자류 등에 많이 함유되어 있으며 찹쌀과 같은 찰전분은 아밀로펙틴으로 구성되며 메전분은 아밀로우즈 20%, 아밀로펙틴 80%의 비율로 구성되어 있다.

② 글리코겐 (Glycogen)

글리코겐은 식물성 식품에는 거의 없고 동물의 간이나 근육에 소량 존재하므로 일명 '동물성전분(Animal Starch)'이라고도 한다. 성인이 저장할 수 있는 글리코겐의 양은 약 350g 정도이며, 이 중 100g 정도가 간에 그리고 250g 정도가 근육에 저장된다.

근육 내 글리코겐은 근육운동에 필요한 에너지를 제공하기 위해 포도당을 공급하는데, 강도가 높거나 내구성 있는 운동을 할 경우 더욱 많은 포도당을 공급한다. 글리코겐은 동물체의 간, 근육 등에 저장되어 있다가 필요시에 포도당으로 전환되어 혈액 속으로 흘러들어가는 기능을 한다.

③ 식이섬유소 (Dietary Fiber)

식물 세포막의 주성분으로서 물에 용해되지 않으며 사람의 소화액에도 섬유소를 소화시키는 효소가 없어 열량과 영양소로서 작용을 하지 않는다. 섭취 시에 부피를 늘려 장의 운동을 도와 변비예방에 큰 효과를 준다. 주로 도정을 덜 한 곡류와 채소에 다량 함유되어 있고, 섬유소는 최근 비만 예방에 효과가 있는 것으로 알려지면서 관심이 고조되고 있다.

④ 올리고당 (Oligosaccharide)

밀, 호밀, 양파 등의 자연식품에 함유되어 있고 최근 기능성 식품의 재료로 사용되고, 대장에서 우리 몸에 유익한 유산균을 활성화시켜 장의 건강을 유지시킨다. 올리고당은 단맛이 있지만 혈당을 빠르게 높이지 않아서 당뇨병 환자의 혈당 조절에 사용된다.

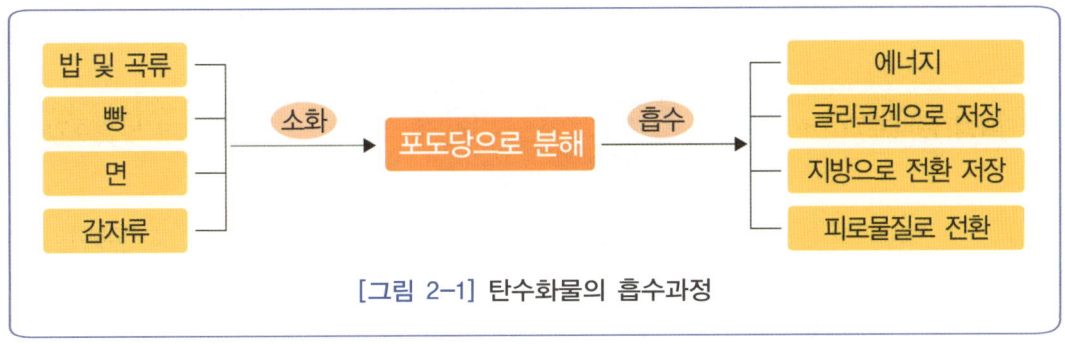

[그림 2-1] 탄수화물의 흡수과정

2) 탄수화물의 역할

(1) 에너지 공급

신체가 생리적 기능을 수행하는데 우선적으로 요구되는 것은 에너지원이다. 주요 에너지 공급원인 당질은 신체 내에서 1g당 4kcal의 에너지를 낼 수 있으며 일부 당질은 신체내의 즉각적인 에너지 요구에 따라 포도당으로 쓰이고 나머지는 간과 근육에 글리코겐으로 저장된다. 과잉 탄수화물은 인슐린에 의하여 지질로 전환되어 지방조직에 저장된다.

(2) 단백질 절약작용 (Protein Sparing Action)

적절한 양의 탄수화물의 섭취는 몸에 있는 체단백질을 보호한다. 포도당만을 이용하는 세포가 에너지를 제공하고자 할 때 탄수화물의 섭취가 부족하면 단백질로부터 포도당을 합성한다. 따라서 탄수화물을 적게 섭취하거나 굶으면 근육에 존재하던 단백질이 분해되어 포도당 신합성이라는 과정을 통하여 포도당을 생성한다. 만일 이 과정이 수 주간 계속되면 근육 손실 등이 커지게 된다. 이러한 것은 체중을 줄이기 위해 열량을 제한하고 있는 과정이나 단식의 경우에 신체 내에서 일어나는 현상이다.

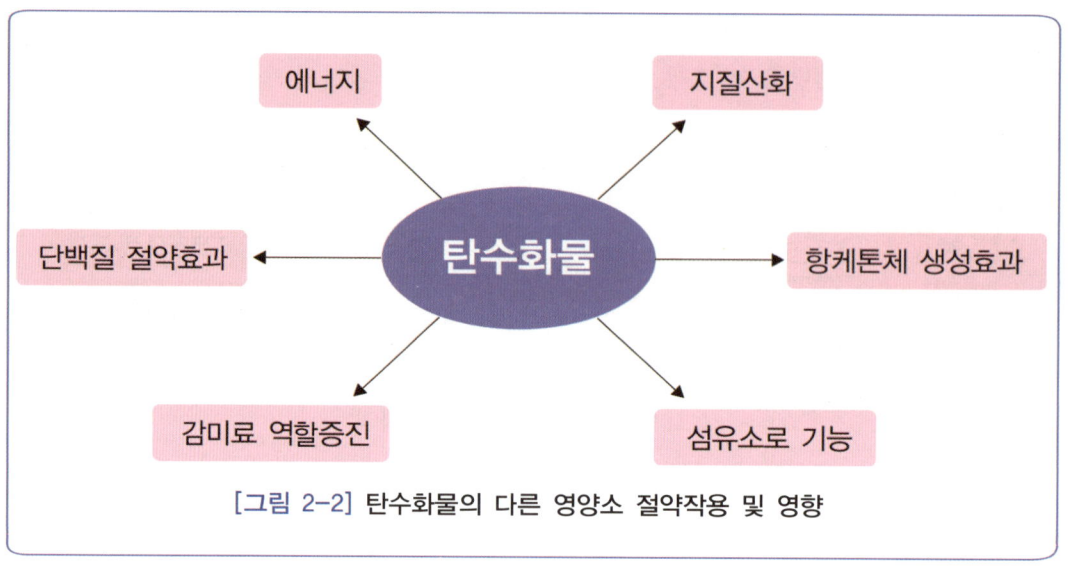

[그림 2-2] 탄수화물의 다른 영양소 절약작용 및 영향

(3) 지방의 불완전 산화, 케톤증(Ketosis) 예방

적절한 당질의 섭취는 체내에서 지방질이 산화되어 에너지를 낼 때도 필수적이다. 탄수화물을 아주 적게 섭취한다면 지방이 분해될 때 완전히 산화되지 못하고 케톤체가 만들어지는데, 이들이 혈액과 조직에 많이 축적되는 것이 케톤증이다. 케톤증을 막기 위하여 최소한 하루에 50~100g의 당질이 필요하며 이는 평균 밥 한 공기 반 정도의 양이다.

3) 건강에 필요한 성분, 식이섬유소(Dietary Fiber)

(1) 식이섬유소의 기능

식이섬유소는 인체의 소화기관에서는 소화되지 않는 고분자화합물로서 주로 식물성 식품에 많이 들어 있다. 불용성 섬유소의 대표적인 셀룰로오스는 물에 녹지 않아 겔(Gel)형성력이 낮으며 배변량과 배변속도를 증가시키는 생리작용이 있다.

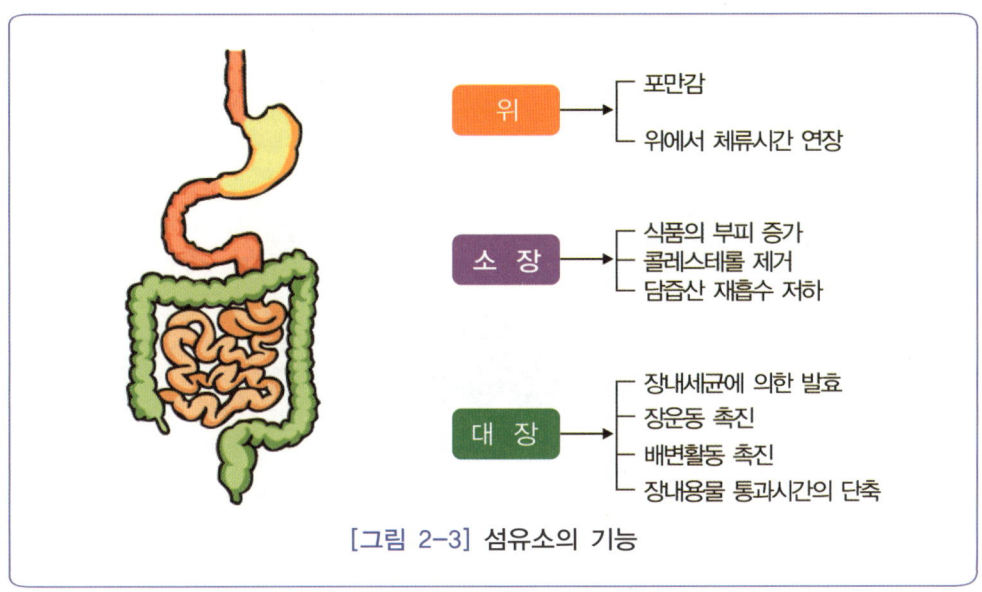

[그림 2-3] 섬유소의 기능

(2) 식이섬유의 역할

식이 섬유의 소화기관 내에서 수행하는 중요한 역할은 다음과 같다.

① 물을 흡수하여 음식의 볼륨을 증가시킨다.
② 장 안에서 콜레스테롤 등을 흡착, 노폐물 배설을 촉진한다.
③ 내용물의 소화관 통과 시간을 단축시킨다.
④ 음식물의 소화 흡수를 저하시켜 비만을 예방한다.
⑤ 장과 간에 순환하는 담즙산을 감소시킨다.
⑥ 장내 유익 세균을 증식시킨다.

(3) 식이섬유소의 급원

① **채소와 과일**

채소와 과일은 식이섬유소를 많이 포함하고 있어 장운동을 돕고 배설을 촉진하는 기능이 있으므로 체내의 노폐물 및 콜레스테롤 제거에 도움이 되는 식품이다.

② **현미 및 덜 도정한 곡류**

현미는 수확한 벼를 건조, 탈곡한 후 고무 롤러로 된 기계로 왕겨를 벗긴 쌀이다. 백

미에 비하여 도정을 덜 했기 때문에 많은 영양소를 함유하고 있어 최근 건강식으로 관심이 높아지고 있다.

[그림 2-4] 해조류의 기능

③ 해조류

파래, 김, 미역, 다시마와 같은 해조류의 다당류는 소화가 잘 안 되는 복합 다당류이다. 소화율이 식물성 전분의 1/3 정도로 낮기 때문에 적은 양으로도 포만감을 느낄 수 있어서 체형관리에 도움이 되는 식품이다. 해조류는 다른 식품에 비해 카로틴의 함량이 많으며 무기질로는 칼슘, 요오드를 많이 함유하고 있다. 카로틴은 체내에서 비타민 A로 전환되어 항산화작용 및 노화방지 성분으로 이용된다. 해조류의 섬유함량은 5~15% 정도이며 이 해조 섬유질은 해조 다당류와 함께 장벽을 자극하므로 배변을 원활하게 하여 변비를 예방하여 주는 효과가 크다.

(4) 식이섬유소와 건강

영양소의 소화·흡수율을 저하시키면서 그 자체는 소화, 흡수되지 않아 영양학에서 극히 소홀히 취급되어 왔던 식이섬유소에 대해 최근에 건강과 다이어트 등과 관련하여 관심이 높아지고 있다.

① 변비, 게실염, 대장암의 예방 효과
② 비만 예방
③ 당뇨병 및 동맥경화증과의 관계

2 지질

1) 지질의 분류

물에는 녹지 않고 유기 용매에 녹는 물질을 지방이라고 하며, 상온에서 고체인 지방(Fat)과 액체형태인 기름(Oil)이 있다. 지방은 글리세롤과 지방산으로 이루어져 있다. 지방산은 불포화지방산과 포화지방산으로 분류되며, 불포화지방산중 필수지방산은 음식으로 섭취해야 하는 중요한 성분이다.

(1) 단순지방질

자연계에서 지방산은 유리된 상태로 존재하는 경우에는 매우 적고 대부분 글리세롤과 결합을 하고 있어 대부분 중성지방의 형태로 존재한다. 소기름, 돼지기름 등은 동물성 중성지방에 속하고 대두유, 면실유는 식물성 지방에 속한다.

(2) 복합지방질

① **인지질** (Phospholipid)

인지질은 글리세롤에 지방산뿐만이 아니라 인산이 결합되어 있다. 뇌세포, 신경계통, 간장, 골수 및 체액에 많이 들어 있다.

② **당지질** (Glycolipid)

일반적으로 당지질에는 갈락토오스가 들어 있으며, 뇌신경에 많이 있으며 세포구성에 관여하고 있다.

③ **지단백** (Lipoprotein)

지단백은 지방산과 단백질의 복합체로 혈중에 많이 존재하여 지방 축적에 관여한다.

(3) 유도지방질

① **지방산** (Fatty Acid)

지방산은 지방의 구성성분으로 지방산의 길이 및 이중결합의 수에 따라 여러 종류가 있다. 공기 중에 고체 상태로 존재하며, 주로 동물성 지방인 포화지방산과 융점이 낮아

액체상태의 식물성 지방인 불포화지방산이 있다.

② 글리세롤 (Glycerol)

글리세롤은 중성지방의 구성성분이다.

③ 스테롤 (Sterol)

스테롤은 성호르몬, 비타민 D 및 부신피질 호르몬을 구성하는 성분이다.

④ 콜레스테롤 (Cholesterol)

콜레스테롤은 담즙의 주성분으로 뇌신경, 간장과 비장 등에서 발견된다.

2) 지질의 역할

지질의 주된 생리적 기능은 [그림 2-5]에서 보는 바와 같이 고열량을 내는 에너지원으로 필수지방산을 공급하며, 체내 지용성 비타민을 운반하고 체지방 조직을 구성하는 체구성성분이기도 하다. 지질은 체온을 일정하게 유지하기 위한 단열재로서의 작용과 중요한 장기를 외부의 충격에 의해 보호할 수 있는 보호막의 역할도 하고 있다. 또한 기타 비타민 B_1의 절약작용, 소화를 서서히 시켜 위의 만복감을 오랫동안 지속시키는 작용도 한다.

(1) 지질의 기능

① 에너지원으로 1g당 9kcal이며 체온을 조절해 준다.
② 필수지방산의 공급원이며 지용성 비타민(비타민 A, D, E, K)의 흡수를 촉진한다.
③ 피부에 윤기와 탄력을 준다. 표피에서 보습효과, 외부의 유해물질 침입을 방지한다.
④ 음식에 부드러운 질감을 주며 맛과 향미를 제공한다.
⑤ 체조직의 성분으로 작용하며 신체기관을 보호한다.
⑥ 호르몬과 담즙의 생산을 촉진하며 인지질은 세포막의 구성성분이다.

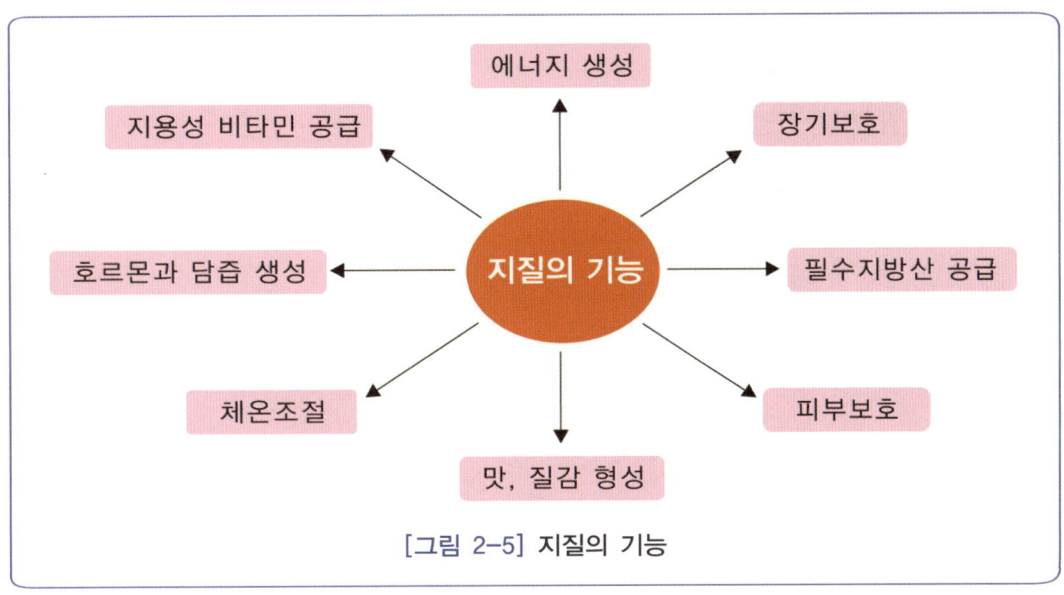

[그림 2-5] 지질의 기능

(2) 지방의 필요 섭취량

불포화지방산이 몸에 좋다고 하여 무조건 다량의 식물성 기름과 생선기름만을 섭취하면 체내에서의 산패로 인한 과산화물질이 증가한다. 또한 이를 방지하기 위한 항산화제인 비타민 E의 필요량이 계속 증가하게 되므로 포화지방산과 불포화지방산과의 비율, 즉 P/S를 1:1 또는 1.5:1 정도로 유지하는 것이 바람직하다.

① 섭취는 총 열량 중 20~25%에 해당하는 지질을 섭취한다.
② 필수지방산은 총 열량 중 2%를 유지한다.
③ P/S의 비율은 1:1 또는 1.5:1을 유지한다.

3) 필수지방산 (Essential Fatty Acid)

ω-3계와 ω-6계의 다중불포화지방산(Polyunsaturated Fatty Acid ; PUFA)은 항체형성, 정상적인 시력유지, 세포막 형성 및 많은 종류의 호르몬 유사물질의 생성 등을 위하여 필요한 영양소이므로 급원식품을 통해 필히 공급받아야 한다. 따라서 이들 지방산을 '필수지방산'이라 한다. 필수지방산은 신체적 영양을 제공하고, 저항력을 증가시켜 탈모와 피부병 증상을 완화시킨다. 또한 콜레스테롤의 축적을 방지하며 육체적 건강을 지켜준다. 신체의 정상적인 기능을 위하여 ω-3계와 ω-6계 지방산을 합성할 능력

이 없으므로 이를 급원식품으로부터 공급받아야 한다.

(1) 필수지방산의 기능
① 세포막의 성분이 되며 투과성을 정상적으로 유지한다.
② 혈청 콜레스테롤을 감소시킨다.
③ 두뇌 발달의 성분이다.
④ 피부의 면역기능을 향상시킨다.
⑤ 피부 건조증, 습진, 탈모예방을 한다.

(2) 필수지방산의 종류
① 리놀레산 (Linoleic Acid)
리놀레산은 ω-6계 지방산 중에 중요한 지방산으로 충분히 섭취하면 또 다른 중요한 C_{20} 지방산인 아라키돈산(Arachidonic Acid)을 체내에서 자체적으로 합성한다. 아라키돈산은 세포막의 구조와 기능을 유지하는 데 필수적인 성분으로 결핍 시에는 습진성 피부염이 발생한다. 리놀레산의 섭취가 불충분할 때에는 아라키돈산이 합성되지 못하고 따로 급원식품으로부터 공급받아야 하므로 아라키돈산도 필수지방산의 범주 내에 들어가게 된다. 아라키돈산의 합성에는 비타민B_6가 관여한다. 리놀레산의 필요량은 총 섭취 열량의 1~2%로 균형 잡힌 식사를 하면 쉽게 섭취할 수 있다.

② 리놀렌산 (A-Linolenic Acid)
리놀렌산은 ω-3계 지방산 중 가장 중요한 지방산이다. 리놀레산과 마찬가지로 체내에서 합성되지 않으므로 급원식품으로부터 공급받아야 한다. 리놀렌산을 충분히 섭취할 때 우리 신체는 자체적으로 ω-3계 C_{20} 및 C_{22} 지방산을 합성할 수 있다. 즉, 리놀렌산은 $C_{20:5}$인 EPA(Eicosapentanoic Acid)와 $C_{22:6}$인 DHA(Docosahexanoic Acid)를 합성하는데 필요한 성분이 된다. 신체조직은 중요한 ω-3계 지방산을 함유하고 있으며, 특히 DHA는 눈의 망막과 뇌의 대뇌피질에서 활성화된다. 뇌의 DHA함량의 50% 이상이 이미 출생 전 태아시기에 조성되고 나머지는 출생 후에 공급받게 된다. 즉 태아와 영아의 건강을 위하여 임신기, 수유기에 DHA 공급 상태의 중요성을 시사하고 있다. 한편, ω-6계 지방산인 리놀레산으로부터 합성되는 아라키돈산과 ω-3계 지방산인 a-

리놀렌산으로부터 전환되는 EPA와 $C_{22:6}$인 DHA를 합성을 위하여 필수지방산의 공급은 신체에 매우 중요하다고 할 수 있다.

4) 콜레스테롤

(1) 콜레스테롤의 기능

콜레스테롤은 지질 소화의 중화 작용인 유화를 위해 필요한 담즙, 비타민 D 전구체인 7-데하이드로콜레스테롤을 만드는 데에도 필요한 물질이다. 우리 신체는 콜레스테롤을 외부의 섭취와 체내의 자체적인 합성과정의 두 가지 경로에 의해서 공급받는다. 콜레스테롤은 세포막을 구성하거나 성호르몬을 만드는데 반드시 필요하며, 지질의 대사과정에 필요한 특수 단백질과 결합하는 혈장 지단백질(Lipoprotein)의 성분이기도 하다.

(2) 콜레스테롤 과잉의 문제점

콜레스테롤은 동맥경화증을 유발하는 등 건강에 좋지 않은 성분으로 작용한다. 일부 콜레스테롤은 동맥벽 내부에 불용해성 염을 형성하여 혈관 내벽에 침체되므로 혈관의 탄력성을 감소시키며, 동시에 내강을 좁혀 혈액의 흐름을 원활하지 못하게 한다. 이러한 변화가 심장의 관상동맥에 생기면 심근경색증을 유발할 수 있고, 뇌동맥에 생기면 뇌경색을 유발하게 된다. 건강한 사람의 체내에는 약 130g정도 콜레스테롤이 존재한다. 그러나 연령이 증가하고 동물성 식품을 즐기는 식습관의 변화로 콜레스테롤이 과다 축적되어 신진대사에 방해되고 노화를 촉진시키며 동맥경화증을 일으키게 된다.

5) 지방의 소화흡수 및 대사

지방은 췌장에서 분비된 지방 분해효소(Lipase)에 의해 [그림 2-6]의 지방산과 글리세롤로 분해된다. 지방은 담즙에 의해 유화되어야 지방의 분해효소의 작용을 받을 수 있다. 담즙은 간에서 합성되어 담낭에서 농축, 저장되었다가 지방 섭취 시 십이지장으로 분비되고 회장에서 재흡수 되어 간으로 간다.

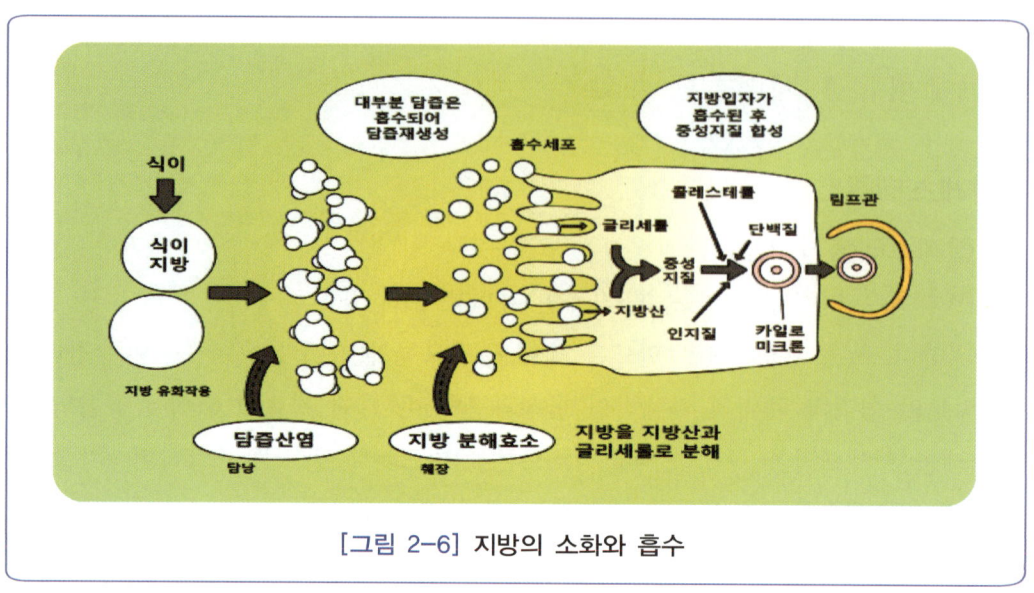

[그림 2-6] 지방의 소화와 흡수

3 단백질

　단백질(Protein)은 동·식물의 조직에 있는 모든 세포의 구조적, 기능적 특성을 위하여 필수적인 역할을 하고 있으며 모든 생물의 생명 유지를 위한 필수적인 영양소이다. 동물의 신체는 60%의 물, 20%의 단백질로 구성되어 있으며, 근육, 장기, 혈액, 신경, 뼈, 피부, 머리카락, 손톱, 발톱, 효소, 호르몬, 면역체 등이 단백질로 되어있다. 단백질은 유기화합물로 탄소(C), 수소(H), 산소(O), 및 질소(N) 등의 원소로 구성되어 있으며 탄수화물과 지질과는 달리 질소를 함유하고 있다.

1) 아미노산의 종류

　단백질은 체내로 들어와 소화, 흡수, 대사의 과정을 거치게 되면 아미노산(Amino Acid)으로 최종 분해되고, 아미노산의 펩타이드 결합(Peptide Bond)은 단백질을 구성한다. 우리의 체내에서 이용되는 아미노산은 22종으로 이 중 8종류는 체내에서 합성되지 않은 것으로 외부에서 식품으로 공급해야 하는 필수아미노산이며 이러한 필수아미노산의 함량에 따라 식품의 질이 평가된다.

<표 2-1> 아미노산의 종류

아미노산	아미노산
글루타민(Glutamine) 글루타민산(Glutamic acid)	프롤린(Proline)
시스틴(Cystine), 시스테인(Cysteine)	글리신(Glycine)
★로이신(Leucine)	티로신(Tyrosine)
☆알기닌(Arginine)	★발린(Valine)
세린(Serine)	알라닌(Alanine)
아스파라진(Asparagine) 아스파라진산(Aspartic acid)	★페닐알라닌(Phenylalanine)
★트레오닌(Threonine)	★리신(Lysine)
★메티오닌(Methionine)	☆히스티딘(Histidine)
★트립토판(Tryptophane)	★이소로이신(Isoleucine)

★ : 필수 아미노산   ☆ : 유아기만 필수 아미노산

* Mehionine, Cysteine, Cystine은 유황(S)을 함유하고 있다.
* Cysteine은 두 개의 Cystine으로 만들어진다.
* Tyrosine은 Phenylalanine으로부터 합성된다.

[그림 2-7]에서 보는 바와 같이 아미노산의 일반구조는 산성을 띄는 카르복실기(Carboxylic Acid Group : COOH)와 알칼리성을 띄는 아미노기(Amino Group : NH_2)로 구성되어 있고 아미노산의 종류에 따라 R기는 달라진다.

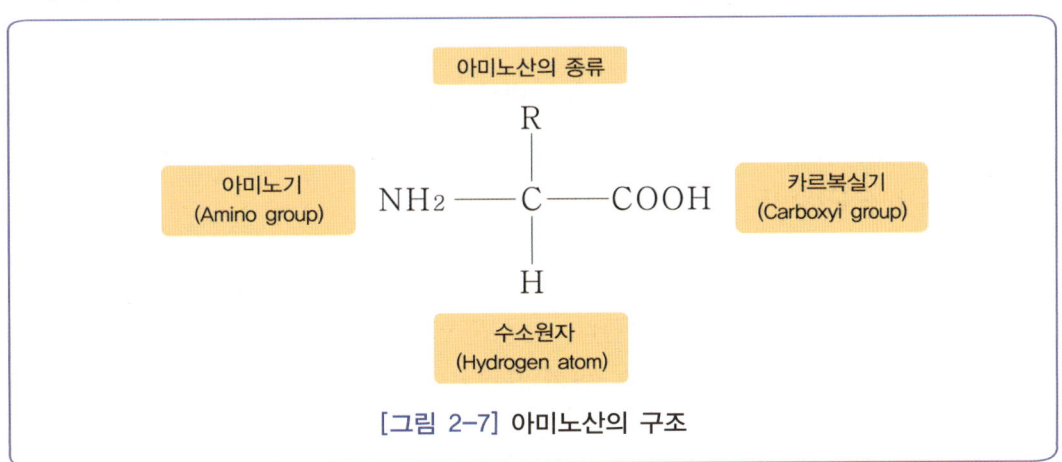

[그림 2-7] 아미노산의 구조

2) 단백질의 기능

(1) 단백질의 체내 기능

적절한 단백질은 건강유지에 기본이다. 우리 몸을 구성하는 영양소 중 물을 제외한 고형성분으로 가장 많은 양을 차지하는 단백질은 분해되어 아미노산으로 흡수되고, 혈액에 의하여 각 조직으로 운반 되는데 그 역할은 다음과 같다.

① 뼈, 근육의 구성과 조직의 보수

식이 단백질의 부족은 뇌와 근육의 형성, 혈액의 공급 등에 영향을 주며 성장 장애를 가져온다. 또한 체내 단백질은 성장이 완성된 후에도 재생과 보수를 위하여 매일 섭취해야 한다. 심한 출혈, 화상, 외과적인 수술 및 뼈의 골절 등과 같은 질환에 의해 손상된 부분의 조직을 재생하는 역할을 한다.

② 생명활동 조절과 항상성 유지

단백질은 각종 효소(Enzyme)와 항체의 주요성분으로 호르몬 중 티록신, 아드레날린, 티로신, 인슐린 등은 단백질이나 아미노산의 유도체이다. 또한 질병에 대한 저항력을 갖게 하는 물질인 항체는 박테리아, 바이러스 및 다른 유해 미생물들로부터 보호하기 위해 체내 단백질에 의해 만들어진다. 따라서 단백질이 부족하면 면역력이 낮아지며 전염병에 치명적이고 순환기 질환을 비롯한 질병에 걸리기 쉽다.

③ 혈장단백

혈장단백질은 주로 알부민, 글로불린, 피브리노겐이 있으며 대부분 간에서 만들어진다. 혈액 응고 단백질은 상처가 났을 때 출혈을 멈추는 작용을 한다.

④ 수분 및 산 염기 평형 유지, 체내 대사과정의 조절

체내에서 수분평형과 무기질평형을 조절한다. 신경과 근육의 기능에 중요한 역할을 담당하며 체내 수분평형도 조절할 수 있다.

⑤ 열량의 공급

단백질 1g은 4kcal의 열량을 공급한다. 하지만 인체는 가능한 단백질 고유의 기능에 이용될 수 있도록 탄수화물과 지질을 먼저 에너지원으로 사용하고 난 후 단백질을 에너지원으로 사용하도록 되어 있다.

⑥ 피부의 노화예방

아미노산은 피부로 영양을 보급하는 효과와 세포를 부활 시켜주는 효능이 있다. 무엇보다도 피부 단백질의 변화와 생식세포의 재생에는 유황 함유 아미노산인 시스테인(Cysteine), 시스틴(Cystine), 메티오닌(Methionine)이 중요하다. 시스테인은 건성피부에 좋은 효과가 있고 메티오닌은 피지의 과잉분비를 억제하여 지성피부를 정상화시켜 준다.

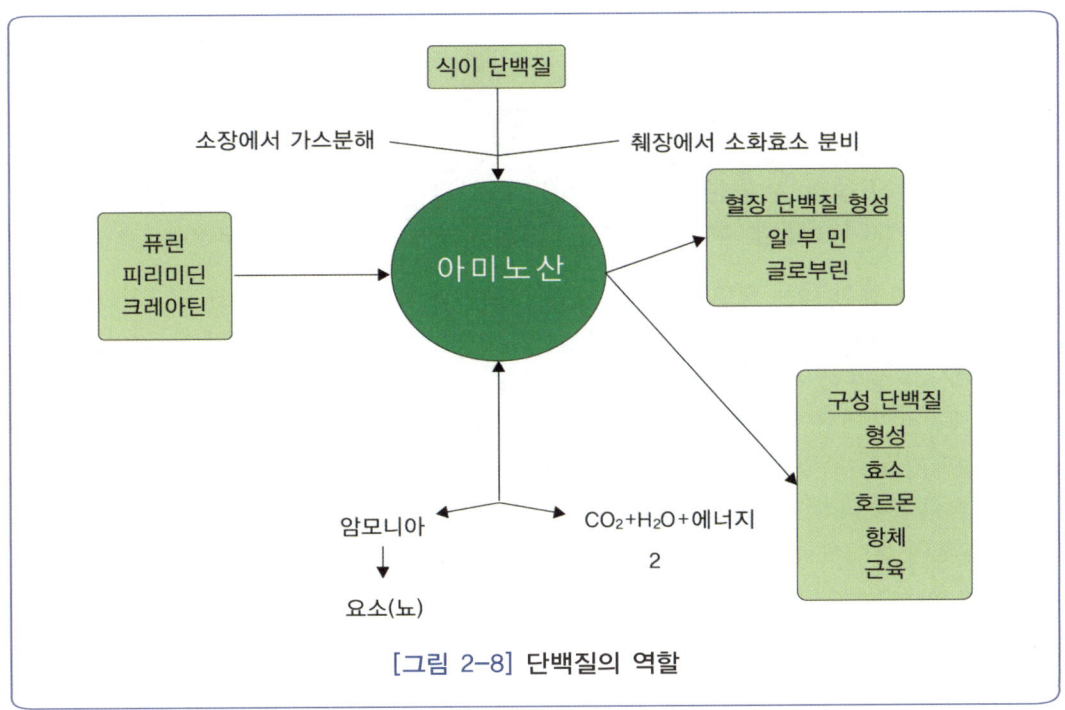

[그림 2-8] 단백질의 역할

3) 단백질과 건강문제

(1) 단백질의 결핍현상

단백질이 부족하면 체내 근육은 긴장이 저하되어 연약하게 되며, 빈혈 현상이 자주 나타나고 면역성이 낮아져 다른 전염성 질환도 발생하게 된다.

단백질의 부족은 성인은 물론 성장기 어린이에게는 심각한 상태를 야기하는데 미개발국가, 개발도상국의 경우 장기간의 단백질 부족인 카시오카(Kwashiorkor)라는 질병이 심각한 사회적 문제가 되고 있다. 성인의 경우에는 에이즈, 암, 결핵, 흡수불량증, 간질환 등의 질환이 심한 경우 2차 증상으로 나타난다.

(2) 단백질의 과잉현상

단백질은 과잉 섭취하였을 경우 요소의 배설을 위해 신장에 과중한 부담을 주게 된다. 소변량이 증가하면서 지나친 단백질의 섭취는 체외로 칼슘의 유출을 유도한다. 단백질의 필요량은 성별, 연령, 생리적 상태(임신, 수유 등)에 의하여 각기 다르며 비타민 등 균형 있는 식사가 중요하다.

몸짱의 비결인 단백질

➡ 근육의 멋진 몸매, 날씬한 키, 윤기 나는 머릿결 등 건강한 남녀의 비결은 단백질 섭취에 있다. 단백질로 구성된 근육은 멋진 몸짱의 비결이기 때문이다.

- 건강하고 윤기 나는 모발, 탄력 있는 피부와 체형은 단백질의 섭취가 중요하다.
- 단백질이 부족하면 성장장애가 일어나서 키가 충분히 크지 않는다. 우유와 같이 칼슘과 단백질이 풍부한 식품을 섭취하는 것이 좋다.
- 단백질은 면역체의 구성성분이므로 외부의 유해물질에 저항하여 질병에 걸리지 않고 건강하게 지낼 수 있다.
- 단백질이 부족하면 푸석푸석하고 탄력이 없는 얼굴과 몸으로 변하게 된다. 단백질은 수분평형에 중요한 성분으로 몸의 부종을 해결하여 탄탄하고 멋진 몸을 만든다.

4 비타민

비타민은 적은 양으로 물질대사나 생리기능을 조절하는 미량 영양소이다. 대부분의 비타민은 체내에서 합성되지 않고 식품을 통하여 섭취해야 하므로 균형 있는 식사가 중요하다. 비타민은 체내 생화학반응의 조효소로 작용하며 생리작용의 조절과 성장유지에 도움을 준다. 몸속의 비타민이 부족하면 각각 독특한 결핍 증세를 나타내며, 탄수화물, 지방, 단백질 등의 영양소 대사과정에 중요한 역할을 한다.

〈표 2-1〉 비타민의 분류

특성	수용성 비타민	지용성 비타민
종류	• 비타민 B군 • 비타민 C	• 비타민 A • 비타민 D • 비타민 K • 비타민 E
성질	• 물에 녹음	• 기름과 유기용매에 녹음
구성성분	• C, H, O, N 외에 S 함유	• C, H, O로 구성
흡수 및 운반	• 융모의 모세혈관, 문맥을 통해 간으로 운반됨	• 지단백질 형태로 융모의 유미관을 통해 림프관 흉관을 거쳐 혈액으로 들어 옴
저장 및 배설	• 체액 내에서 자유로이 순환 • 과잉분은 소변으로 쉽게 배설됨	• 과잉분은 간과 지방조직에 저장되어 쉽게 배설되지 않음
결핍증	• 빨리 나타남	• 서서히 나타남
공급	• 매일 섭취해야 함	• 매일 섭취하지 않아도 됨

1) 지용성 비타민

(1) 비타민 A (Retinol)

비타민 A는 눈의 작용을 좋게 하고, 상피 세포의 보호 작용을 한다. 체내에서 활동하는 비타민 A에는 레티놀(Retinol), 레티날(Retinal), 레티노익산(Retinoic acid)의 세 종류로 존재하며 동물성 식품에만 함유되어 있고 담황색을 띠고 있다.

자연에 존재하는 카로티노이드색소는 여러 종류가 있으나 그 중 β-카로틴이 체내에서 가장 효율적으로 레티놀로 전환된다. 비타민 A는 신경계 및 생식계에서 중요한 기능을 하여 결핍 시에는 로돕신 생성저하로 어두운 곳에서 사물을 구별 못하는 야맹증 증상이 나타나게 되고, 상피세포의 점액분비 저하로 각막, 피부, 장점막 세포의 각질화가 일어난다. 안구 건조증, 각막 연화증 및 뼈와 치아발달 손상이 된다. 반대로 과잉 섭취하게 되면 축적현상으로 식욕상실, 건조피부, 탈모, 뼈 통증, 간비대, 월경중지, 신경과민이 나타난다.

(2) 비타민 D (Calciferol)

체내의 칼슘대사를 조절하는 비타민 D는 다른 비타민과는 달리 피부를 충분한 시간 동안 일광에 노출시키면 체내에서 합성될 수 있다. 그러나 자체적인 합성이 충분하지 못하여 신체에서 필요로 하는 양만큼 비타민 D를 합성할 수 없는 경우에는 식품을 통해 섭취해야 한다. 뼈의 성장과 형성, 칼슘과 인의 대사를 조절하는 작용을 하게 되며, 결핍 시 어린이에게서는 구루병, 성인에게서는 골연화증, 골다공증이 된다. 과잉이 될 경우는 탈모, 체중감소, 설사, 메스꺼움, 식욕부진, 성장지연과 고칼슘 혈증으로 연조직의 석회화, 혈관 경화, 신결석이 생기게 된다.

 **골다공증과 골감소증**

중년기 이후에 골절량의 감소는 남녀 모두에게 나타나지만 골다공증은 특히 폐경이후의 여성에게 대부분 발생된다. 폐경 이후 여성호르몬인 에스트로겐의 분비가 급속도로 떨어지면서 활성형 비타민 D가 생성되지 않아 칼슘의 흡수율이 낮아지기 때문이다. 혈청 칼슘 농도가 감소하면 부갑상선 호르몬의 분비를 자극하여 뼈에서 자꾸 칼슘이 배출되므로 골다공증이 생긴다. 따라서 골다공증을 치료하기 위하여 비타민 D가 함유된 칼슘제를 보충하여야 한다. 골밀도 검사 시 −1 ~ −2.5까지의 수치로 진단되는 골감소증은 골다공증의 전단계로서 예방이 필요한 수위이다. 넘어지면 발목이나 골반, 갈비뼈 등의 골절이 쉽게 발생할 수 있다. 햇빛을 충분히 받고 적절한 식사로 칼슘을 보충하면 회복될 수 있다.

(3) 비타민 E (Tocopherol)

생식기능의 정상화 유지, 산화와 노화 방지의 역할을 한다. 식품에 함유된 비타민 E에는 각각 다른 생물학적 활성을 갖는 8개의 천연화합물이 있는데, 이 중 α-토코페놀의 활성이 가장 크다. 세포 내 지질과 산화되기 쉬운 불포화지방산 물질들을 보호하고 세포막이 파괴되지 않도록 한다. 그 외에도 적혈구, 백혈구를 동시에 보호함으로써 체내의 면역체계에도 관여하는 것으로 밝혀졌다. 비타민 E가 결핍되면 적혈구의 세포막인 레시틴이 산화되어 적혈구가 파괴되는 용혈성 빈혈이 생기게 되고, 근육 위축증, 시력과 언어구사력 손상, 망막증에 걸리게 된다.

비타민 E와 셀레늄(Se)과의 관계

동물실험에 의하면 '미량 무기질인 셀레늄이 비타민 E의 기능을 대신 한다'라는 보고가 있다. 비타민 E의 결핍 증세에 대해 소량의 셀레늄을 투여하면 일부 비타민 E의 기능을 한다. 비타민 E는 생체막의 산화를 막아 주는 주요한 물질이지만, 비타민 E가 적절하게 존재하는 때에도 생체 세포내에서는 약간의 과산화물이 형성된다.

셀레늄은 비타민 E처럼 세포에서 생성된 과산화물을 파괴시켜 과산화물에 의한 세포막의 손상을 막는데, 생체막을 보호하는 역할에서 비타민 E와 셀레늄은 보완적 이라고 할 수 있다. 신체의 항산화 작용을 하는데 있어서 비타민 E와 셀레늄(Se)은 상호 보조적 역할을 한다.

(4) 비타민 K (Phylloquinine)

비타민 K는 혈액을 응고시키는 역할을 한다. 건강한 성인은 장내 박테리아에 의해서 합성이 되기 때문에 결핍증이 거의 없다. 그러나 비타민 K는 칼슘과 결합하는 단백질인 오스테오칼신(Osteocalcin)을 합성하는데, 뼈와 단백질의 합성에 관여하므로 부족 시 뼈를 견고하게 만들지 못하게 된다. 신생아나 항생제를 장기 복용한 자의 경우에 발생하는 것으로 혈액 응고 시간이 지연되거나 출혈현상이 자주 나타난다.

〈표 2-3〉 지용성 비타민의 기능 및 급원식품

지용성 비타민	주요 기능	결핍증	과잉증	급원 식품
비타민 A	시력유지, 피부의 건조방지, 상피세포 유지	야맹증, 안구 건조증, 상피세포 파괴, 과도한 색소 침착	구토, 월경불순, 현기증, 피부변화	간, 당근, 우유, 쑥, 시금치, 생선, 난황, 감
비타민 D	칼슘과 인 흡수, 지방산 산화 방지, 세포 재생	골격구조 변형, 피부 구루병, 건선, 골연화증	신장결석, 탈모 골격 석회화	버섯, 달걀, 정어리, 연어, 버터, 크림
비타민 E	항산화제, 불포화 지방산 산화방지, 세포재생	지루성, 여드름성 피부, 신경파괴, 적혈구의 용혈	백혈구 기능손상, 피로	견과류, 계란, 다랑어, 연어, 바나나
비타민 K	세포신진대사 산화, 환원반응, 혈액응고, 골다공증 발생예방	출혈, 모세혈관벽 약화	빈혈, 황달	간, 녹색채소, 브로콜리, 콩류, 양배추

2) 수용성 비타민

수용성 비타민은 체내의 당질, 지질, 단백질 대사에 관여하는 보조 효소(Coenzyme)의 구성 성분으로 대사를 조절하는 윤활유 역할을 하며, 물에 녹기 때문에 과량을 섭취해도 저장되지 않고 소변으로 배설된다. 따라서 수용성 비타민은 매일 필요량을 섭취해야 한다.

(1) 비타민 B_1 (Thiamine)

비타민 B_1은 탄수화물의 대사를 촉진하고, 식욕과 소화기능을 자극하는 역할을 한다. 신경계 기능을 하기 때문에 부족하게 섭취하게 되면 심혈관계, 근육계, 신경계, 위장관 기능에 모두 영향을 미치게 된다.

① 신경계
: 말초신경계의 마비로 사지의 반사, 감각 및 운동 기능 장애가 올 수 있으며, 체조직의 손실로 마르고 쇠약해진다.

② 심장계
: 부종, 심장비대, 부정맥, 호흡곤란 등 울혈성 심부전과 유사한 증상이 나타나게 된다.

(2) 비타민 B_2 (Riboflavin)

비타민 B_2는 성장을 촉진시키고, 체내 산화환원작용을 한다. 입속의 점막을 보호하는 작용을 한다. 결핍이 되면 조직이 손상되고, 성장의 지연, 빛 과민증, 코와 눈 주위의 피부염, 구순구각염, 설염, 두통이 발생하게 된다.

(3) 비타민 B_6 (Pyridoxine)

단백질 대사에 관여하고, Heme과 지방을 합성한다. 피부염증을 방지하여 항피부염 비타민이라고도 불리며 피지선의 기능 조절로 피지분비 억제작용을 하므로 결핍 시에 지루성, 여드름 피부가 되고 소양증과 작열감을 동반한 피부염이 발생한다. 결핍증은 피부염, 구각염, 설염, 근육경련, 신경장애, 비정상적 뇌파, 빈혈(소혈구성 빈혈)이 온다.

(4) 비타민 B₁₂ (Cobalamine)

사람, 동물은 모두 비타민 B₁₂를 체내에서 합성하지 못한다. 비타민 B₁₂ 를 '항악성빈혈 비타민'이라 부른다. 체내기능을 보면 비타민 B₁₂는 DNA합성에 혈액을 생성하고 성장을 촉진시키지만 결핍이 되면 악성빈혈(거대적아구성 빈혈과 신경손상)로 인해 근육에 점진적으로 마비현상이 나타난다. 신체적 무기력, 창백, 식욕부진, 체중감소, 숨 가쁨, 우울, 혼돈, 불안이 유발된다.

(5) 엽산 (Folic Acid)

핵산과 아미노산을 합성하고, 적혈구를 성숙시키는 역할을 한다. 엽산이 결핍이 되면 DNA의 염기가 합성되지 못하여 세포가 정상으로 분열하지 못하고 거대적아구성 빈혈이 나타나 피로, 설사, 혀가 쓰림, 망각, 짜증이 나타난다. 헤모글로빈, 혈소판, 백혈구 수준은 감소한다.

(6) 비타민 C (아스코르빈산, Ascorbic acid)

비타민 C는 콜라겐 형성, 면역기능 향상, 철 흡수 촉진의 기능을 한다. 비타민 C는 노화 및 모든 질병에 관여하는 활성산소(유해산소, Free Radical)로 부터 보호해주는 항산화제로서의 역할이 중요하다. 또한 비타민 C는 아미노산의 대사를 돕고, 이 아미노산들은 호르몬인 노르에피네프린(Norepinephrine)과 티록신(Thyroxin)을 합성하는데 사용된다. 비타민 C를 많이 섭취하면 감기, 암 등의 예방 및 치료에 효과가 있다고도 알려져 있다. 결핍되면 콜라겐 생성의 장애로 괴혈병 증상이 나타난다. 초기에는 잇몸 출혈을 시작으로 치아탈락, 연골과 근육조직 변형, 관절통, 피하출혈이 발생한다. 장기간 지속 시에는 심근의 근육퇴화, 빈혈, 감염증, 우울증 나타나고 심하면 사망에 이르게 된다.

(7) 나이아신 (Niacin)

니아신은 체내 산화환원 작용으로 에너지 대사 과정에서 필수적인 성분이다. 니아신이 결핍 되면 초기에는 피로감과 허약, 식욕부진, 소화불량이 나타나게 되고, 지속적인 결핍은 혀와 입, 위에 염증을 유발하며, 심해지면 빈혈과 구토가 발생하게 된다.

(8) 판토텐산 (Pantothenic Acid)

판토텐산은 에너지 전달체계에서 조효소 역할을 한다. 또한 지방산과 스테롤을 체내에서 합성하고, 헤모글로빈 합성에도 관여한다. 판토텐산은 코엔자임A(Coenzyme A)의 구성 성분으로 탄수화물, 지질, 단백질로부터 에너지를 방출하는 과정에서 작용한다. 위의 3대 영양소는 대사 과정 중에 TCA-Cycle을 거쳐야만 하는데 그 과정 중 초기단계에서 필요하다. 판토텐산의 결핍증은 흔하지 않으나 피로와 불면, 두통, 근육 경련, 빈혈이 올 수 있다.

(9) 비오틴 (Biotin)

비오틴은 모든 세포에 소량으로 존재하여 식물, 동물성 식품, 인체 내에서 단백질과 결합되어 있는데, 이 형태로써 대사에 조효소 작용을 한다. 또한 항체와 췌장 아밀라아제의 합성에도 관여하는 필수적인 영양소이다. 결핍증은 흔하지 않으나 붉은 피부발진이나 습진, 탈모, 식욕상실, 우울증, 설염이 나타난다.

〈표 2-3〉 **수용성 비타민의 기능 및 급원식품**

수용성 비타민	주요 기능	결핍증	급원식품
티아민	탄수화물대사에서 조효소	각기병, 부종	돼지고기, 보리, 현미, 참깨, 해바라기씨, 쇠간, 시금치
리보플라빈	조직의 대사 작용 피부유지, 피지 분비조절 에너지대사의조효소	지루성피부염, 구각염, 설염	배아, 우유, 버섯, 육류, 브로콜리, 생선, 계란, 김, 간, 굴, 상추, 시금치
나이아신	지방합성, 피부탄력유지 에너지대사	펠라그라, 설사, 피부염, 건망증	쇠고기, 닭고기, 버섯, 간, 땅콩, 계란, 우유, 참치
판토텐산	단백질 대사의 조효소 지방합성에 필수적	신경과민 자외선에 민감 피로, 두통	간, 바나나, 콩류, 닭고기, 당근, 파인애플, 치즈, 버섯, 브로콜리, 전곡
비오틴	포도당 합성 지방합성의 조효소	피부염 부종, 우울증	간, 효모, 난황, 치즈
비타민 B_6	아미노산 합성 헤모글로빈 합성 피지선조절 피부염증 방지	빈혈, 피부박리 부종, 여드름	바나나, 살코기, 연어, 돼지고기, 시금치, 계란, 호두, 땅콩, 빵, 참치, 햄

수용성 비타민	주요 기능	결핍증	급원식품
엽산	면역에 관여 신경조절, 조혈작용	거대적아구성 빈혈 설염, 설사, 성장 지연	푸른잎 채소, 견과류, 효모, 바나나, 오렌지, 계란, 간, 빵, 내장고기
비타민 B$_{12}$	핵산 대사, 엽산 대사 신체대사에서 조효소	악성빈혈증 지루성 피부염	쇠간, 파인애플, 복숭아, 당근, 굴, 조개, 다랑어
비타민 C	콜라겐 합성 멜라닌색소 억제 호르몬 합성 노화방지, 항산화제	괴혈병, 부종, 각화증, 상처치료 지연, 색소침착, 과민 증상	시금치, 브로콜리, 감자, 고추, 파슬리, 딸기, 오렌지, 토마토, 연시, 부추, 콩나물

5 무기질(미네랄, Mineral)

생물체를 구성하는 원소 중에서 탄소, 수소, 산소 등의 3원소를 제외한 생물체의 무기적 구성요소를 '광물질'이라고도 한다. 무기질은 단백질, 지방, 탄수화물, 비타민과 함께 5대 영양소 중 하나로, 인체 내 여러 가지 생리적 활동을 하고 있다. 체내에서 적절한 pH를 유지하도록 조절하여 산과 염기의 균형을 맞추고 신체의 각 부위를 구성하고, 삼투압을 통해 체액의 균형을 유지시킨다. 인체에 필요한 무기질은 20여종 있으며 1일 필요량에 따라 100mg이상 필요한 원소를 다량원소(Macromineral)라 하며 이에는 Ca, P, Mg, Na, K 및 S 등이 속한다. 반면 100mg 이하 필요한 원소를 미량원소(Micromineral)라 부른다.

1) 칼슘 (Ca, Calcium)

칼슘은 혈액응고, 신경전달, 근육 수축에 관여한다. 인체 내에서 가장 풍부한 무기질로 피부의 진정작용을 하며 혈압과 혈액의 pH를 조절한다. 칼슘이 부족하게 되면 신체의 저항력이 감소되고 과민성 피부로 변화되며 골격형성과 치아의 건강이 나빠지며 잦은 신경질과 신경과민의 증상을 유발한다.

성인 남녀의 1일 권장량은 700mg이며, 임신기에는 1일 1,000mg, 수유기에는 1일 1,100mg을 섭취하도록 권장하고 있다.

체·형·관·리·학

 **칼슘 흡수를 증진시키는 요인**

① 비타민 D는 칼슘이 혈액으로 흡수되는 것을 도우므로, 비타민 D가 함께 존재할 때 흡수율이 증진된다.
② 장내의 산성 환경은 칼슘을 효과적으로 용해시키므로 흡수를 더욱 증진시킨다.
③ 비타민 C(Ascrovic Acid)는 칼슘의 흡수를 증진시킨다.
④ 유즙은 젖당과 칼슘이 함께 들어있는 좋은 급원이며 칼슘을 효과적으로 이용하는 대표적인 식품이다. 젖당(Lactose)은 칼슘이 불용성 물질로 전환 되는 것을 저지하며 젖산(Lactid Acid)을 생성함으로써 pH가 낮아져 칼슘의 흡수를 15~50%정도 증가시킨다.
⑤ 칼슘의 흡수율은 신체에서 요구하는 정도에 따라 영향을 받는다. 즉, 성장기나 임신, 수유기 등 칼슘의 요구가 증가될 때는 섭취된 칼슘의 흡수율이 60%나 증가되었음이 보고되었다. 반면 폐경 후 여성이나 노년층의 경우는 칼슘의 흡수 능력이 감소된다.
⑥ 식사 내 칼슘과 인의 비율이 동량(1:1)일 때 칼슘의 흡수율이 최대가 된다. 칼슘에 비해 인의 과량일 경우 인산칼슘을 형성하여 칼슘은 흡수되지 않고 대변으로 배설된다.

2) 인 (P, Phosphorous)

인은 세포의 인지질과 핵산, 세포막을 구성하는 성분으로, 골격과 치아의 형성에 중요한 역할을 하며, 탄수화물과 지방대사에도 관여한다. 인의 결핍은 거의 나타나지 않지만 일반적인 섭취비율은 1 : 1이 이상적으로 식품의 대부분에 인이 함유되어 있으며 특히 유즙 및 유제품, 육류 등은 인의 좋은 급원이다.

3) 마그네슘 (Mg, Magnesium)

마그네슘은 칼슘, 인과 함께 골격대사에 중요한 기능을 하며 생명현상 유지를 위한 중요한 효소반응(특히 미토콘드리아 內)에 촉매 작용을 하는 필수적인 물질로 근육을 이완시키고 신경을 안정시키는 데 효과가 있다.

마그네슘은 채소에 많이 함유되어 있는데, 우리나라 사람들은 채소를 많이 섭취하므로 마그네슘이 결핍될 우려는 거의 없다. 성인은 하루에 200~300mg의 마그네슘을 섭취하면 건강을 유지한다고 알려져 있다.

4) 나트륨 (Na, Sodium)

나트륨은 체액의 수분, 산 및 알칼리의 균형을 유지하며, 근육의 탄력성을 유지하는 역할을 한다. 신경의 자극 전달에 관계하며, 내장 내의 소화액이나 위산분비 촉진, 일사병을 예방하는 역할을 하지만 과하게 섭취하게 되면 고혈압, 신장병의 원인이 되고, 체중이 증가하는 원인으로도 작용하게 된다.

5) 칼륨 (K, Potassium)

혈청 칼륨량을 신체근육조직(Lean Body Mass(LBM)=체중−체지방)의 지표로서 사용하기도 한다. 따라서 체중이 감소될 때 체내 칼륨 수준의 변화가 없을 경우에는 체지방의 감소를 예측할 수 있다. 동·식물성 식품 내에 널리 분포되어 있으므로 정상적 식사를 할 경우에는 충분히 섭취되고, 따라서 열량의 섭취량이 증가되면 포타슘의 요구량도 증가된다. 포타슘을 함유하고 있는 식품들은 채소, 과일, 육류, 우유 등이다.

칼륨은 나트륨(Na)과 함께 체액의 삼투압과 수분평형을 조절하며, 산. 염기의 평형에 관여한다. 또 소듐, 칼슘(Ca)과 함께 신경과 근육의 흥분과 자극에 관여하며, 근육의 수축·이완작용 및 신경의 자극 전달에 관여한다. 또한 췌장에서 인슐린 공급에 관여할 뿐 아니라 글리코겐(glycogen) 및 단백질 형성에도 관여한다.

 **소금은 정말로 고혈압을 유발한다**

소금(NaCl)을 과량 섭취하면 신장의 배설 능력을 감소시켜 혈액이 탁해지게 된다. 혈액이 탁해지면 심장에 부담이 되고 고혈압이 생긴다. 과잉 섭취한 NaCl을 적극적으로 배설시키기 위해서는 포타슘(칼륨)과의 균형이 중요하므로 포타슘의 섭취가 효과적이다. 포타슘은 여름에 생산되는 야채와 과일에 많이 함유되어 있다.

6) 유황 (S, Sulfur)

유황을 함유하고 있는 아미노산(함황아미노산, 메티오닌, 시스테인, 시스틴)에 존재하므로 결체조직, 피부, 손톱, 모발 등에 풍부히 존재한다. 황은 보조효소 역할을 수행하는 티아민(Thiamin), 비오틴, 리포산, 코엔자임A의 구성요소로 콜라겐의 합성에 필요하며 세포 내에서 함황아미노산은 해독작용을 한다. 함유식품은 계란, 아스파라거스, 마늘 등이다.

7) 철분 (Fe, Iron)

철분은 조직 내 효소의 일부로서 아주 적은 양이 존재하고, 헤모글로빈(Hemoglobin)을 구성하는 매우 중요한 물질로써, 피부의 혈색과 관련 있다. 결핍되면 빈혈이 일어나며, 비타민 C 철분의 흡수율을 높인다.

8) 요오드 (I, Iodine)

요오드는 갑상선 호르몬의 구성성분으로 체내의 기초 대사를 조절하여 모세혈관의 기능을 정상화시키며, 탈모를 예방하고 모발과 체형관리에도 도움을 준다. 출생 이전부터 부족하게 되면 크레틴병에 걸리며 기초대사도 낮고 성장과 발육 및 지능이 떨어진다. 성장기 이후의 저갑상선 호르몬 상태에서는 점액수종이 나타나 얼굴과 손에 부종이 생기며 피부가 거칠어지고 목소리도 쉰듯하게 변한다.

9) 아연 (Zn, Zinc)

아연은 단백질 대사와 관련하여 콜라겐의 합성에 관여하며 상처회복을 위해 필요하고 면역기능의 유지에 관여한다. 결핍되면 피부염, 성장장애, 성적인 성숙의 지연, 조직의 회복지연과 야맹증을 유발하기도 한다.

10) 구리 (Cu, Copper)

구리는 호흡효소 작용, 헤모글로빈 합성, 당질 대사와 열량 생산, 인지질 형성 및 연결조직의 형성과 같은 체내 반응에 관여한다. 콜레스테롤 대사에 관여하며 담즙을 만드는데 작용하므로, 구리 결핍 시에는 혈청 콜레스테롤이 증가하여 관상 동맥성 심장질환을 일으키는 요인이 되고 있다.

11) 셀레늄 (Se, Seleum)

항산화 효소인 SH-Px는 글루타치온을 이용해 과산화수소 등을 제거하여 산화적 손상으로부터 세포를 보호한다. 비타민 E 절약작용을 하며 GSH-Px는 생성된 과산화물을 파괴하여 비타민 E 절약작용을 한다.

6 수분

1) 수분의 역할

물은 신체를 구성하고 있는 수백만 개의 세포 증식에 필요하며, 또 이들 세포가 생명력을 유지하기 위해서 반드시 필요한 성분이다. 이들 각 세포는 일정량의 수분을 함유하고 있으며, 세포가 정상적으로 기능을 하기 위해서는 영양소의 공급도 중요하지만 세포를 둘러싸고 있는 체액이 항상 일정하게 유지되어야 한다. 따라서 우리는 물을 6대 영양소로서 그 중요성을 기억하여야 한다. 사람이 출생하여 성장하고 성인기에서 연령이 증가함에 따라 인체의 수분 보유량은 낮아지는데 일반적으로 평균 성인의 경우 체중의 55~60% 정도를 차지한다.

(1) 인체 내 수분의 역할

① 신체 조직의 중요한 구성분이다.
② 생체 내 모든 반응은 물을 용매로 삼투압 작용을 한다.
③ 체액을 통하여 신진대사를 한다.
④ 체액의 전해질 농도와 산, 알칼리의 평형을 유지한다.
⑤ 영양소를 신체의 기관에 운반, 용해, 소화흡수를 용이하게 한다.
⑥ 필요 없는 노폐물을 땀과 소변으로 배설한다.
⑦ 체온조절기능을 한다.

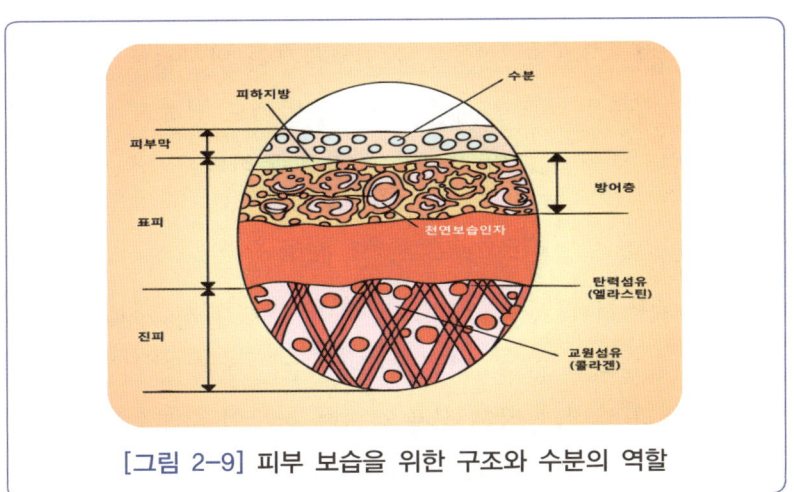

[그림 2-9] 피부 보습을 위한 구조와 수분의 역할

(2) 수분이 피부에 미치는 영향

① 피부표피의 수분량은 10~20%로서 유지되어야 하는데 평형이 깨지면 건조가 시작되어 탄력이 상실되고 주름이 생긴다.
② 피부진피의 수분부족은 굵은 주름의 원인이 된다.
③ 피부에 수분이 부족하면 윤기와 탄력을 잃어 피부의 노화가 촉진된다.
④ 염분을 많이 섭취할 경우에 수분의 소비가 증가되는데, 충분한 수분이 공급되지 못하면 이것은 체내에 무기질과 비타민의 부족증으로 이어질 수 있다.

2) 수분의 분포

인체 내 수분 함량은 전술한 바와 같이 체중의 55~60% 정도로 인체의 구성 성분 중 가장 많은 부분을 차지하며, 여기에 각종 전해질과 유기물질이 녹아 이른바 체액을 이루고 있다. 체액은 세포안과 세포 밖에 모두 존재한다. 체액 전체 중 반투막을 사이에 두고 세포막 안에 있는 액체를 세포 내액, 세포막 외부에 존재하는 액체를 세포 외액이라 한다.

(1) 세포 내액

세포 내액은 생명 현상의 본체가 되는 모든 생화학적 반응이 일어나는 곳으로 총체액량의 2/3정도를 차지한다.

(2) 세포 외액

총체액의 나머지 1/3은 세포 밖에 존재한다. 세포 외액은 세포를 둘러싸고 있는 액체로서 세포가 필요로 하는 산소 및 영양소를 외부로부터 받아들여 세포에 공급해 주며, 세포내에서 생성된 노폐물을 체외로 배출한다. 이 밖에도 전해질 농도, pH, 삼투압 등을 일정하게 유지시킴으로써 세포의 기능을 원활하게 한다.

(3) 식품 내 수분

음료 이외에도 식사를 하는 동안 섭취하는 여러 가지 음식물에는 눈에 보이지 않아도 상당량의 수분이 함유되어 있다. 각종 식품의 수분 함량은 식품의 종류에 따라 큰 차이가 있다. 즉, 채소나 수박과 같은 식품은 90% 이상의 수분을 함유하며, 곡류와 같은 마른 식품은 10% 정도의 수분을 함유하고 있다. 고형식품에서 얻을 수 있는 수분의 양도 개인의 식사섭취 상태에 따라 차이는 있겠으나 정상인의 식사에서는 하루에 750ml 정도가 된다고 한다.

> **Q&A 운동 시 이온음료, 스포츠 음료가 필요한가?**
>
> A. 심한 강도의 운동을 한 시간 이상 지속하면 근육활동의 증대로 열 발생이 증가한다. 땀을 많이 흘리면 체액이 손실되어 운동 능력에 지장을 주므로 포도당과 전해질을 포함한 스포츠 음료가 도움이 된다. 그러나 걷기나 한 시간 이내의 운동을 했다면 전해질 손실이 크지 않으므로 생수로 수분을 공급하는 것이 좋다. 특히 비만 예방과 다이어트를 위해 걷기를 하는 사람들이 이온음료를 마시게 되면 음료에 포함된 당 성분으로 인해 원하는 효과를 볼 수 없기 때문이다. 단 맛을 열량을 제공하는 뿐만 아니라 식욕을 자극 할 수도 있다. 운동 후 갈증의 해소에는 생수가 최고이다.

3) 수분의 섭취와 배설

(1) 수분의 섭취

수분 섭취량이 적을 때는 뇌하수체 후엽에서 분비되는 항이뇨호르몬(ADH)의 영향으로 신세뇨관에서 수분 재흡수가 증가한다. 이에 따라 소변량이 감소되고 총 체액량은 증가되므로 체액의 일정한 균형이 유지된다. 수분 섭취량은 연령, 염분의 섭취량, 운동량, 기후 등에 따라 차이가 있는데, 신생아와 어린이의 단위체중당 수분섭취량은 성인에 비하여 많으며, 열대지방이나 여름철에 격심한 운동을 할 경우 수분섭취량이 증가된다. 사람이 하루 동안 섭취하는 수분량은 1,900~2,800ml 정도이며, 그 중 많은 부분이 액상음료를 통한 섭취(1,100~1,400)이고 나머지는 식품에 함유된 수분(500~1,000ml)을 통해 섭취된다. 그 외 신진대사에 의해 체내에서 생성되는 산화수도 소량(300~400ml) 있어서 1일 성인이 체내에서 이용할 수 있는 물의 양은 약 2,000~2,500ml 정도이다.

① 연령

성장해 가면서 신체 구성 성분 중 수분이 차지하는 비율이 점점 낮아지지만 신생아는 체중의 75% 정도가 물로 구성되어 있다. 뿐만 아니라 신생아는 신장의 기능이 아직 미숙하므로 대사산물을 제거하려면 성인에 비해 수분 필요량이 높다. 대개 신생아는

1kcal의 에너지 소모 당 1.5ml 의 수분 섭취가 요구된다. 노년기에도 갈증을 자주 느끼며 몸에서 물을 보유하는 능력이나 신장 기능의 효율이 저하되므로 수분 필요량이 높아진다.

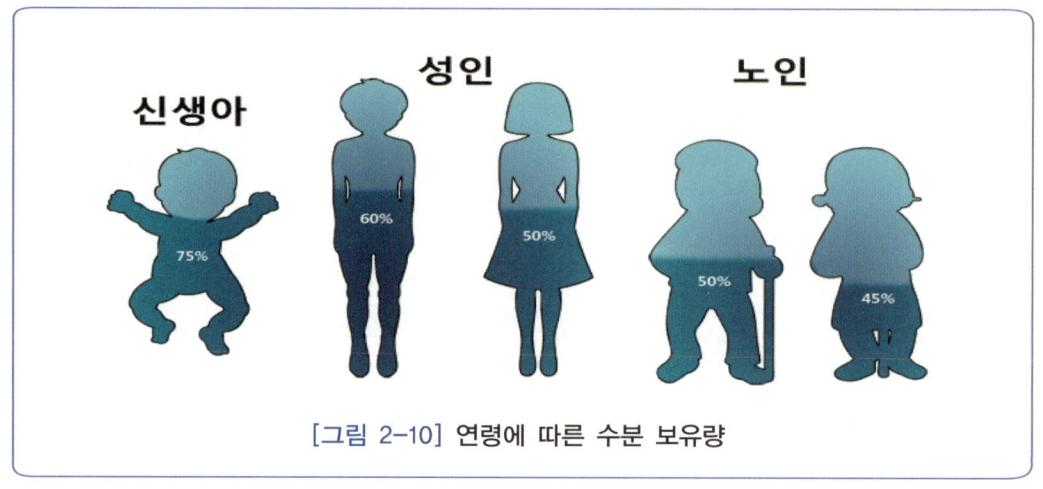

[그림 2-10] 연령에 따른 수분 보유량

② 임신, 건강 상태의 이상과 스트레스

임신기에는 양수를 만들어야 하며 태아의 성장을 돕고 모유 분비를 준비하기 위하여 수분 필요량이 크게 높아진다. 이 밖에 건강 상태가 정상이 아닐 때에도 수분의 요구량이 증가된다. 즉, 혼수상태, 열이 날 때, 다뇨증이나 설사 등의 증세가 있을 때도 수분 요구량이 증가되므로 물을 많이 마셔야 한다. 고단백 식사를 할 때와 기후가 고온일 때도 수분필요량은 평상시보다 훨씬 많아진다.

4) 수분의 대사 – 수분 평형 조절

심한 운동을 한 경우 땀을 많이 흘려 수분이 몸 밖으로 빠져 나간다. 또는 건강 상태의 약화로 설사, 구토를 하거나 발한증세가 심한 경우에도 체액의 양이 정상 이하로 저하된다. 체내에서 수분이 빠져나갈 때 수분이 보충되지 않으면 탈수현상이 점점 더 심해져 생명에 지장을 초래할 수 있으므로 인체는 이를 보충하려는 적응 기전을 보인다. 땀을 많이 흘리거나 설사를 하면 물이 빠져나가 세포 외액의 양이 감소하는 데 이 현상이 점점 심해지면 세포 외액의 전해질 농도가 높아지고 삼투압에 의해 세포 내액이 외층으로 흐르게 된다. 뇌의 시상하부에서는 세포 외액의 감소가 일어나면 즉시 갈증을 느끼게 된다. 갈증은 체액이 감소되었을 때 나타나는 첫 번째 증세이며, 심해지면 입술이 마르고, 맥박이 빨라지면서 체온이 상승하게 된다. 이런 현상을 해소시키기 위해 물을 마시면 세포 외액의 양과 삼투압은 정상으로 되돌아간다.

질환이나 환경 조건에 따라 피부나 대변을 통해 몸에서 배출되는 수분량이 많아지는 경우에는 신장이 소변의 양을 감소시키고 갈증을 통해 물을 마시게 하여 수분 대사의 균형을 맞추게 된다. 노인은 신장에서 수분을 재흡수하는 능력이 저하되어 있고 갈증을 느끼게 하는 중추기능이 저하되어 있어서 체내 수분이 부족해도 그 상태를 인지하지 못할 때가 있어서 충분한 수분 공급에 유의해야 한다.

체·형·관·리·학

제2장 체형관리의 영양
핵심요약

○ **영양소의 역할**
① 열과 에너지 발생
② 체조직 구성과 보수
③ 여러 형태의 체내 대사과정 조절

○ **영양소의 종류**
① 탄수화물 - 단당류, 이당류, 다당류: 에너지공급, 단백질의 절약작용, 케톤증 예방
② 지방 - 단순지방, 복합지방, 유도지방: 에너지원, 필수지방산의 공급, 음식의 질감과 피부의 윤기, 호르몬과 담즙의 성분, 인지질은 세포막의 성분
③ 단백질 - 아미노산의 합성체, 필수아미노산 중요 : 체내구성성분과 조직의 보수, 생명활동조절과 항상성 유지, 혈장단백의 역할, 산염기 평형, 피부의 노화예방
④ 비타민 - 수용성비타민, 지용성비타민: 체내대사의 조효소역할, 생리조절로 결핍시 질병유발
⑤ 무기질 - 칼슘, 인, 마그네슘, 칼륨, 유황, 철분, 요오드, 아연, 구리, 셀레늄: 산염기 균형, pH유지, 신경의 자극전달, 근육 형성과 골격 대사 등에 역할
⑥ 수분 - 세포내액, 세포외액, 식품 내 수분: 수분평형조절, 체중의 60%로 구성성분 중 가장 많은 부분 차지하며 중요대사에 관여

○ **식이섬유소와 필수지방산**
• 식이섬유소의 역할
① 물을 흡수하여 음식의 볼륨을 증가시킨다.
② 장 안에서 콜레스테롤 등을 흡착, 노폐물 배설을 촉진한다.
③ 내용물의 소화관 통과 시간을 단축시킨다.

④ 음식물의 소화 흡수를 저하시켜 비만을 예방한다.
⑤ 장과 간에 순환하는 담즙산을 감소시킨다.
⑥ 장내 유익 세균을 증식시킨다.

- 필수지방산의 역할
① 세포막의 성분이 되며 투과성을 정상적으로 유지한다.
② 혈청 콜레스테롤을 감소시킨다.
③ 두뇌 발달의 성분이다.
④ 피부의 면역기능을 향상시킨다.
⑤ 피부 건조증, 습진, 탈모예방을 한다.

체·형·관·리·학

제2장 체형관리의 영양
연습문제

객관식

1. 다음 중 설명이 가장 옳은 것은?
   ① 올리고당은 단 맛이 있으므로 혈당을 빠르게 높여 체형관리가 안 된다.
   ② 식이섬유소는 부피를 늘려 장의 운동을 도우므로 체형유지에 도움이 된다.
   ③ 단백질을 섭취하면 에너지 과다가 되므로 적은 양을 섭취해야 한다.
   ④ 비타민과 무기질을 많이 섭취하면 살이 찌므로 체형관리에 도움이 안 된다.

2. 체형관리의 적용영역에 대한 설명으로 옳지 않은 것은?
   ① 내용물의 소화관 통과 시간이 억제된다.
   ② 장과 간에 순환하는 담즙산을 감소시킨다.
   ③ 장내 유익 세균을 증식시킨다.
   ④ 장안에서 콜레스테롤 등을 흡착, 노폐물 배설을 촉진한다.

3. 필수지방산의 역할로 옳은 것은?
   ① 혈청 콜레스테롤을 증가시킨다.
   ② 피부와 면역기능을 향상시킨다.
   ③ 세포막의 성분이 되어 투과성을 방해한다.
   ④ 단백질 절약과 케톤증 예방에 도움이 된다.

4. 인체 내 수분의 역할로 옳지 않은 것은?
   ① 생체 내 모든 반응은 물을 용매로 삼투압 작용을 한다.
   ② 체온 조절이 가능하다.
   ③ 연령이 증가함에 따라 수분 보유량이 증가하여 평균 성인의 경우 체중의 55~60% 정도 차지한다.
   ④ 체액의 전해질 농도와 산, 알칼리의 평형을 유지한다.

5. 나트륨의 과잉 섭취로 인해 발생할 수 있는 질병으로 묶인 것은?

㉠ 고혈압	㉡ 신장병
㉢ 위궤양	㉣ 부종

① ㉠
② ㉠, ㉡, ㉢
③ ㉠, ㉡
④ ㉠, ㉡, ㉢, ㉣

주관식

1. 지용성 비타민의 종류와 주요 기능에 대해 쓰시오.

2. 수분이 피부에 미치는 영향에 대해 쓰시오.

3. 단백질의 체내 기능을 쓰시오.

Chapter 03

체형관리와 비만

1. 비만(Obesity)의 정의
2. 비만의 원인
3. 비만의 분류
4. 비만과 질환
5. 비만의 진단과 측정법
6. 비만과 신체의 대사

CHAPTER 03 체형관리와 비만

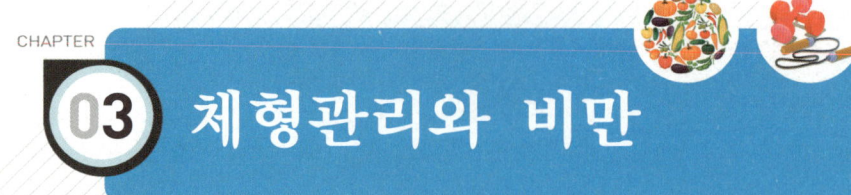

1 비만(Obesity)의 정의

비만은 단순히 체중이 많이 나가는 것이 아니라 체내에 지방이 과잉 축적되어 신체 내에서 차지하는 체지방의 비율이 높은 것을 말한다. 일반적으로 섭취한 칼로리는 기초대사량 60~70%, 운동과 행동으로 근육이 움직이면서 사용되는 활동대사량 15~20%, 음식물의 소화, 흡수, 대사 등에 사용되는 식품의 특이동적 작용 10% 정도가 소비된다. 비만은 섭취열량과 소비열량의 균형이 깨지고 섭취열량이 소비열량을 초과하여 중성지방의 형태로 지방조직에 과잉 축적되는 현상이다. 체지방이 체내에 필요이상으로 축적되어 비만 상태에 이르면 고혈압과 당뇨 그리고 관상동맥 질환 등 질환의 위험이 매우 높아지게 된다. 일반적으로 남성은 체지방률이 15~20% 이상일 때, 여성은 25% 이상일 때를 비만이라고 말한다.

2 비만의 원인

비만의 원인에는 유전적요인, 섭취열량의 과다, 잘못된 식습관, 에너지 소비의 부족, 내분비계이상, 수면부족 등 복합적으로 작용한다.

1) 유전적 요인

비만에 대한 유전적 영향에 관한 확률을 보면, 부모 모두 비만일 때 자식이 비만이 될 확률은 약 80%이고, 부모의 한쪽이 비만일 때의 발생 가능성은 약 40%이며, 부모가 모두 정상 체중인 경우에는 자녀가 비만이 될 확률이 약 10%다. 살이 찐 사람의

25~50%는 유전적으로 살이 찌기 쉬운 경향, 즉 가족 식습관과 낮은 기초대사량 등의 요인을 갖고 있다는 연구 보고도 있지만 단순히 유전성만 원인이 되는 것이 아니라 가족의 식생활 방식과, 가정의 환경적인 원인이 상호 작용한 결과이다.

2) 섭취열량 증가

에너지섭취의 조절은 자율신경에 의해 조절된다. 이 자율신경의 상호 자극과 완화의 조절기능이 무너질 경우 식사에 대한 억제와 조절이 안 되어 과식과 폭식으로 이어져 영양과잉의 원인이 된다. 과식은 심리적 요인과 스트레스에 의하여 에너지를 과다 섭취하는 것으로 인슐린의 분비가 촉진시키고, 그에 따른 지방 합성이 증가된다. 폭식은 갑자기 혈당을 상승시키며 영양소 저장 호르몬을 증식시키므로 비만의 악순환을 일으키는 원인이 된다.

3) 잘못된 식습관

섭취량을 줄이기 위하여 식사를 거르거나 규칙적이지 못한 식사를 반복하게 되면 오히려 요요현상을 유발시킨다. 하루 식사량을 아침에 25%, 점심에 50%, 저녁에 25%로 나누어 섭취하고, 일정한 식사시간에 섭취하는 것이 좋은 방법이다. 식사습관과 같은 잘못된 식행동은 비만을 일으키는 주된 원인이며 간식이나 야식을 하는 즐기는 습관을 가지고 있는 경우에 비만이 많이 발생한다. 간식으로 먹는 식품들은 대부분이  과자류, 아이스크림, 패스트푸드의 고칼로리 식품이며 단순 당류들은 지방으로 전환되기 쉬워 축적이 된다. 회식은 술과 함께 탄수화물의 섭취가 과하여 에너지로 이용 후 잉여 열량은 모두 체내에 저장하기 때문에 비만이 되기 쉽다.

4) 에너지 소비부족

비만한 사람은 에너지 소비량이 섭취한 열량을 초과함으로써 비만이 더욱 심각해진다. 정상량의 에너지를 섭취하더라도 활동량이 적으면 자연스럽게 체내에 잉여 지방이

체·형·관·리·학

쌓이게 된다. 많은 신체 활동을 통하여 성장 호르몬과 에피네프린, 노르에피네프린 등의 호르몬 분비를 촉진시켜 지방 분해와 기초대사량를 증가시킬 수 있다.

 꾸준한 활동의 중요성을 인식하고 운동으로 근육량을 유지·증가 시켜 열에너지 발생을 높이고, 기초대사량을 높여서 비만을 예방하도록 한다.

5) 내분비계 이상

 내분비 장애에 의한 비만은 전체 비만증의 약 1% 이하로서 비교적 발생빈도가 적다. 이는 내분비 계통이 비정상적이어서 피하에 지방이 필요 이상으로 축적되어 비만이 되는 현상이다.

 호르몬 요인으로 갑상선 기능저하증, 쿠싱증후군 등에 의해 복부 지방이 유발되며 일부 내분비 질환에서 비만이 동반될 수 있다. 갑상선 기능 저하증일 경우 기초대사량이 감소하여 체내 대사산물을 촉진시켜 비만을 초래하고, 쿠싱증후군은 과량의 부신피질 호르몬의 분비로 몸의 몸통부위에 지방 축적이 일어나는 것이 특징이다.

6) 식사 섭취 조절이상

 식사 섭취 조절이상은 시상하부의 외측에 있는 섭식중추가 자극을 받으면서 식욕이 생겨 음식을 섭취하게 되고, 내측에 있는 포만중추가 자극을 받으면 포만감을 느껴서 음식을 섭취하지 않게 된다. 그러나 포만중추가 있는 내측 부위에 손상을 받으면 포만감을 느끼지 못하여 음식을 계속해서 먹게 되면서 비만이 된다.

7) 기타

 비타민 B군의 부족은 에너지의 대사과정에 방해를 받고 지방으로 축적이 되고, 잠을 자지 않으면 수면부족으로 뇌의 만복중추에서 포만감을 느끼도록 하는 식욕억제 호르몬인 렙틴의 분비량이 적어지고 식욕을 자극하는 그렐린의 분비량은 증가한다. 또한 야식을 유도하여 소화흡수를 위해 쓰는 자체에너지 소요량(DIT : 식사유도성 체열발생, 소화 흡수를 위한 자체에너지)이 가장 낮은 밤에 섭취하여 비만을 유발한다.

(1) 비타민 B군 및 수면

탄수화물과 지방의 대사에 관여하는 보조인자는 매우 중요하지만, 비타민 공급이 부족하게 되면서 에너지 생성에 관여하는 보조효소가 충분하지 못해 에너지의 대사과정에 방해를 받고 지방으로 축적이 된다. 특히, 비타민 B군의 결핍은 포도당의 대사를 막아 포도당이 에너지를 쓰이지 못하고 피로물질과 지방으로 전환되면서 비만을 부추기게 된다.

수면 시간이 적으면 뇌의 만복중추가 포만감을 느끼도록 하는 식욕억제 호르몬인 렙틴의 분비량이 적어지고, 식욕을 자극하는 그렐린의 분비량은 증가한다.

(2) 야식 및 심리적 요인

낮 동안 교감신경의 작용이 활발하여 칼로리 소비가 촉진되는 것과는 달리 야식은 저녁식사와 다음 날 아침식사 사이에 하루 필요 에너지의 25% 이상을 섭취하는 것으로 부교감 신경이 활성화 되는 저녁에 에너지 대부분이 체지방으로 전환되기 쉽고 대사과정에도 악영향을 미치기 때문에 위의 부담을 덜어주고, 비만이 되는 위험으로부터 멀어지기 위해서 잠자기 3시간 전에는 아무 것도 먹지 않는 것이 좋다.

심리적인 요인은 스트레스, 우울증과 같은 심리적 불안으로 자율신경계가 원활하게 작용하지 않고, 코티졸과 스트레스 호르몬의 분비를 증가시켜 수분대사와 지방 대사를 방해한다. 스트레스 때문에 정신적으로 안정이 되지 않으면 스트레스 호르몬을 중화시키기 위해 단 음식을 섭취하고 많은 음식에 대한 욕구가 증가하므로 과잉열량으로 인한 비만의 원인이 된다.

(3) 약물 복용 및 음주와 흡연

약물복용도 비만을 유발하게 되는 원인이 된다. 부신피질호르몬제, 항 우울증제, 신경안정제, 경구 피임약, 스테로이드 주사 등의 장기 투여는 비만을 초래하게 된다. 가장 일반적인 것이 경구피임약으로 성호르몬을 조절하고, 임신을 방지하는 것인데 이 호르몬의 교란으로 인한 이상증상으로 식욕이 항진되어 비만이 유발될 수 있다. 이외에도 신경안정제, 천식이나 알레르기 치료제 등에 들어있는 성분들 중에는 식욕을 촉진하고 신체조절 기능을 혼란시키는 것이 있어 살이 찌기 쉽게 된다. 이 경우에는 약물의 지속적인 섭취에 대해 의사와의 상담이 필요하다.

알코올은 1g당 7kcal의 에너지를 내기 때문에 안주는 먹지 않고 술만 먹으면 살이 찌지 않는다는 것은 사실이 아니다. 알코올을 과량 섭취하게 되면 지방으로 전환되어 저장이 되고, 알코올은 지방이 에너지원으로 서서히 사용되게 하므로 지방을 더 많이 축적하게 한다. 또한, 식사량을 줄이고 음주를 하는 경우에는 에너지 섭취량이 충당되지만, 다른 영양소의 섭취는 부족하다.

흡연을 하는 사람들이 금연을 하게 되면 체중이 증가하게 된다. 금연은 하루 에너지 소비량이 약 100kcal 감소하여, 금연 후 증가하는 체중의 1/3에 해당하고, 나머지 2/3은 금연을 하면서 에너지 섭취가 증가했기 때문으로 금연을 하는 사람들은 식사 및 운동을 통하여 체중을 조절해야 한다.

3 비만의 분류

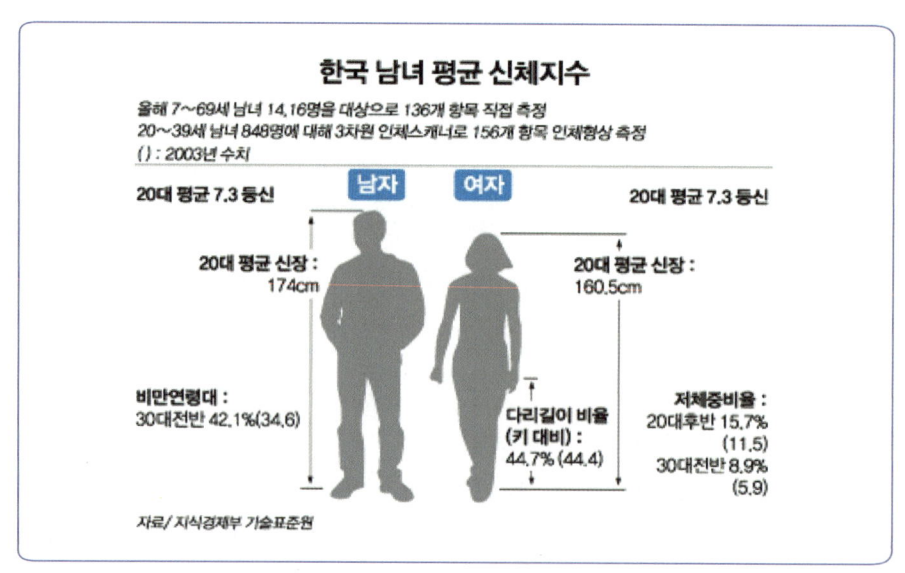

1) 지방조직의 형태에 의한 분류

지방세포의 형태에 따라 분류하는 것으로서 지방세포의 수가 많거나 지방세포의 크기가 증가한 경우 및 지방세포의 수와 크기가 동시에 증가하는 형태 등으로 분류해 볼 수 있다.

(1) 지방세포 증식형

지방세포의 크기는 정상이나 세포수의 증가에 의한 비만이다. 지방세포의 수는 만 2세 이하, 5~7세와 사춘기, 성인의 경우 임신후기에 증가한다.

일단 증식된 세포들은 체중 조절을 시도하여도 세포의 크기는 줄일 수 있지만, 비만 세포수는 줄일 수 없기 때문에 소아 비만은 성인 비만으로 이어질 가능성이 높다.

(2) 지방세포 비대형

지방세포 수는 정상으로 세포의 크기가 증가한 성인에서 발생하는 비만이 대부분이다. 이 유형은 사춘기 이후 살이 찌고 연령이 증가함에 따라 비대해 지는 경우이지만 비만관리와 치료에 의하여 개선 효과가 크다. 그러나 체중 조절 후 관리를 소홀히 하면 줄어든 세포에 다시 지방으로 채워질 가능성이 있어서 항상 주의해야 한다.

(3) 혼합형

사춘기에 열량섭취가 과도한 경우 지방세포의 크기와 세포의 증가가 같이 있는 형태이다. 유아 비만이 성인기로 이어진 경우에 고도 비만자에서 발견되는 비만의 형태이다.

2) 체형에 의한 분류

신체조직에서 지방축적이 많이 되는 부위에 따라 분류하는 것으로 남성들에게서 많이 발생하고 있는 상반신 비만인 사과형 비만과 여성들에게서 많이 발생하고 있는 하반신 비만인 서양배형 비만으로 나누어 볼 수 있다.

(1) 상반신(사과형) 비만

주로 남성에게 많고 내장에 지방이 쌓여있는 형태로 주로 배가 나와 있기 때문에 둥근 사과 같은 체형을 이루어 사과형 비만이라고 불린다. 허리 위쪽, 복부중심으로 비만해 지면서 성인병(고혈압, 당뇨병) 발병률이 높으나 규칙적인 운동을 통해 정상으로 돌아갈 수 있다.

여성들에게는 폐경 이후에 이러한 유형이 될 수 있다.

상반신 비만은 관리를 하지 않으면 건강에 치명적인 영향을 주지만 나이가 들면서 지방세포가 변한 것이므로 식이조절과 운동을 하면 지방분해가 쉬워 체형과 체중 감량 효과를 얻을 수 있다.

(2) 하반신(서양배형) 비만

하반신 비만은 주로 여성에게 많이 발생하며 서양배형 비만이다. 서양배형 비만은 허리 아래쪽 엉덩이나 다리에 지방이 축적되며 피하에 지방이 쌓이는 비만형으로 내장비만보다 성인병에 걸릴 확률은 적으나 지방세포 수가 많아 체중조절이 어려운 특징이 있다.

정맥류의 증상이 올 수 있고 허벅지에 셀룰라이트가 많고, 폐경기가 되면 지방이 복부로 이동하면서 상체 비만의 확률이 높아지고, 따라서 당뇨병, 동맥경화, 고혈압 등의 합병증이 올 수도 있다.

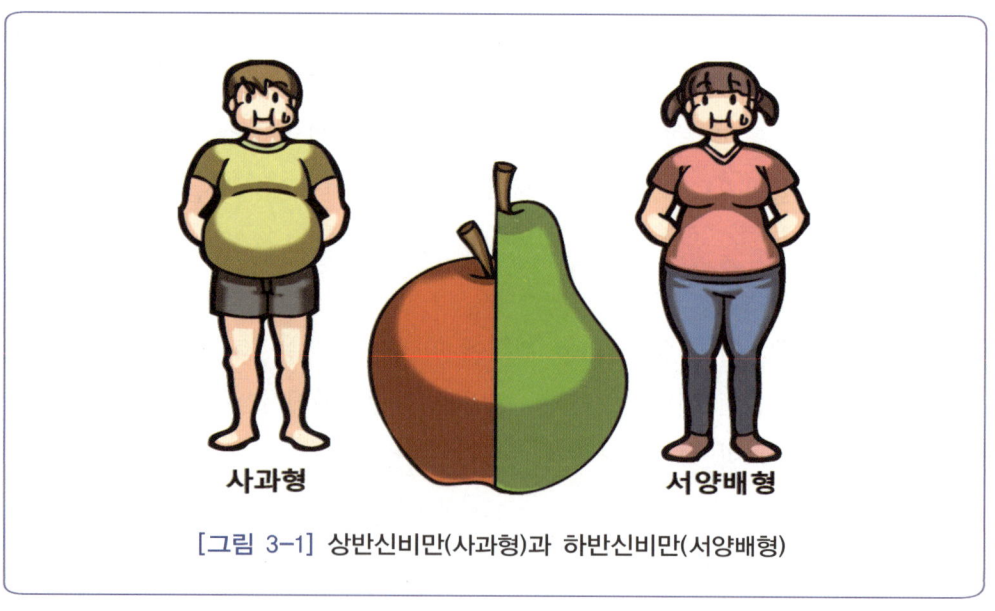

[그림 3-1] 상반신비만(사과형)과 하반신비만(서양배형)

3) 지방조직 분포 위치에 따른 분류

체지방은 2가지 종류가 있으며 간단히 피하지방(피부 바로 밑의 지방)과 내장지방(신체의 장기 사이사이에 있는 지방)으로 나누어진다. 피하지방이든 내장지방이든 체내 지방은 지방세포 속에서 중성지방 형태로 축적된다. 세포는 체지방량이 같아도 내장지방은 더 심각하며 건강에 미치는 영향이 크다.

(1) 피하지방

피부 밑에 쌓인 지방을 말하며, 일반적으로 배 부위의 피부두께가 손가락에 의하여 쉽게 잡히는 지방이다. 피하지방은 미용적으로 문제가 되기 때문에 주로 살을 빼려고 하는 부위이며 식이요법과 운동을 지속하면 지방량이 감소한다.

(2) 내장지방

인체의 장기 내부나 장기와 장기 사이의 빈 공간 등에 축적된 지방을 통틀어 내장지방이라고 한다. 내장비만의 경우 대개 배가 볼록 튀어나오는데 심지어는 몸이 말랐는데도 내장 지방인 경우도 있다. 내장주위에 축적된 지방은 각종 성인병의 원인이 되므로 건강을 위협할 수 있어 특별히 주의해야 한다.

음주에 의한 알코올과 스트레스, 흡연 등도 내장비만의 주요 원인으로 볼 수 있다. 내장 비만의 진단은 복부의 뱃살의 두께에 따라 판정을 할 수 있으며, 내장비만을 진단하는 방법으로서 복부 CT(컴퓨터 단층촬영)촬영이 있으며 이를 통해 정확히 진단할 수 있다.

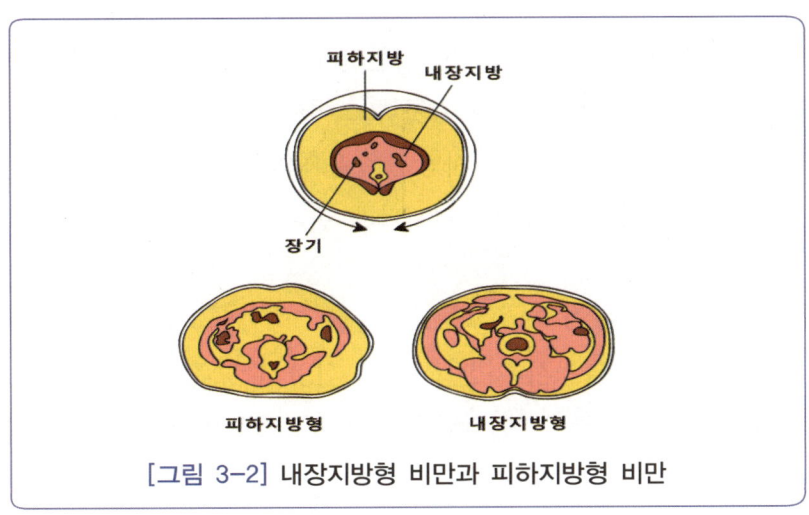

[그림 3-2] 내장지방형 비만과 피하지방형 비만

체·형·관·리·학

4. 비만과 질환

비만한 사람은 인슐린 비의존형의 당뇨병, 심혈관계 질환, 지질대사 이상, 심혈관계 계통의 심근경색증 등의 합병증과 상관관계가 높은 것으로 알려져 있다. 또한 비만은 호흡기 질환, 심장질환, 고혈압증, 지방간, 담석증, 관절질환과 뇌혈관 장애, 동맥경화, 고지혈증, 신장질환 및 월경이상 등에 영향을 주는 것을 알 수 있어 다른 질병에 비해 유병률과 사망률이 높은 특징이 있다.

〈표 3-1〉 비만에 의한 합병증

비만에 의한 합병증		
내과적 질환	순환기	심장질환, 고혈압, 고지혈증
	내분비 대사	인슐린 비의존형 당뇨병
	소화기	지방간, 담낭질환, 췌장염
외과적 질환	관절염 및 허리질환, 외과적 수술시 위험성	
산부인과적 질환	월경이상, 불임증, 임신중독증	

1) 당뇨병

비만은 비의존형 당뇨병의 가장 유력한 위험인자로 알려져 있는데 이는 음식물의 섭취가 포도당을 증가시킴으로써 혈당이 증가하고 이에 필요한 인슐린의 수치를 높이기 때문인 것으로 설명되고 있다. 비만한 사람은 수용체의 양이 감소되어 인슐린이 있어도 인슐린의 활동력이 저하됨으로 저항이 나타나게 된다.

(1) 당뇨병의 진단 및 유형

당뇨병을 진단하기 위한 공복시 혈장 포도당, 식사 후 혈장 포도당 농도, 당화 혈색소 검사의 수치는 〈표 3-2〉를 통해 확인할 수 있고, 당뇨병의 유형은 〈표 3-3〉을 통해 확인한다.

〈표 3-2〉 당뇨병의 진단

공복시 혈장 포도당	혈장 포도당 농도	당화 혈색소 검사

• 정상
  : 100 mg/dl 미만
	• 정상
	  : 140 mg/dl 미만
		• 최근 2~3개월 동안의 혈당 조절능력을 가장 정확하게 반영해 주는 수치

• IFG (공복혈당장애)
  : 100~125 mg/dl
	• IGT
	  (내당능 장애)
	  : 140~199 mg/dl
		• 당뇨병
		  : 당화 혈색소(HbAlc)가 6.5% 이상

• 당뇨병
  : 126 mg/dl
	• 당뇨병
	  : 200 mg/dl
		• 당뇨병 고위험군
		  : 5.7~6.4%

〈표 3-3〉 당뇨병의 유형

제 I 형 당뇨병(인슐린 의존형 당뇨병)	내당증 장애
• 인슐린의 완전 결핍, 부분적 인슐린 결핍 • 자가 면역성 파괴로 인한 췌장의 β 세포의 파괴	• 포도당 부하 시험 결과, 공복 혈당치 당뇨병 환자와 정상인 사이에 포함
제 II 형 당뇨병(인슐린 비의존형 당뇨병)	**임신성 당뇨병**

• 인슐린저항성 증가, 부적절한 인슐린 분비, 포도당 생산의 증가
  (인슐린 생성능력은 있으나 인슐린 수용체의 감소로 인슐린이 효과적으로 작용하지 못하는 경우가 많음)
• 당뇨병 환자의 90% 이상
	• 임신 후반 인슐린 민감성이 증가
	  (인슐린 필요량을 증가시켜 내당능 장애가 발생할 수도 있음)
	• 대부분 출산 후 정상적으로 회복됨
	• 당뇨병이 발생할 가능성도 30~60%로 매우 높음

$$당부하지수 = \frac{(당지수 \times 섭취한 탄수화물의 양)}{100}$$

[그림 3-3] 당부하지수 계산법

2) 심혈관계 질환

(1) 심장병 (협심증, 심근경색증)

심장병의 생리적인 특성은 관상동맥의 질병경과에 따라 심장근육에 혈액공급이 잘 안되거나 중단되면서 생기는 급성·만성 심장장애인 허혈성 심장질환과 협심증, 심근경색이 나타난다. 그 원인은 동맥경화가 일어나 혈관이 좁아지면서 심장 근육으로 가는 혈액의 공급이 부족하게 되어 협심증이 나타나고, 비만의 경우 직접적으로 협심증이나 심근경색증을 일으키지는 않지만, 고혈압과 이상지질혈증, 당뇨병 등을 촉진시켜 이차적인 협심증과 심근경색을 일으킬 수 있다.

(2) 고혈압

고혈압, 심장비대는 비만으로 인하여 발생하는 대표적 질환이다. 비만인 경우 혈액을 공급하기 위해서 순환혈액량이 증가하고 심장 박출량이 증가하게 된다. 말초혈관의 저항성은 정상이거나 증가되어 있어 심장의 부담이 높아지고 결국 혈압이 높아지게 된다.

혈압은 심장의 펌프작용으로 혈액이 동맥 내로 분출될 때 동맥벽이 받는 축합을 체표면에서 측정한 것으로 정상 혈압 120mmHg / 80mmHg 이상인 경우를 고혈압이라고 한다.

〈표 3-4〉 고혈압의 분류

혈압분류	수축기 혈압(mmHg)	이완기 혈압(mmHg)
정상	< 120	< 80
고혈압 전 단계	120~139	80~89
고혈압 1단계	140~159	90~99
고혈압 2단계	≥ 160	≥ 100

고혈압의 유형에는 원인이 분명하지 않은 본태성 고혈압과 원인이 비교적 명확한 이차성 고혈압이 있다. 고혈압 환자의 90% 이상이 본태성 고혈압에 포함된다. 원인은 짠 음식을 좋아하는 식습관과 흡연, 음주, 스트레스, 공격적인 성급한 성격 등 복합적으로

영향을 받는다. 이차성 고혈압은 고혈압 환자의 10%가 이에 속한다. 신장질환, 내분비계 질환, 심혈관계 질환, 임신 중독증, 약물복용(스테로이드, 경구피임약) 등이 원인으로 작용하고 있다.

① 증상 및 합병증

고혈압은 자각 증상이 없지만 어느 정도 지속되면 두통, 호흡곤란, 어지럼증, 경련, 귀 울림, 불면증, 시력장애, 피로가 일어나 가슴이 답답하고 손발 저림 증상이 나타난다.
합병증으로 심장, 신장, 간, 비장, 췌장 등에서 심근경색, 심부전, 뇌출혈, 뇌경색, 신부전을 일으킬 수 있다.

3) 지질대사 이상

(1) 고지혈증

고지혈증이란 혈액 내에 콜레스테롤이나 중성지방이 원인이 된다. 특히 LDL-콜레스테롤이 증가하면 동맥경화의 진행이 촉진되며, 혈액 내에 지방이 떠다니게 되면 혈관 내벽에 달라붙어 혈관이 좁아지게 된다. 이러한 현상이 동맥에 발생하는 것을 동맥경화라고 한다. 동맥경화로 뇌혈관이 막히거나 터지면 뇌졸중이 발생하게 되고, 심장의 혈관이 좁아지거나 막히면 협심증이나 심근경색이 발생하게 되는 것이다.

〈표 3-5〉 지단백질의 구성 성분 및 고지혈증 진단기준

지단백질	구성성분(%)			
	단백질	중성지방	콜레스테롤	인지질
카이로마이크론	2	80~95	2~7	3~9
극저밀도 지단백질	10	55~80	5~15	10~20
중간저밀도 지단백질	10	20~50	20~40	15~25
저밀도 지단백질	25	5~15	40~50	20~25
고밀도 지단백질	50	5~10	15~20	20~30

체·형·관·리·학

〈표 3-6〉 한국인의 이상지질혈증 진단기준 (단위: mg/dl)

지질의 종류	정상	경계치	높음
총콜레스테롤	< 200	200~229	≥ 230
LDL 콜레스테롤	100~129	130~149	≥ 150
HDL 콜레스테롤	≥ 60		
중성지방	< 150	150~199	≥ 200

(2) 동맥경화증

동맥 내 노폐물이 쌓여 혈관 벽이 두꺼워지고, 탄력을 잃는 현상으로 혈액의 흐름을 방해하고 혈전이 잘생기게 된다. 합병증으로 뇌졸중과 심근경색증을 일으킬 수 있다. 동맥경화는 고콜레스테롤혈증, 저 HDL-콜레스테롤혈증, 고도 비만, 신체 활동 부족이 촉진인자로 작용하게 된다.

4) 호흡기계 질환

비만은 주로 폐, 흉곽 등에 지방이 축적되어 신진대사의 물리적, 기계적 변화가 생겨 호흡 기능에도 문제를 유발할 수 있다. 고도의 비만, 근육 경축, 주기성 무호흡, 속발성 다혈증으로 나타난다. 수면 시 무호흡 증후군은 수면 중 사망, 원인 불명의 부정맥, 원인이 된다.

5) 소화기계 및 간질환

비만으로 인한 소화기의 질환은 일반적인 증상으로 소화 장애와 복부팽만감 등을 느끼게 되고, 지방간과 담석증으로 다양하게 증상이 나타난다. 비만한 사람은 말초조직에 존재하는 지방이 간으로 이동하여 중성지방이 간에 과다하게 축적이 되면 지방간이 발생하는데, 비만한 사람에게서 지방간이 많이 나타나는 이유는 열량의 만성적인 과잉섭취로 인해 잉여 열량이 글리코겐의 형태로 간에 저장되기 때문이다. 지방간이 진행되게 되면 축적된 지방이 정상 간세포를 파괴하게 됨으로써 전신 권태와 피로감이 쉽게 나타나고 혈액 검사상 간 기능의 이상으로 나타나게 된다.

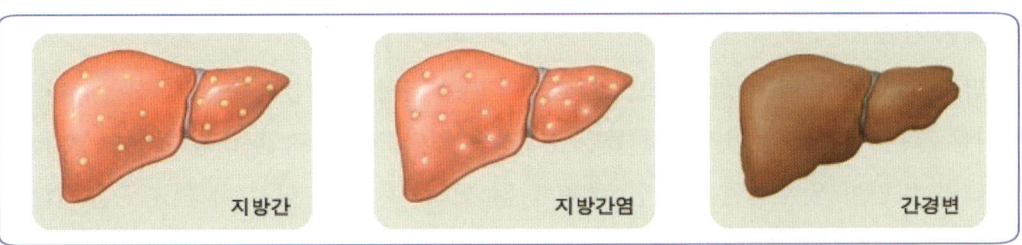

담낭질환은 비만한 사람에게서 흔하게 나타나는 질환으로 담즙으로 분비되는 콜레스테롤이 증가하면서 담석을 유발하게 된다. 담석으로 인한 담낭염은 자주 유발되고, 수술에 따른 합병증이나 사망률이 높다. 일단 담석이 생긴 후에는 체중 조절을 해도 호전되지 않으며, 급격하게 체중을 줄이면 담석이 악화되기도 하여 주의가 필요하다. 담석은 담낭 및 담관 내에 담즙성분의 결석이 형성되는 것으로 전신적인 요인으로 콜레스테롤과 담즙 색소의 대사 이상이 원인이 되어 발생하기도 하고, 담도계의 담낭 내의 농축된 담즙을 울체, 담도계의 염증, 담즙의 화학성분비의 변동 요인이 원인이 된다.

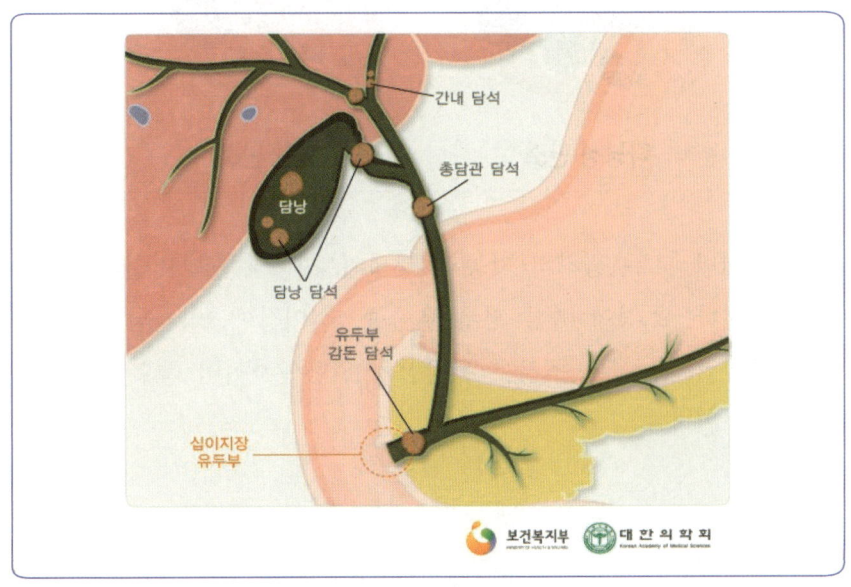

6) 근골격계 질환

근골격계 질환은 비만 여성에게서 발병률이 높다. 비만은 보행 중에 충격을 흡수하는 효과가 약해져 척추와 무릎에 부담을 많이 주고, 나이든 비만자에게 흔히 나타난다. 비만은 체중의 부하로 무릎과 고관절, 손목에서도 골 관절염을 유발하게 된다.

7) 월경이상

비만한 여성은 체내 여성 호르몬의 균형이 깨지면서 생리량과 주기가 불규칙하게 되며 심할 경우 생리가 없어지거나 불임이 올 수 있다. 살이 찌면서 생리의 이상이 시작되었다면 비만이 일차적인 원인인 경우가 많으므로 치료에 앞서 체중 감량을 먼저 시도해 보는 것이 좋은 방법이다.

(1) 다낭성 난소 증후군

가임기 여성에게 생리불순, 다모증, 여드름, 불임을 유발하는 흔한 질환이다. 이 질환이 있는 여성의 절반 이상이 비만하다. 비만은 인슐린저항성을 유발하고 이로 인하여 난소에서 남성호르몬을 많이 합성 분비하게 되는 것이 다낭성 난소 증후군의 원인이 된다.

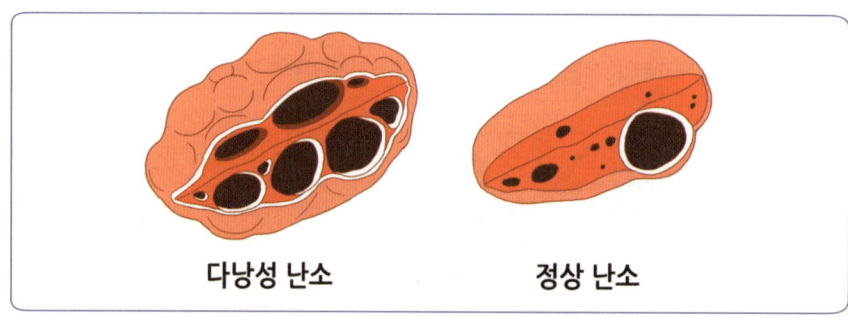

또한 저체중과 비만 모두 생리적 기능과 생식기능에 영향을 미친다. 비만한 소아의 경우 초경이 빨라진다. 초경이 빠른 경우 우울증, 식이장애, 약물남용 위험이 더 높다는 결과도 보고되어 있다. 이른 초경은 유방암의 위험인자이며 향후 난소, 갑상선암 등과 관련이 있을 수 있다.

(2) 임신

비만한 여성은 생리가 정상적이지 않아서 임신하기도 힘들고 임신한 경우도 유산, 임신성 당뇨병, 분만 과정의 합병증 등이 잘 발생할 수 있다. 비만 정도가 심할수록 증상이 악화되므로 임신 전에 정상적인 체중관리가 요구된다고 할 수 있다. 태아도 거대아, 선천성기형아의 확률이 높다. 또한 태아 사망률이 증가할 뿐만 아니라 출생 후에도 비만 및 당뇨가 발생할 위험이 높다.

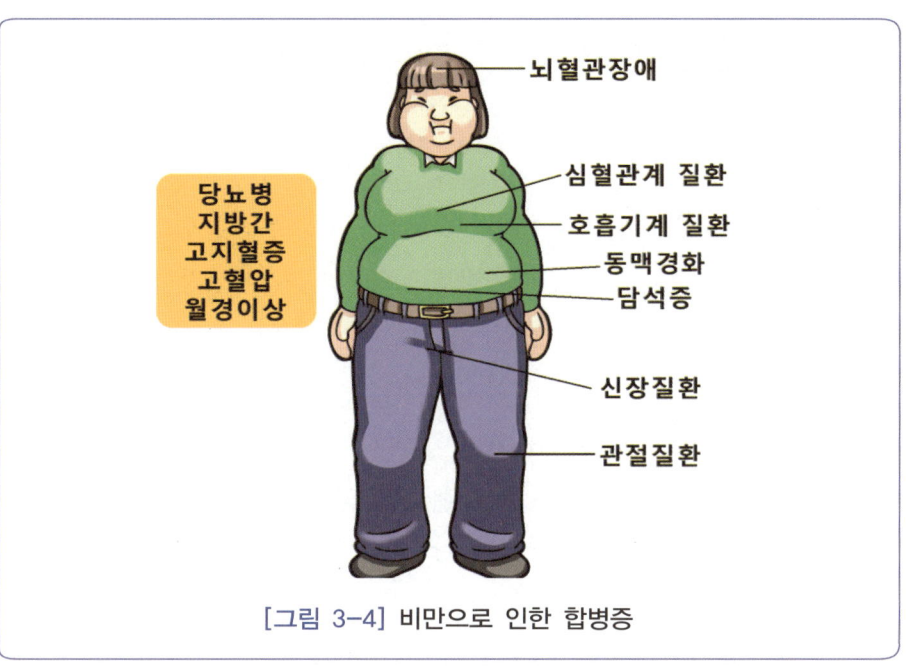

[그림 3-4] 비만으로 인한 합병증

Q&A 비만에서 오는 5D란???

A. 미국의 의학박사 딜에 의하여 보고된 것으로 비만으로 인해 일어나거나 증가 될 수 있는 다섯 가지 현상을 말한다. 5D는 외모손상(Disfigurement), 불편(Discomfort), 무능(Disability), 질병(Disease), 죽음(Death) 등의 다섯 가지로 정의되었는데, 이전에 비만이었거나 현재 비만인 사람은 정상인보다 사회적, 신체적인 피해가 많다는 것이다. 정신적으로 자신감과 자아 정체감을 가지려면 비만에서 탈피해야 하고 건강과 함께 정신적인 안정을 찾는 일이 필요하다는 것이다.

체·형·관·리·학

5 비만의 진단과 측정법

체내지방을 측정함으로써 비만의 진단을 할 수 있는데 직접적인 체지방량 측정 방법은 복잡하고 특수한 시설을 필요로 하기 때문에 신체계측을 통한 간접적인 측정이 많이 이용된다. 비만을 진단하고 평가하는 방법으로는 체중 및 신장을 이용한 방법, 체지방을 측정하는 방법, 지방 분포를 측정하는 방법 등이 있다.

1) 신체질량지수(Body Mass Index : BMI)

체질량 지수(BMI)가 체지방의 정도를 정확히 반영할 수 있어서 가장 널리 사용되는 지표로써 체중(kg)을 신장(m)의 제곱으로 나누어 계산하는 방법이다.

〈표 3-7〉 BMI 판정 및 결과

BMI 수치	진단	건강상태
18.5 미만	저체중	감염성 질환, 영양불량, 골다공증, 월경이상, 갑상선 기능이상, 피부 노화등과 관련가능
18.5~22.9	정상	가장 건강한 체중상태, 질병발병률 적음
23.0~24.9	과체중	비만으로 인한 건강상의 문제 가능 다른 질병의 악화 가능
25 이상	비만	심장 질환, 고혈압, 당뇨병과 같은 성인병 질환의 위험률이 증가함

2) 표준체중을 이용한 비만도 (상대체중, Relative weight)

표준체중은 가장 건강하게 살기위한 바람직한 체중으로 Broca법이 흔히 이용되며 가장 보편적으로 사용되는 방법으로 일반인도 쉽게 계산할 수 있다. 표준체중의 20% 이상을 비만이라 한다. 표준체중을 이용한 비만도는 85~105%를 정상 체중이라 하고, 116~135%비만이라 한다.

$$표준체중 = (신장\ cm - 100) \times 0.9$$

$$비만도(\%) = (실제체중 / 표준체중) \times 100$$

<표 3-8> 비만의 간이 판정법(체중은 kg, 신장은 cm단위)

판정법	방법	적용과 판정
Broca 지수	표준체중 = (신장 − 100) × 0.9 체중 × 100 신장 − 100	90이하 : 체중부족 90~120 : 정상 120 이상 : 비만
Quetelet지수 (kaup지수)	$\dfrac{체중 \times 104}{(신장)^2}$	19.1이하 : 체중부족 19.1~25.4 : 정상 25.4 이상 : 비만
Rohrer지수	$\dfrac{체중 \times 107}{(신장)^2}$	100이하 : 체중부족 100~160 : 정상 160 이상 : 비만

3) 피하지방 두께 측정에 따른 체지방량

캘리퍼나 줄자를 이용하여 일정한 부위를 측정하는 방법은 단순하지만 실제로 정확한 결과를 위해서는 시술과 지식이 요구된다. 상완부와 견갑부의 피하지방 두께를 더하여 남자에서는 45㎜이상, 여자에서는 60㎜이상을 비만으로 판정한다. 피부의 신장도에 영향을 받으며 측정의 숙련도에 따라 오차가 있을 수 있어 최근에는 초음파를 이용한 측정기가 개발되어 있다.

4) 복부비만의 판정(허리둘레와 엉덩이둘레의 비)

피하지방과 복부내부의 지방조직을 측정할 수 있는 간단한 방법으로 허리둘레를 엉덩이 둘레로 나눈 값인 '허리-엉덩이 둘레 비'를 이용할 수 있다. 남성은 0.95, 여성은 0.85 이상이면 복부비만으로 판정을 내린다. 남자는 평균 1.0 이상, 여자는 평균 0.8 이상일 때 복부비만으로 성인병 및 심혈관계 질병의 발생률이 높아진다.

> WHR = 허리(Waist) 둘레 ÷ 엉덩이 둘레(Hip Ratio)

5) 셀룰라이트 측정

수분, 노폐물, 지방으로 구성된 물질이 신체의 특정한 부위에 뭉쳐 있는 질긴 상태로 이것이 뭉쳐 튀어나와 있거나 움푹 들어가 있어서 피부표면이 울퉁불퉁한 것처럼 보이

는 것을 셀룰라이트라고 한다. 셀룰라이트는 엉
덩이, 허벅지, 팔, 배, 무릎 주위에서 체형과는
상관없이 나타나며, 전 연령층에서 나타난다.

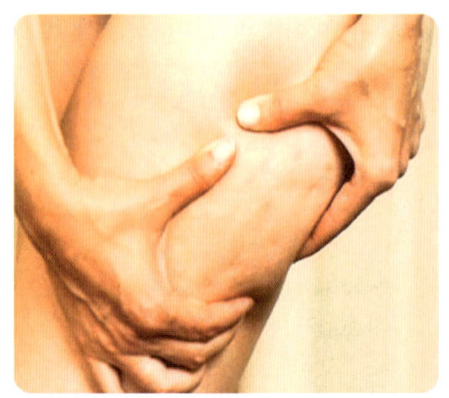

   셀룰라이트의 측정법은 온도에 따른 방법을 이
용한다. 온도기록법은 터모그래피 측정법이라고
도 하며 피부에서 지방과 셀룰라이트의 미세한
온도변화를 측정하여 셀룰라이트의 축적 정도를
판단한다.

6) 최근에 이용되는 체지방 측정법

   최소한의 옷을 입고 물속과 실온상의 체중 두께를 재는 방법인 수중 비중 측정법, 초음파기계를 이용하여 피부·피하지방·근육을 구분하고 정확한 피하지방의 두께를 측정하는 방법, 몸에 약한 전기저항을 주어 지방을 측정하는 방법인 전기 저항법, MRI등이 있다.

   또한 체밀도 측정법은 지방 조직과 다른 조직에서 에너지 흡수비율 차이를 이용하는 방법이다. 생체전기 저항 분석법은 최근에 가장 많이 사용하고 있는 방법으로 전극을 손과 발에 부착하고 미세한 전류를 통과시켜 내부에 함유하고 있는 수분 전해질에 의해 약한 전류가 흐르는 원리를 이용한 것이다. 각각의 체성분 분석을 통하여 영양상태, 비만과 같은 몸의 상태를 파악할 수 있다.

(1) 생체전기 저항법(Bioeletrical Impedance Analysis) – 체성분분석기 측정법

   인체에 일정한 전압이 주어지면 주파수에 따라 낮은 저항이 발생하고 이때 발생되는 임피던스는 체성분과 일정한 연관성을 보인다. 생체전기 저항법은 이 원리를 이용하여 체지방을 평가하는 방법인데, 체성분분석기를 통하여 간단하고 비교적 정확하게 체지방량을 측정할 수 있다. 일반적으로 단백질은 저장될 때 3~4배 많은 물을 저장하는 반면 지방은 단독으로 저장된다. 따라서 근육은 많은 수분을 함유하고 있으므로 지방과는 수분함량 및 무게의 차이가 크다. 그에 따라 서로 다른 전류의 흐름이 저항값의 차이를 가져오게 되고, 이 원리를 이용하여 신체의 근육량과 지방량을 측정하는 방법이다. 체성분 분석기는 전류를 통과시킬 수 있는 조직의 부피에 따라 변화하는 값을 일정한 공

제3장 체형관리와 비만

식에 산출하여서 쉽게 체지방량을 분석하도록 만들어져 있다. 편하게 체지방량을 측정할 수 있으나 비중법과 같은 직접 측정법보다는 정밀도가 낮은 것으로 보고되었다.

(2) 초음파법

초음파법은 신체 측정을 원하는 부위에 초음파기를 대면 자동으로 체지방량의 데이터가 나오도록 제작된 편리한 방법이다. 검사자가 모니터로 화면을 보면서 지방층을 확인할 수 있고 검사 중 피부에 가해지는 압력과 근육의 수축을 고려할 수 있다. 피하지방 두께를 캘리퍼로 측정하여 체지방량을 산출했던 방법보다 신뢰도가 낮아서 부위별 정확한 측정을 위하여 보완이 필요한 실정이다. 하지만 초음파법은 피하지방 두께 측정의 오류를 줄였고 캘리퍼를 정확히 사용해야 하는 불편감을 대신하고 있다. 또한 측정이 힘들었던 고도비만자의 지방량도 측정할 수 있는 장점이 있다.

(3) 전산화단층촬영

전산화 단층촬영은 지방층을 화상으로 직접 볼 수 있는 가장 좋은 방법으로 보고되고 있다. 이 방법은 피하지방, 내장지방의 지방량을 각각 알 수 있고 신체부위별 지방량을 측정할 수 있다. 몇 부위의 지방을 연속으로 측정한 후 일정한 공식에 따라 산출하면 총 체지방의 부피를 계산할 수도 있다. 단 정확한 체지방량을 측정하기 위해서는 여러 부위를 촬영해야 하므로 고가의 비용이 들어 아직 보편화되지 않았다.

6 비만과 신체의 대사

비만한 사람은 체중을 감량하기 위해서는 자신이 섭취하고 있는 에너지량을 아는 것도 중요하지만 신체적 대사를 통해 어느 정도의 에너지가 소비되고 있는지, 섭취한 식품이 체내에서 대사될 때 소모되는 에너지가 얼마인지 알아야 체중감량을 위해서 움직여야할 활동량을 파악할 수 있다.

1) 기초대사량

　기초대사란 호흡, 체온의 유지, 세포의 활동, 뇌의 기능, 심장의 활동 등의 기본적인 생명유지를 위한 것이다. 기초대사량이란 기초 상태에서 측정한 에너지 소비를 말하는 것으로서 이는 음식물의 소화와 육체적 활동에 필요한 에너지는 제외시키고 있으며 오로지 기본적 생명현상을 위해 무의식적으로 소모하는 에너지량을 말한다.

　생명체의 기본활동으로 볼 수 있는 것은 심장박동, 혈액순환, 호흡, 정상체온 유지 및 신경 세포의 계속적 대사 작용으로 사람이 가장 편안하게, 근육활동이 없는 표준상태에서 필요한 최소한의 에너지 요구량이다. 일반적으로 정상 성인의 1일 기초대사량은 1,200~1,800kcal이며, 건강한 성인의 기초대사량은 비교적 일정하다.

　기초대사량은 체격지수를 이용하여 산출이 가능하다.

> 남자 : 1.0kcal × 체중(kg) × 24시간
> 여자 : 0.9kcal × 체중(kg) × 24시간

　기초대사량은 나이, 체표면적의 크기, 성별 등 여러 조건에 따라 다르므로 같은 체중의 사람이라 할지라도 차이를 보인다. 즉, 같은 조건하에서 측정하더라도 개인에 따라 각각 다르게 나타나고, 자신의 근육량, 체중의 변화와 외부 환경 등 다음과 같은 외적인 요인에 의해서도 달라질 수 있다.

(1) 체표면적

　체표면적이 넓을수록 기초대사량은 비례한다. 두 사람의 체중과 연령이 같다 하더라도 그 체표면적에 따라 시간당 에너지의 발생량이 다르며 따라서 각자의 기초대사량은 달라진다.

〈표 3-9〉 연령과 성별에 따른 체표면적 1㎡ 에 대한 시간당 에너지 발생(kcal/㎡/시간)

연령(세)	남자	여자	연령(세)	남자	여자
3	60.1	54.5	26	38.2	35.0
4	57.9	53.9	27	38.0	35.0
5	56.3	53.0	28	37.8	35.0
6	54.0	51.2	29	37.7	35.0
7	52.3	49.7	30	37.6	35.0
8	50.8	48.0	31	37.4	35.0
9	49.5	46.2	32	37.2	34.9
10	47.7	44.9	33	37.1	34.9
11	46.5	43.5	34	37.0	34.9
12	45.3	42.0	35	36.9	34.8
13	44.5	40.5	36	36.8	34.7
14	43.8	39.2	37	36.7	34.6
15	42.9	38.3	38	36.7	34.5
16	42.0	37.2	39	36.6	34.4
17	41.5	36.4	40~44	36.4	33.8
18	40.8	35.8	45~49	36.2	33.1
19	40.5	35.4	50~54	35.8	32.8
20	39.9	35.3	55~59	35.1	32.0
21	39.5	35.2	60~64	34.5	31.6
22	39.2	35.2	65~69	33.5	31.1
23	39.0	35.2	70~74	32.7	
24	38.7	35.1	75+	31.8	
25	38.4	35.1			

각 개인의 체표면적은 도표를 활용하는 것이 번거롭기 때문에 듀브와(DuBois)가 제시한 공식을 이용하기도 한다.

$$체표면적(㎡) = W^{0.425} \times H^{0.725} \times 71.84$$

W : 체중(kg)
H : 신장(cm)

(2) 연령

체중당 기초대사량은 생후 1~2년에 가장 높으며 점차 감소되다가 사춘기에 이르러 다시 상승한다. 20대 중반이 지나고 나면 체지방량은 증가하고 기초대사율은 10년마다 대략 2% 정도씩 감소하는 것을 볼 수 있다.

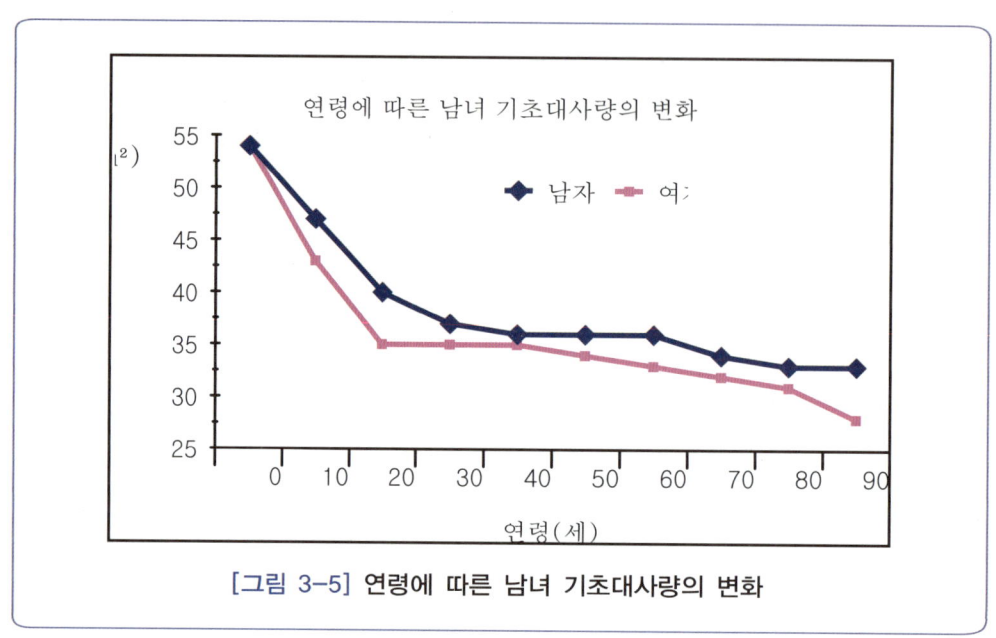

[그림 3-5] 연령에 따른 남녀 기초대사량의 변화

(3) 체구성 성분

체구성 성분에 따라서도 기초대사량은 크게 영향을 받는다. 근육조직은 지방조직에 비해 상대적으로 에너지 소모가 커서 근육조직이 잘 발달된 운동선수들의 기초대사율은 일반 사람들에 비해 6%나 높게 나타난다. 체지방이 빠지고 근육량이 증가되었을 때 기초대사량이 커져서 소비에너지가 증가하는 것을 예측할 수 있다.

(4) 성별

같은 연령, 같은 체격일지라도 성별에 따라 기초대사량은 달라진다. 여성은 남성보다 체지방이 많으며, 근육량이 적기 때문에 평균적으로 기초대사량이 낮다.

(5) 건강상태 및 호르몬

체온에서 1℃씩 올라갈 때마다 13% 정도 기초대사량이 증가하고, 외상이나 수술 후에도 몸이 스스로 회복을 하기 위해 기초대사량이 증가하며, 화상이 심한 경우에는 복원을 위해 정상시보다 2배 정도가 상승한다.

갑상선호르몬인 티록신은 대사를 항진시키는 효능이 있어 분비가 낮아지면 기초대사량도 낮아져서 체중이 늘어나는 현상이 나타난다. 또한 부신에서 분비되는 노르에피네프린과 에피네프린도 지방 대사를 촉진시켜 기초대사량을 증가시키는 기능이 있다.

(6) 기후

추운 날씨에서는 체온 조절 작용을 위하여 근육의 긴장이 증가하므로 기초대사량이 높아진다. 추운 기후의 지방에서 지내는 사람들은 오랜 추위를 막기 위해 갑상선 기능이 항진되어 실제로 에스키모인의 기초대사량이 열대 기후에 사는 사람들의 기초대사량은 5~20%가 높다.

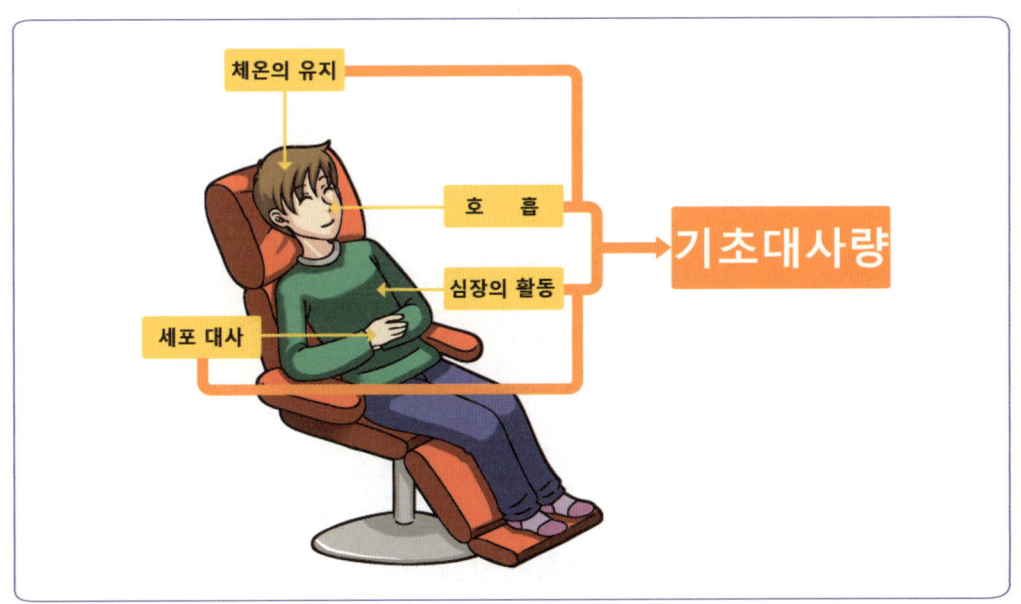

2) 활동대사량

인체가 소비하는 에너지 대사량 중 기초대사량 다음으로 많은 비중을 차지하는 것이 활동대사량이다. 신체의 기본적인 대사 이외에 육체적 활동(주로 근육 활동)에 필요한 에너지로 활동량과 강도에 따라 변화되므로 활동의 종류, 활동 시간, 그리고 개인의 신체 상태에 의해 영향을 받는다.

체·형·관·리·학

〈표 3-10〉 활동 강도에 따른 에너지 소모량

활동군	활동상태	kcal/kg/분	kcal/kg/시간
0. 수면		0	0
1. 깨어서 누워있는 상태		0.002	0.12
2. 앉아있는 활동	편안히 앉아 쉬기, 책읽기, 바느질하기, 글쓰기, 먹기, 공부하기	0.007	0.42
3. 서 있는 활동		0.008	0.48
4. 일상생활 활동	옷 갈아입기, 세면, 목욕	0.012	0.72
5. 아주 가벼운 활동	자동차운전, 가벼운 가사노동, 다림질, 세탁기 돌리기, 타이핑, 천천히 걷기	0.017	1.02
6. 가벼운 활동	직장에서 앉아 일하기, 그림 그리기, 중정도의 속도로 피아노치기, 실외에서 중정도의 속도로 걷기	0.025	1.50
7. 중정도의 활동	중정도의 속도로 자전거타기, 청소, 골프 등의 운동, 가볍게 춤추기, 약간 빠른 속도로 걷기	0.042	2.52
8. 약간심한 활동	댄스, 탁구, 스케이트, 조깅	0.067	4.02
9. 심한 활동	테니스, 계단오르내리기, 뛰기	0.108	6.48
10. 극심한 활동	권투, 축구, 수영, 오래 달리기	0.142	8.52

3) 식품의 특이동적 작용(SDA, Special Dynamic Action)

 식품이 섭취되어 소화, 흡수되고 운반되며 저장되는 과정에서 식품 이용을 위한 에너지소비량이다. 대개 식사 후 6시간 동안 이런 과정이 체내에서 진행되어 그 산물로 열을 발산하는데 이를 식품 이용을 위한 에너지 소모량으로서 SDA(식품의 특이동적 작용)라 한다. 음식물을 섭취함으로써 소화, 흡수, 운반, 분해, 합성 등의 과정이 일어날 때 필요한 에너지로서 식품의 특이동적 작용에 의한 에너지라고 한다.

 각 영양소의 소화, 흡수 및 대사에 순수한 당질은 6%, 단백질은 30%, 지방은 4%의 에너지 대사를 항진시키는데, 균형 잡힌 혼합식을 할 경우 평균적으로 10% 정도가 된다.

체형관리와 비만 **제3장**

제3장 체형관리와 비만
핵심요약

○ 비만의 정의

비만은 단순히 체중이 많이 나가는 것이 아니라 체내에 지방이 과잉 축적되어 신체 내에서 차지하는 체지방의 비율이 높은 것을 말한다. 일반적으로 섭취한 칼로리는 기초대사량 60~70%, 운동과 행동으로 근육이 움직이면서 사용되는 활동대사량 15~20%, 음식물의 소화, 흡수, 대사 등에 사용되는 식품의 특이동적 작용 10% 정도가 소비된다. 비만은 섭취열량과 소비열량의 균형이 깨지고 섭취열량이 소비열량을 초과하여 중성지방의 형태로 지방조직에 과잉 축적되는 현상이다.

○ 비만의 분류

1) 지방세포의 형태에 따라 분류:
   ① 지방세포 수 증가
   ② 지방세포 크기 증가
   ③ 지방세포 수와 크기가 동시에 증가하는 형태
2) 지방축적이 많이 되는 부위에 따라 분류
   ① 남성들에게서 많이 발생하고 있는 상반신 비만인 사과형 비만
   ② 여성들에게서 많이 발생하고 있는 하반신 비만인 서양배형 비만
3) 체지방의 종류
   ① 피하지방(피부 바로 밑의 지방)
   ② 내장지방(신체의 장기 사이사이에 있는 지방)

○ 비만이 유발하는 질환

비만한 사람은 인슐린 비의존형의 당뇨병, 심혈관계 질환, 지질대사 이상, 심혈관계통의 심근경색증 등의 합병증과 상관관계가 높은 것으로 알려져 있다. 또한 비만은

체·형·관·리·학

호흡기 질환, 심장질환, 고혈압증, 지방간, 담석증, 관절질환과 뇌혈관 장애, 동맥경화, 고지혈증, 신장질환 및 월경이상 등에 영향을 주는 것을 알 수 있어 다른 질병에 비해 유병률과 사망률이 높은 특징이 있다.

○ **비만의 진단과 측정법**

1) 신체질량지수(Body Mass Index : BMI): 체지방의 정도를 정확히 반영할 수 있어서 가장 널리 사용되는 지표로써 체중(kg)을 신장(m)의 제곱으로 나누어 계산하는 방법

2) 표준체중을 이용한 비만도(상대체중, Relative weight): 표준체중은 가장 건강하게 살기위한 바람직한 체중으로 Broca법이 이용되며 가장 보편적으로 사용되는 방법으로 일반인도 쉽게 계산할 수 있다. 표준체중의 20% 이상을 비만이라 한다. 표준체중을 이용한 비만도는 85~105%를 정상 체중이라 하고, 116~135%비만이라 한다.

- 전문지식
- 신뢰를 바탕으로 한 정보
- 인성과 감성
- 건강과 올바른 정신

제3장 체형관리와 비만
연습문제

객관식

1. 비만 식이요법 요령에 대한 설명으로 틀린 것은?
   ① 적은 양이라도 자주 먹으면 지방분해가 되지 않는다.
   ② 대용식을 아침에 먹는 경우가 좋다.
   ③ 과일을 먹을 때 식후에 곧장 먹는 것이 좋다.
   ④ 수분대사에 문제가 없는 사람이라면 물을 많이 마셔도 문제가 없다.

2. 비만의 원인이 되는 요인으로 바르게 묶은 것은?

㉠ 유전적 요인	㉡ 잘못된 식습관
㉢ 섭취 열량의 감소	㉣ 에너지 소비 증가

   ① ㉠
   ② ㉠, ㉡, ㉢
   ③ ㉠, ㉡
   ④ ㉠, ㉡, ㉢, ㉣

3. 다음에서 말한 비만의 종류?

   > 허리 아래쪽 엉덩이나 다리에 지방이 축적되며 피하에 지방이 쌓이는 비만형으로 내장비만보다 성인병에 걸릴 확률은 적으나 지방세포 수가 많아 체중조절이 어려운 특징이 있다.

   ① 상체 비만형
   ② 하체 비만형
   ③ 모래시계형 비만
   ④ 복부 비만형

체·형·관·리·학

4. 다음 중 설명이 잘못된 것은?
   ① 잘못된 식생활은 과식뿐만 아니라 식생활 전반에 걸친 문제이다.
   ② 폭식은 평상시와 달리 갑자기 많은 음식을 섭취하는 것이므로 급격한 혈당치 상승을 가져오고 이에 따라 인슐린 분비도 촉진되어 지방합성이 증가하게 된다.
   ③ 간식의 경우에는 간식의 종류에 따른 영양적 조성과 양이 문제가 된다.
   ④ 불규칙적인 식사는 적은량을 섭취하므로 체지방을 높이지 않는다.

5. 체지방 측정법에 해당하지 않는 것은?
   ① 잘못된 식생활은 과식뿐만 아니라 식생활 전반에 걸친 문제이다.
   ② 폭식은 평상시와 달리 갑자기 많은 음식을 섭취하는 것이므로 급격한 혈당치 상승을 가져오고 이에 따라 인슐린 분비도 촉진되어 지방합성이 증가하게 된다.
   ③ 간식의 경우에는 간식의 종류에 따른 영양적 조성과 양이 문제가 된다.
   ④ 불규칙적인 식사는 적은량을 섭취하므로 체지방을 높이지 않는다.

주관식

1. 기초대사량의 정의에 대하여 쓰시오.

2. 비만을 유발하는 원인들에 대해 쓰시오.

3. 체중감량을 위해서 알아야 할 항목들을 쓰시오.

Chapter 04

체형관리와 적용방법

1. 체형관리를 위한 식사요법
2. 체형과 체중관리를 위한 운동요법
3. 비만습관에 대한 행동수정 요법
4. 약물요법
5. 수술요법
6. 보정속옷
7. 셀룰라이트 관리

CHAPTER 04 체형관리와 적용방법

1 체형관리를 위한 식사요법

1) 올바른 식사요법의 이해

몸매 유지를 위하여 식사요법은 가장 중요하지만 지속적인 관리를 하는데 올바른 정보를 가지고 있어야 한다. 식이요법은 기초대사량에 각자 활동량을 계산하여 하루 총 소비에너지보다 적은 양을 섭취하도록 해야 한다. 정상적인 식사에 있어서 이상적인 영양소 배분은 당질 65%, 단백질 15%, 지방질 20%이지만 비만자의 식이요법은 당질과 지방 식품을 줄이는 것으로 조절을 해야 한다. 식이요법은 처음에 체중이 많이 감소하게 되다가 초기의 당분을 이용하던 몸이 높은 연료로 작용하는 지방을 매우 소량씩 소비되기 때문에 점차 체중의 변화가 더디게 느껴지다 보니, 근본적인 식생활 개선 없이 일시적인 체중감량만을 목적으로 잘못된 방법을 선택하는 일이 많다. 그러나 비만은 또 다른 만성질환과 직접적인 관계가 있으므로 식사요법 역시 이를 고려하여 체지방을 감소시키고, 감소된 체중을 지속적으로 유지하는데 초점을 맞추어야 한다.

식이요법은 다음과 같다.

① 열량은 줄이되 건강을 해치지 않는 안전한 수준의 섭취 열량과 소비 에너지양의 균형을 생각하여 음식량을 정한다.
② 영양부족이 되지 않도록 양질의 단백질을 충분하게 공급한다.
③ 식사를 하기 2시간 전에 물을 마시고 음식을 천천히 먹는다.
④ 탄수화물과 지방음식의 섭취량을 줄인다.
⑤ 탄수화물 대사의 보조인자인 비타민 B군을 충분히 섭취한다.
⑥ 충분한 비타민과 무기질을 공급한다.
⑦ 섬유소가 풍부한 채소류를 섭취하고 짜거나 자극적인 음식을 피한다.
⑧ 인스턴트식품, 탄산음료수, 단 맛의 간식 섭취를 하지 않도록 한다.

체중을 줄이기 위한 식생활 지침은 다음과 같다.

① 하루 3끼의 식사를 한다.
② 규칙적인 시간에 식사를 한다.
③ 섬유소가 많이 들어 있는 식품을 섭취한다.
④ 식사량을 평소 60~70%만 한다.
⑤ 당분, 염분, 카페인(커피 2잔 이상), 알코올 섭취를 줄인다.
⑥ 야식과 폭식, 과식, 간식을 삼간다.
⑦ 지방 축적이 많은 육류의 섭취를 자제한다.
⑧ 고열량 식품이나 empty-calorie foods의 섭취를 줄인다.

체중은 단기간 내에 줄이는 것보다 어느 정도 시간을 두고 서서히 줄이는 것이 바람직하다. 그래야만 체내의 단백질이 소비되지 않아 체력을 유지할 수 있고, 치료식사에도 잘 견딜 수 있어 건강에 문제가 생기기 않는다.

체중 조절을 위한 열량은 1주일에 0.5~1kg, 1개월에 약 2~3kg 정도의 체중감량이 가장 바람직하다. 하루 섭취량에서 500kcal를 줄이는 것이 좋으나 일상생활에서 무리 없이 체중감소를 실천하기 위해서는 하루 1200~1800kcal를 권한다 (남성은 1500~1800kcal, 여성은 1200~1500kcal). 단백질은 열량을 제한할 때 단백질의 섭취량이 줄어들기 쉽고, 이용 효율이 떨어지기 때문에 체중 kg당 1~1.5g의 단백질을 섭취하는 것이 바람직하다.

체·형·관·리·학

　지방은 무지방식이 체중감량에 좋지만 지용성 비타민의 이용과 필수 지방산을 공급해야 하므로 1일 약 30g 정도가 바람직하다.
　당질은 체중감량 시 근육의 소모를 방지하기 위해서 섭취열량의 50~60%를 당질에서 공급하는 것이 바람직하여 하루 100g 이상은 먹어야 한다.
　물은 노폐물의 배설을 위해 많은 양의 물을 섭취가 필요하여 1일 1.5~2L이상 섭취할 것을 권장한다.

〈표 4-1〉 비만이 되기 쉬운 식사형과 대책

비만이 되기 쉬운 식사형	대　　　책
• 아침식사를 거르고 저녁에 과식하는 형 • 야간형 • 불규칙한 식사나 폭식형 • 결식형 + 간식형 • 급하게 식사하는형 • 일하면서 계속 먹는형	• 아침을 꼭 먹고 저녁식사를 줄인다. • 저녁식사는 가능한 8시 전에 한다. • 소량씩 먹는 습관을 기르고 규칙적 식사를 한다. • 정해진 시간에 식사를 하고 간식을 멀리한다. • 천천히 먹어야 하며, 소화가 잘되는 음식을 선택한다. • 책을 읽거나 컴퓨터를 할 때 간식을 먹지 않는다.

Q&A 체중 2kg 감소를 위해 하루 얼마나 열량을 줄여야 하나?

A. 체중 1kg을 감량하기 위하여 열량 700kcal를 소모시키는 것이 필요하다.
즉, 1g을 줄이기 위해 소모될 열량이 7kcal인 것이다.
　2kg감량을 원하는 사람은 2000g/30일 = 66.6666..
　30일 동안 하루 66.7g만 줄이면 된다. 1g을 줄이기 위하여7kcal 가 필요하므로 66.7g * 7kcal = 462kcal
　하루에 462kcal 만 줄이면 한 달에 2kg 이 감소된다. 하루에 500kcal 만 감소하면 된다고 기억하면 충분하다.
　간식만 줄여도 마이너스 500kcal 작전은 달성되며 일상 속에서 엘리베이터 보다는 계단을 이용하면 500kcal는 금방 에너지로 사용된다.

2) 만복중추와 섭식중추의 작용, 살찌는 이유

식욕은 섭취하는 음식물의 종류나 섭취량 그리고 섭취하는 시간에 따라 다르며 에너지 소비량과 밀접한 관계가 있지만 음식의 섭취량과 체중은 정비례한다. 그러므로 먹고 싶다는 충동을 느낄 때마다 음식을 먹게 되면 체중에 바로 영향을 준다. 또 영양불균형 상태에 이르게 되어 건강에 장해가 일어난다. 이와 같이 우리들이 먹고, 마시고 싶다는 식욕은 뇌의 시상하부에 있는 섭식중추(Appetite Center)와 포만중추(Satiety Center)의 균형에 의해서 조절된다.

비만을 유도하는 다이어트의 방해꾼인 식욕은 위가 아니라 뇌가 관리한다. 즉, 뇌가 '아직도 여전히 계속 먹고 싶어'란 메시지를 온 몸에 보내면 식욕을 느끼게 되어 먹을 것을 찾게 됨으로써 도저히 날씬해질 수 없으며, 대부분 이로 인해 비만이 되는 것이다. 즉 다이어트에 성공하기 위해서는 식욕을 느끼도록 명령을 하고 있는 바로 이 뇌를 우리 편으로 만들어야 한다.

시상하부 중심에 만복중추가 있고 그 바깥쪽에 섭식중추가 있다. 음식을 적당히 섭취하면 혈당이 증가하면서 만복중추라는 것을 자극한다. 이 두 개 중추의 기능으로 식욕이 컨트롤되고 있는 것이다. 만복중추는 '배부르다'하고 포만감을 느끼는 신경이다. 만복중추는 '먹고 싶어'라고 외치고 있는 섭취중추에게 '이제 나 배불러'하고 그만 먹으라고 명령한다. 이러한 기능을 보여주는 대표적인 예가 혈액 중의 혈당과 지방산이다. 그러나 뇌의 명령기능은 생리적인 현상이나 원리보다 습관을 따른다. 평소 많이 먹는 습관을 지닌 사람은 적당한 양의 음식을 먹어도 '평소만큼' 먹지 않았기 때문에 뇌는 '적당하다'라고 판단하지 않아서 만복중추가 자극되지 않는다. 배부르단 느낌이 없는 것이다. 과식은 그렇게 일어나며 이러한 현상이 반복되면 섭취 과다에 의해 지방이 축적되는 것이다. 만복중추와 섭식중추가 혈당에 의한 영향만 받으면 완벽한 생리적인 컨트롤에 의하여 살이 찌지 않을 것이다. 두뇌중추는 과거의 습관이나 온도에 영향을 받아서 명령을 함으로써 균형을 이루지 못하는 경우도 있게 된다.

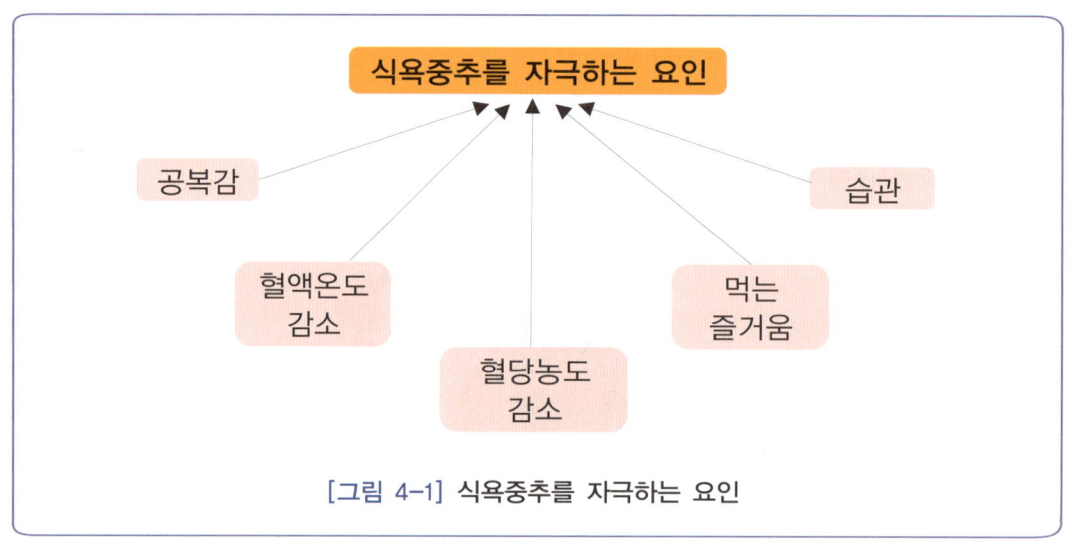

[그림 4-1] 식욕중추를 자극하는 요인

(1) 혈당의 영향

혈당의 농도가 낮아지면(100mℓ/100mℓ 이하) 섭식중추가 흥분하게 되어 음식물을 먹게 되고, 혈당의 농도가 높아지면 만복중추가 흥분하게 되어 배가 부르게 되면서 음식물의 섭취량이 조절 된다. 혈당은 세포가 에너지를 만들 때의 재료로 사용된다. 아침에 식사를 하면 점심에는 이미 혈당이 에너지로 소모되어 혈당치가 떨어지기 시작한다. 이것을 인식하면 우선 섭식중추가 작동을 시작하는데 그렇다고 해서 바로 음식물을 섭취할 수 있는 것이 아니므로 또 하나의 에너지의 재료, 즉 지방이 혈액 중에서 지방산으로 분해된다. 섭식중추는 이것으로 다시 에너지 부족을 인식하여 '배가 고프다'라고 강하게 명령한다.

섭식중추로부터의 명령에 의해 식사를 하면 혈당치가 점차 상승하기 시작한다. 그리고 혈당치가 어느 단계에 도달하면 이번에는 만복중추가 작동하여 '이제 충분'하다는 명령을 내리는 것이다.

(2) 온도의 영향

체온이 낮아지면 섭식중추가 흥분하게 되고, 체온이 높아지면 만복중추가 흥분되게 되어 음식물의 섭취량이 조절된다. 열이 많은 환자나 여름철에 식욕이 떨어지는 것은 이러한 만복중추가 흥분한 것을 증명하는 것이다.

이와 같은 두 가지 학설 이외에도 [그림 4-2]에서 보는 바와 같이 식욕은 시각, 후각, 미각, 감각 및 정신 기능과도 관계가 있는 것으로 알려져 있다.

비만인 사람은 이와 같은 여러 가지 자극에 의해 쉽게 영향을 받기 때문에 섭식중추를 억제하기가 매우 어렵다. 따라서 비만을 치료하기 위해서는 본인의 의지도 중요하지만 자극을 주지 않도록 주위에서도 노력을 해야 한다. 즉, 비만 치료를 위해서는 여러 사람과 식사를 하는 것도 자제해야 하며 외식을 피하는 것도 좋은 방법이다. 비만인 사람 앞에서 맛있는 음식 이야기를 피하는 것 등이 이에 해당된다.

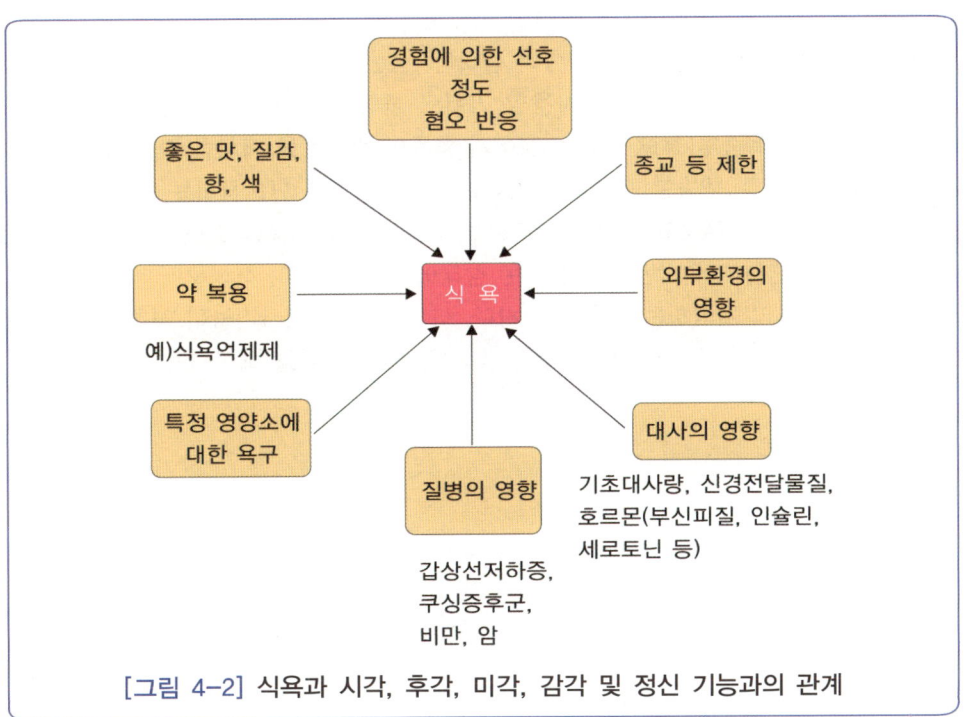

[그림 4-2] 식욕과 시각, 후각, 미각, 감각 및 정신 기능과의 관계

체·형·관·리·학

(3) 습관의 영향

일상의 식생활에서 칼로리 과잉이 될 정도로 먹는 이유는 무엇일까? 식사를 통해 적당한 양이 되었을 즈음에 딱 맞추어 만복중추로부터 그만 먹으라는 명령이 나와 주지 않는 것이다. 이런 조절 불능은 내분비의 문제와 유전 심리적인 요인 등 다양한 문제가 얽혀서 작용하는 것이라고 할 수 있다. 이러한 심리적인 이유 때문에 인간의 발달된 대뇌피질(大腦皮質)도 비만치료에 오히려 장해가 될 수도 있다. 조금 전에 식사를 했는데도 눈앞에 맛있는 요리가 놓이면 습관적으로 음식에 손이 가는 것이 대표적인 예이며 인간만이 가지는 습성중의 하나이다. 최근에 걷기조차 힘겨워하는 비만한 애완동물도 주변에 많아졌지만 야생동물은 살이 찌는 것을 거의 볼 수 없다. 야생동물이 살찌지 않는 것은 생리적(生理的)인 문제라기보다는 환경에 의한 영향이 크다고 할 수 있다. 치열한 생존경쟁에서 살아남기 위해 늘 사냥을 해야 하고, 이러한 사냥을 통해 먹이를 얻어야 하는 충분한 활동량이 비만이 안 되는 요인인 것이다.

 **중년이 되어서 살이 쉽게 더 찌는 이유**

인간의 뇌에는 습관으로 판단하는 경향이 강하다. 중년이 되면 실질세포(實質細胞)의 수가 감소하고 활동능력도 저하한다. 몸을 사용할 기회도 줄어들기 때문에 당연히 섭취음식을 줄여야 한다. 그런데 식욕중추(食欲中樞)는 젊어서 활동이 왕성했을 때처럼 습관이 들어서 계속 섭취를 명령하기 때문에 뚱뚱한 사람이 늘어나는 것이다. 한편 현대사회는 운동 부족과 넘쳐나는 수많은 식품들이 난무하고 있어 비만으로부터 빠져나가지 못할 조건들이 완벽하게 갖추어져 있다. 따라서 원래부터 비만해지기 쉬운 상태에 있는 사람이 식생활에서 절제하지 못하면 조금씩 체중이 늘기 시작하는 것은 당연하다. 나이가 들면 대사기능이 저하되며 활동량도 줄어들기 때문에 몸의 습관적인 섭취요구와 맞서 자신이 조절을 해야 한다.

3) 지방 축적이 되는 영양소의 경로

(1) 먹어도 살찔 염려가 적은 단백질

몸짱 만들기와 관련이 깊은 영양소가 단백질이다. 즉, 단백질은 비만과 인연이 멀다는 뜻이다. 단백질은 당질 등에 비교해 섭취량이 많지는 않고, 섭취된 성분은 몸의 구성에 대부분 사용되며 근육을 만드는데 이용된다. 근육량이 증가되면 기초대사량이 상승하면서 체형관리에 도움이 된다. 또 특이동적(SDA) 작용이 30%로 소화 흡수를 위하여 이용된다. 특이동적 작용이란 음식물을 먹은 뒤에 대사가 항진되고 에너지가 발생되는 작용으로

서 대사과정에서 에너지가 없어져 간다. 특히 단백질은 섭취한 칼로리의 약 30%가 특이동적 작용으로 낭비된다고 하여 체지방으로 바뀌는 비율은 상당히 낮다고 한다.

(2) 여분으로 섭취한 당질과 지질

비만을 유발하는 영양소는 비타민이나 무기질이 아니고 '탄수화물(당질)과 지질'이다. 비만의 원인이 되는 지방세포는 혈중에 흐르는 혈당과 지방을 재료로 해서 풍풍해져 가기 때문이다.

당질의 경우, 사용되는 경로는 3종류가 있다.

① 당질은 세포에 흡수되어 미토콘드리아에서 에너지의 생산에 사용된다.
② 당질은 글리코겐으로서 근육과 간장에 저장된다. 저장되어 있던 탄수화물은 필요에 따라서 포도당으로 분해되기도 하며 근육이 움직이는 에너지로 연소된다.
③ 위와 같은 방법으로 이용되고 남은 당질은 중성지방으로서 지방세포에 축적된다.

즉, 당질은 에너지, 글리코겐 그리고 지방이라는 3개의 경로에서 이용된다. 활동량과 몸의 상태에 따라 당질이 지방으로 전환이 된다. 예를 들어 섭취량보다 신체의 활동량이 많아서 에너지에 사용되는 양이 많아지면 근육의 글리코겐이 소비되며 모두가 활동 에너지로 소모된다. 반면에 당질의 섭취량이 증가하면 과량의 인슐린이 분비된다. 인슐린은 잉여 탄수화물을 지방으로 전환시키므로 섭취량에 비하여 활동량이 적으면 지방

이 축적되기 쉽다. 특히 활동량이 적고 대사기능이 떨어지는 저녁 식사로 당질을 많이 섭취하면 비만에 연결되기 쉽다고 생각할 수 있다.

[그림 4-3] 살찌는 과정(먹은 것이 지방이 되기까지의 전 과정)

지방은 1g당 9kcal의 열량을 내므로 탄수화물과 단백질에 비하여 열량 과잉이 되기 쉽다. 또한 지질은 당질보다 단순하며 에너지로 사용되는 경로와 지방세포로 축적되는 두 가지의 대사과정을 거친다. 지질은 에너지로 이용되고 남은 것은 대부분 지방세포로 축적되므로 활동량이 많은 시간에 식사로 섭취하는 것이 좋다.

(3) 지방세포를 뚱뚱하게 하는 인슐린

지방을 축적시키게 하는 호르몬은 췌장의 랑게르한스섬에서 분비되는 인슐린이다. 전신에 200억에서 300억 개 정도가 있는 지방세포는 그 중 50% 이상이 피하조직에 집중되어 몸을 살찌게 한다. 탄수화물을 섭취하면 위를 거쳐 소장에서 흡수되며 그 중 일부분은 혈액 중에 포도당으로 존재한다. 식사를 하면 이 혈당이 상승하고 췌장으로부터 인슐린 분비가 증가된다. 인슐린이란 몸이 당질을 이용하기 위해 없어서는 안 되는 중요한 호르몬이다. 당뇨병은 인슐린의 작용이 저하되기 때문에 당질을 에너지로서 사용할 수 없게 된 상태를 말한다. 인슐린은 이와 같이 당질대사에 필수적인 호르몬이지만 한편으로는 지방 전환과 축적에도 역할을 한다. 인슐린의 기능으로 지방세포 중에 들어간 포도당은 효소의 작용으로 중성지방으로 합성됨으로써 지방세포 중에 축적되는 것이다.

한편, 흡수된 지방은 단백질과 결합하고 리포단백의 카이로미크론이 되어 혈중에 들어간다. 이것을 재차 분해하여 지방산을 지방세포에 집어넣는 역할을 하는 것이 리포단백리파제라는 효소이다. 이와 같이 리포단백리파제가 활발하게 기능하도록 하기 위해서는 역시 인슐린이 필요하다.

즉, 인슐린은 아래와 같은 역할을 한다.
 ① 혈당을 지방으로 축적시킨다.
 ② 리포 단백 리파제를 활성화시킨다.
 ③ 지방산을 합성하는 효소에 작용해서 지방의 합성을 활발하게 한다.

[그림 4-4] 탄수화물 대사에 미치는 인슐린의 작용

체·형·관·리·학

2 체형과 체중관리를 위한 운동요법

체중을 감량하기 위해서는 식사요법만을 단독으로 하는 것보다는 규칙적인 운동을 병행하면서 신체의 여러 부분을 많이 사용하여 근육을 많이 움직이고 에너지 소모를 증가시켜 적절한 운동으로 폐와 심장의 기능을 활성화 시켜주어 운동능력을 증가시킨다.

비만의 주요 원인이 섭취한 에너지에 비해 소비한 에너지가 적어 남은 에너지가 지방으로 축적되는 것으로 비만 개선을 위해서는 섭취에너지를 줄이고 소비에너지를 높여 부족한 에너지를 지방으로 태워주는 것이다.

운동을 통해 근육량을 유지하면서 지방량을 감소시킬 수 있고, 운동능력의 저하를 예방한다. 운동요법은 산소 운반능력의 증가로 기초대사량을 항진시켜 요요를 방지한다.

운동으로 인해 몸 안의 중심 온도인 내장 온도가 올라가게 되면 곧 바로 식욕 조절 중추가 있는 시상의 하부를 자극하여 식욕을 억제하게 된다는 것이다. 운동을 하면 에피네프린(Epinephrine)과 노르에피네프린(Norepinephrine)은 당과 지방을 분해하여 혈액 중의 농도를 증가시키고 이 때 높아진 혈당은 시상하부에 영향을 미쳐 식욕을 억제하게 된다.

운동 처방에는 세 가지 주요 구성 요소들이 포함된다.

첫째, 일상생활에서 활동량을 늘리고 계단을 오르는 등 움직이도록 장려하는 것이다.
둘째, 격렬한 신체활동이 포함된 규칙적인 유산소운동 즉, 에어로빅, 수영, 걷기, 등산 등을 지속적으로 꾸준히 하는 것이다.
셋째, 근육운동을 조금씩 늘려나가야 한다.

※ 운동요법 시 주의사항

- 자신의 운동능력을 고려한다.
- 비만증에는 유산소 운동이 필요하다.
- 운동 강도는 천천히 단계별로, 운동시간은 길게 한다.
- 운동 교환표를 활용한다.
- 평소의 활동도 운동으로 생각한다.
- 운동 진행표를 만들어 확실한 시간과 장소를 정한다.

체력이 바탕이 되어 건강이 허락하는 한 일주일에 세 번, 최소한 30분 이상 지속적인 운동을 하며, 어느 정도 적응이 되면 시간을 조금씩 연장하는 방식으로 운동을 하는 것이 바람직하다.

운동요법의 이점은 다음과 같다.
① 소비열량이 늘어나 체중감소 효과가 있다.
② 근육량을 늘려 기초대사량이 늘어나 다시 살이 찌는 것을 막아준다
③ 심폐 기능이 단련되어 숨이 차지 않고 운동능력이 증가한다.
④ HDL-콜레스테롤이 증가하여 동맥경화증을 예방해 준다.
⑤ 혈당이 높은 사람은 정상적인 혈당조절을 돕는다.
⑥ 스트레스를 해소시켜 심리적인 안정감을 높여 주어 과식을 막을 수 있다.

요요와 체중의 정체현상

다이어트 초기에 인체는 체중감소의 상태를 '영양분을 빼앗긴 상태'로 해석하고 그 동안 감소된 지방세포를 원상태로 복구하려는 자기 방어적인 생리 현상을 일으킨다. 이것을 요요현상이라고 하는데, 이것은 다이어트를 시작하여 체중감량 후 단기간에 원래의 체중 이상으로 증가하는 현상이다.

요요현상이 나타나는 원인은 두 가지 이다.
첫째, 기초대사량이 감소하기 때문이다. 체중감량을 위해 식사량을 줄이게 되면 몸은 여기에 적응하여 에너지 소비를 시키지 않는 몸의 상태를 고집한다. 그러므로 다이어트 후에 다시 일상의 식사량을 섭취하면 같은 양의 음식인데도 신체는 열량 과잉이라고 감지하고 체지방이 축적되게 만드는 것이다.

체·형·관·리·학

> 둘째, 체중이 감소했다 할지라도 체내 지방세포의 수는 변하지 않으며 크기만 감소한 것이다. 따라서 섭취량이 늘어나면 지방세포는 크기가 커지고 다시 다이어트를 하면 작아지는 일을 반복할 수 있다. 그러므로 원하는 체중으로 감량된 후에는 꼭 유지를 위한 다이어트로 전환하여 식이 조절과 운동을 계속해야 한다.
>
> 다이어트 초기에 수분과 근육량 감소로 체중이 많이 줄다가 기초대사량의 감소와 체중감량의 층계원칙에 의하여 체중이 더 이상 줄지 않게 되는 시기가 온다. 지방은 가볍다는 것을 기억하여 더 꾸준히 다이어트를 해나가면 다시 체중이 줄게 된다. 이를 일시적인 체중의 정체현상이라고 한다.

〈표 4-2〉 운동종목과 소비되는 열량표

운동종목과 운동시간 그리고 소비되는 열량표

운동종목	운동시간	소비된 열량	운동종목	운동시간	소비된 열량
빨리 걷기	60분	300kcal	조깅	60분	400kcal
댄스	90분	500kcal	수영	35분	350kcal
손세탁	35분	100kcal	자전거 타기	28분	280kcal
계단 오르기	180계단	150kcal	등산	60분	265kcal
노래	35분	100kcal	줄넘기	100회	550kcal
스케이트	10분	200kcal	테니스	12분	100kcal

1) 부위별 운동

부위별 운동에 앞서 준비운동으로 체온을 상승시켜 본 운동을 실시할 때 근육이 놀라지 않도록 적응시간을 주어야 한다. 준비운동으로 유연성을 증가시켜 운동에 대한 신진대사가 활발하게 작용할 수 있는 환경을 만들어 주고, 준비운동이 마무리 되어갈 때 혈액의 양과 산소 공급이 증가되어 본 운동에서의 근육 수축을 효율적으로 움직이고, 에너지를 생성하게 한다.

정리운동으로 운동 전의 상태로 회복시켜 주는 것으로 5~10분간 부드러운 운동을 실시한다. 정리운동으로 혈액이 과도하게 방출되는 것을 예방하고 근육의 통증을 감소시키고, 노폐물을 빨리 배출하도록 돕는다. 적절한 정리운동은 1분당 심박수를 120 또는 그 이하로 떨어뜨려 주는 것이 좋다. 준비운동에서 실시한 유연성 운동을 정리운동에서도 실시해 주는 것이 척추나 다른 관절에 상해를 입히지 않고 운동의 효과적인 이익을 가져온다.

(1) 트레이닝

① 복부

복부근의 경우, 다른 부위가 아무리 좋아도, 복근이 나오지 않으면 아직 지방의 소모가 부족하다는 것이다. 복부에는 지방이 많이 끼는 부위이므로 음식조절이나 운동이 아직 부족하다는 것이다. 배에 지방이 많은 사람이나, 요통이 있는 사람, 허리가 약한 사람은 크런치 동작을 많이 해주는 것이 좋다. 허리가 약하거나 근력에 자신이 없는 사람은 크런치 동작으로 충분히 단련 후 인클라인 벤치 크런치로 큰 효과를 볼 수 있다.

② 어깨

흔히 여자들 중에 어깨가 유난히 좁거나 처진 A형 신체, 어깨가 떡 벌어져 T형의 신체가 많다. 어깨운동을 할 때도 역시 충분한 준비운동과 스트레칭이 필요하다. 어깨뼈를 보호하기 위해, 어깨를 여러 번 돌려주고 준비운동은 항상 코끝에 땀이 맺힐 정도로 하는 게 좋다.

③ 다리

우리의 신체부위 중 가장 힘이 센 부위는 바로 하체이다. 여성에게 있어서는 살이 가

체·형·관·리·학

장 잘 찌는 부위이기도 하고, 근육을 키우려는 남자의 경우엔 가장 발달이 더딘 부위이기도 하다. 하체는 심혈을 기울여 운동해야 하는 부분이며, 특히 척추에 무리가 가지 않도록 주의해야 한다. 많은 사람들이 하체 운동이라고 하면 스쿼트를 생각할 것이다.

스쿼트는 집에서도 얼마든지 할 수 있는 동작으로 앉을 때 다리는 어깨 넓이로 벌리고, 엉덩이를 뒤로 쭉 빼고 척추가 곧아지도록 하며, 허벅지는 바닥과 수평을 이루도록 자세에 신경 쓴다.

(2) 요가

① 복부

목과 허리까지 척추 전체에 힘을 주어 구부정한 자세를 교정하고 허리와 아랫배에 힘이 생겨 요통이나 과민성 대장증세를 완화하는 데 도움이 되고, 복부 근육이 마사지되어 뱃살을 없애는데 도움이 된다.

※ 운동요법 시 주의사항

- 복근과 근력의 힘을 천천히 기를 수 있도록 무리하지 않는다.
- 몸과 힙의 유연성이 뒷받침 되어야 하기 때문에 스트레칭을 꾸준히 한다.

② 어깨

어깨 결림에 큰 효과가 있고, 발목과 종아리의 자극도 주어서 다리의 지방을 빼는데 도움이 되는 자세이다. 어깨를 바닥 가까이 눌러서 이마를 바닥에 가까이 내려주면서 어깨 결림을 푸는데 큰 자극을 준다.

척추를 바르게 펴고 양 팔꿈치를 구부려 등 뒤에서 두 손을 잡고, 손이 잡히지 않을 경우 수건을 이용해 두 손이 가까워지도록 당겨진다. 어깨 관절을 자극해 팔의 혈액 순환을 원활하게 만들어준다.

③ 다리

척추의 중심 기혈을 뚫어주는 강력한 자세로 피로를 풀어준다. 허리와 복부, 다리 선을 가늘게 해주어 체중조절에 도움을 주고, 장의 연동운동을 증가시켜 변비를 해소하고 소화기능을 향상시킨다. 간과 지라가 붓는 것을 방지하고 췌장의 기능을 좋게 해 당뇨병과 저혈당증을 예방한다. 신장 기능을 향상시켜 생식선의 흐름을 원활히 하고 성기능 향상에도 도움을 준다. 운동부위는 허리, 대퇴이두, 광배근, 어깨, 대퇴사두근의 스트레칭 및 근력강화, 뱃살과 허리 군살제거에 효과가 있다.

나비 자세라고 불리는 동작은 골반과 골반 주변의 순환을 원활하게 해 주면서 고관절을 부드럽게 해주는 역할을 한다. 또한 비만으로 인해 생리통이나 생리불순이 오는 것을 개선하는데 탁월한 효과가 있다.

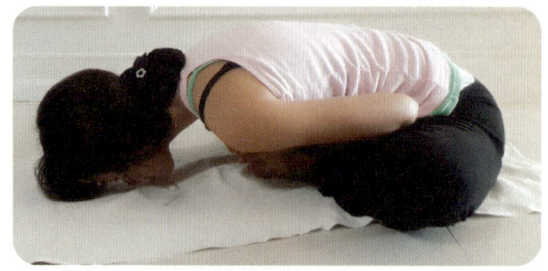 

④ 엉덩이

엉덩이의 군살이 제거되면서 탄력이 생기며, 요추와 미추의 이상으로 인한 요통이 완화되고 허리와 척추가 튼튼해진다. 골반을 조여 주어 요실금을 예방하고 여성의 경우 자궁을 강화시키고 소화기능도 향상된다. 운동부위는 허리, 엉덩이, 햄스트링 스트레칭 및 근력강화, 군살제거에 효과적이다.

(3) 에어로빅

① 복부

허리의 부상을 예방하고 척추를 바르게 하여 바른 자세를 유지하게끔 해주는데 무엇보다 중요하다. 내복사근과 복횡근은 복부강화 운동에 많이 사용되는 근육으로 몸을 구부려 몸통을 회전하는 운동은 이러한 내복사근을 강화한 것이고 윗몸 일으키기는 복직근을 강화시키는 운동이다.

② 다리

다리근육 강화는 에어로빅스 운동 시 상해 예방을 위해 필요한 운동이다. 두발로 뛰기는 다리 전체 근육을 강화시키기 보다는 다리 아래의 전경골근, 후 경골근과 장비골근을 강화시켜 준다. 체중이 많이 나가면 하체에 부담을 주기 때문에 다리운동을 할 때 충격을 흡수하기 위해 탄력성 있는 넓은 밴드를 이용하는 것이 좋다.

③ 어깨

어깨 근육을 강화하는 운동으로는 바벨을 이용하는 방법이 있다. 손바닥을 위로하여 바를 집은 후 몸에 가까이 끌어당기는 운동과 막대기와 같은 기구를 사용하여 등의 윗부분과 어깨 근육을 운동시키는 방법이 가장 바람직하다.

체·형·관·리·학

2) 효과적인 체형관리운동을 위한 고려사항

(1) 운동시간 선택에 따른 요령 (공복시운동과 식사 후 운동)

아침에 운동을 실시하는 것은 운동 하는 중간에 높아진 신진대사가 그 이후에도 지속되는 효과가 있어 기초대사량을 높여준다. 또한 아침운동은 모임이나 다른 활동에 의해 방해받지 않으므로 계속하는 것이 가능하다. 저녁운동은 잠들기 전에 에너지 소모를 함으로써 저장되는 에너지를 낮추는 효과가 있다. 그러나 저녁운동은 모임이나, 약속에 의해 취소되는 경우가 많아 오래 지속하기가 쉽지 않다.

공복 시 운동은 식사 후 운동에 비해 식욕을 감소시키는데 효과적이며 축적된 체지방을 분해시키는 면에서 도움이 되지만, 배가 고픈 상태에서 오랫동안 운동을 하면 혈당이 떨어져 오히려 일상생활의 체력이 저하되고 지치기가 쉽다. 식사 후 잠시 쉬었다가 운동을 하면 운동에너지와 함께 식품의 특이동적 작용(식사 후 열에너지 발생)으로 인한 열발생률이 증가되므로 산소 소비량이 늘어날 수 있다. 즉 같은 운동을 하더라도 식사 후 운동으로 소모되는 활동 에너지양이 더 많다.

단 식사 후에 강도 있는 근력운동을 하면 근육에 공급되는 혈액의 양이 줄어들어서 소화가 잘 되지 않을 수 있다. 따라서 식사는 운동 1~2시간 전에 주로 복합 탄수화물로 구성된 식사를 가볍게 하는 것이 좋다. 고섬유식은 비만관리에 도움이 되지만 운동하는 중간에 장의 움직임을 자극하여 복통을 유발할 수 있으므로 주의해야 한다. 또한 당이 농축된 식사는 삼투압을 일으켜 체내 수분을 소화기로 끌어들여서 복통, 경련, 메스꺼움 등을 유발할 수 있으므로 소화가 된 후에 근육운동을 시작하는 것이 바람직하다.

Q&A 체형이 건강수명에 영향을 미치는가??

A. 우리의 신체는 활동에 대한 기본적인 욕구를 가지고 있다. 운동을 통하여 근육은 강화되어야 바람직한 체형을 지니게 되며, 또 운동에 의하여 체형은 가다듬어진다. 관절이 뻣뻣해지거나 관절질환이 유발되는 것은 뼈나 관절 및 연골이 정상적이지 못하다는 것을 의미하고, 제한적인 움직임으로 관절을 움직이는 근육이 약화된 것이다.
체중을 차지하는 부분 중 근육, 뼈, 관절이 중요하므로 신체의 움직임이 제대로 되지 못하면 건강에 악영향을 끼쳐서 다른 질병을 유발시키고, 결국 수명을 단축시킬 수 있다.

(2) 체형관리를 위한 근육의 관계

① 근육 유지단계

현재의 체형을 유지하기 위하여 기존의 체구성비를 유지하는 과정이다. 즉, 근육이 줄어들거나 체지방이 축적되는 것을 예방하는 단계이다. 체중과 체지방을 유지하기 위하여 근력 운동을 주로 하며 유산소 운동을 병행하는 것이 바람직하다.

② 근육 만들기

현재의 상태에서 근육량을 증가시켜서 좋은 체형을 만드는 단계이다. 체구성비에서 지방을 연소시켜서 제지방량(체중-체지방량)을 증가시키는 과정이다. 근육운동을 지속하면서 단백질의 섭취량을 증가시키면 근육이 생성된다. 지방은 연소되므로 체성분 분석결과, 제지방량이 증가하게 된다. 근력 운동은 하루에 2번, 일주일에 5~6일 이상 실시하는 것을 권장한다.

③ 근육 다듬기

마지막 단계로 지속적인 운동을 통해 체형을 관리해야 한다. 근력운동을 계속 하면서 유산소운동을 병행하면 남아있는 체지방을 연소시켜 더 아름다운 체형을 유지하는데 도움을 준다. 근육을 유지하면서 체지방을 감소시키는 것은 근육의 모양을 더 뚜렷하게 만들어 줄 수 있다. 체중감소를 성공하지 못했을 때에도 이 단계를 마지막 과정으로 지속한다면 원하지 않는 지방을 제거해주므로 체형관리에 큰 도움이 된다.

체·형·관·리·학

에너지 소비량 계산

➡ **기초대사량**
- 체중을 이용하여 기초대사량을 계산한다.
  남자 : 1.0kcal × _____ kg × 24시간
  여자 : 0.9kcal × _____ kg × 24시간

➡ **활동대사량**
- 하루 동안 있었던 여러 가지 활동들을 모두 기록한다.
- 활동대사량 : 총 소모 에너지 × 체중
  = _____ (kcal/kg) × _____ (kg) = _____ kcal

에너지 소모 활동군	에너지 소비량 × 소모시간 = 총 소모 에너지		
	(kcal/kg/분)	(분)	(kcal/kg)
0. 수면		×	=
1. 깨어 누워 있는 정도	0.002	×	=
2. 앉아 있는 활동	0.007	×	=
3. 서 있는 활동	0.008	×	=
4. 일상생활 작업 활동	0.012	×	=
5. 아주 가벼운 활동	0.017	×	=
6. 가벼운 활동	0.025	×	=
7. 중정도의 활동	0.042	×	=
8. 약간 심한 활동	0.067	×	=
9. 심한 활동	0.108	×	=
10. 극심한 활동	0.142	×	=
합 계			

➡ **식품의 특이동적 작용(식품의 소화, 대사를 위하여 소모된 에너지)**
- 기초대사량과 활동대사량을 더한 값의 10%에 달한다. 따라서 다음과 같이 계산한다.
  식품이용을 위한 에너지 : [기초대사량 + 활동대사량] × 0.1
  = (_____ kcal + _____ kcal) × 0.1
  = _____ kcal

➡ **1일 총 에너지 소비량**
- 기초대사량 + 활동대사량 + 식품의 특이동적 작용
  = _____ kcal + _____ kcal + _____ kcal
  = _____ kcal

3. 비만습관에 대한 행동수정 요법

체중감량을 달성한 후에도 지속적인 관리로 아름다운 체형을 유지해야 진정한 성공이라고 할 수 있다. 성공률을 높이기 위해서는 음식을 천천히 꼭꼭 씹어 먹게 한다거나 밤에 라면을 먹는 습관을 없애는 일, TV를 보면서 스낵을 계속 집어먹는 습관을 고치는 방식 등의 생활습관을 수정해야 한다. 현재의 식습관을 객관적인 입장에서 전반적으로 면밀하게 분석을 함으로써 비만의 원인이 될 수도 있는 행동을 찾아내어 이를 개선하는 것을 행동수정이라 한다.

첫 번째 단계는 나쁜 식습관을 초래하는 요인을 찾기 위한 자기측정이 이루어져야 한다.

불량한 식습관의 요인을 찾아내기 위해 먹는 음식의 종류, 양, 장소, 시간, 자세, 감정 상태에 대한 기록으로부터 비만인과 건강전문인은 과식을 초래한 문제 장소, 시간, 감정의 상태를 찾아낸다.

두 번째 단계에서는 과식을 피하기 위한 자극을 계속 주어 조절을 한다.

움직이지 않고 고정된 자세로 먹는 것은 위험하므로 무의식적인 섭취를 금지한다. TV를 보면서 스낵이나 비스킷을 먹는 습관이 체형에 지장을 주므로 관심을 가질 수 있는 다른 일을 하는 것이 좋다.

세 번째 단계에서는 비만인이 바람직한 행동수정을 했을 때 이를 재인식하도록 해준다. 이 단계에서는 주변인들의 격려가 큰 도움이 된다. 이 단계에서의 행동수정은 중도 포기율이 20%미만으로 성공의 가능성이 높으며 감소된 체중을 요요 없이 장기간 유지할 수 있다.

행동수정요법의 생활습관과 식습관 실천은 다음과 같다.

① 헐렁한 옷보다 몸에 딱 맞는 옷을 입는다.
② 여가시간은 TV 시청이나 컴퓨터 사용보다 운동을 한다.
③ 이동 시 항상 계단을 이용한다.

④ 스트레스를 현명하게 해소한다.
⑤ 아침·저녁 체중을 잰다.
⑥ 규칙적인 식사를 한다.
⑦ 비만의 주요원인인 폭식, 야식, 간식 등을 삼가야 한다.
⑧ 인스턴트식품, 패스트푸드는 삼가야 한다.
⑨ 천천히 오래 먹는다.
⑩ 외식을 줄인다.

일시 : _____ . . .

행동계약서

이름 : _____
계약 기간 : _____

나는 1. _____ 실천할 것입니다.
나는 2. _____ 실천할 것입니다.
나는 3. _____ 실천할 것입니다.
나는 4. _____ 실천할 것입니다.

만약 성공한다면 나는 다음 사항을 나 자신에게 스스로 보상하겠습니다.

1. _____
2. _____
3. _____
4. _____

서명 (내담자) _____ 일시 _____ . . .

서명 (고객) _____ 일시 _____ . . .

[그림 4-5] 행동계약서의 예

체·형·관·리·학

4 약물요법

약물요법에는 식욕억제제, 이뇨제, 소화 흡수 저해제, 에너지 대사를 높여 에너지 소비를 촉진하는 제제, 호르몬 투여 등의 방법이 있다.

1) 식욕 억제제

비만치료와 체중의 감량을 위한 식욕억제제의 사용은 약물의존성, 오남용, 부작용 등에 대한 우려 때문에 사용에 대한 논란이 많다. 따라서 과도한 식욕으로 적절한 식사요법에 제한을 받거나 체중 감소가 시급한 경우에 한하여 제한적으로 사용해야 한다.

공복감과 포만감은 뇌 조직 안에서 신경세포의 시냅스, 세로토닌, 노르아드레날린, 도파민 등의 신경전달물질의 분비를 조절한다. 식욕억제제는 포만감을 유발할 수 있는 신경전달물질들의 분비를 증가시키거나 신경말단에서 재흡수 되도록 하여 배고픔을 덜 느끼도록 해주는 것이다. 현재 주로 사용 중인 식욕 억제제는 세로토닌계에 작용하는 약물이 많다. 최근 국내에서 그 사용이 증가하고 있는 프록세틴, 펜타민과 같은 약물은 용량 의존적으로서 체중감량 효과가 있으며 일시적인 효과도 있다. 단, 과량 복용 시 내성이 생기며 수면장애, 심장의 무리 등 부작용에 유의해야 한다.

2) 에너지 소비 촉진제

에너지 소비 촉진제로는 갑상선 호르몬, 에페트린, β-아드레날린, 성장호르몬, 렙틴(Leptin) 등이 있다.

3) 지방 흡수 방해제

지방흡수방해제인 제니칼이나 락슈미 등은 지방의 흡수를 1/3 정도 방해함으로써 대장으로 배출시켜 지방음식의 섭취량이 많은 사람이나 고지혈증이 있는 환자의 감소된 체중을 유지하는데 사용할 수 있다.

5 수술요법

수술 요법은 식사요법의 실패의 반복으로 체형에 불만족이 크거나 어린 시절 체중의 증가로 세포의 수가 증가하여 운동과 식이요법으로는 체중 감량이 어려운 사람들이 체형관리를 빠르게 해결하기 위해 선택하는 방법으로 지방 흡입술과 섭취 제한·흡수 억제의 절제술이 있다.

지방흡입술은 석션기를 이용하여 피하지방을 제거하는 방법으로 몸매의 교정이 가능하기 때문에 부분 비만해결이 어려운 사람들에게 효과적이고, 위절제술, 장절제술 등은 극도로 비만이 심한 사람 중에 생명에 큰 지장을 받는 사람들에게만 시술한다.

수술을 실시하기 전에는 체성분을 검사 후 전문가와 상담하여 지방의 두께, 혈액, 혈압, 소변, 심전도, 방사선에 대한 사전검사를 끝낸 후 초음파 레이저 사전관리로 지방을 녹인 후 지방흡입술을 실시한다. 봉합 후 체성분 검사를 통해 수술 후의 체형 변화를 측정 후 사후관리를 통해 체형을 유지하도록 한다.

1) 지방 흡입술

일정한 수의 지방세포에서 체중이 증가하면서 세포의 수가 증가하거나, 세포의 크기가 증가하게 된다. 세포의 크기가 증가한 것은 식이요법으로 줄일 수 있지만, 지방세포의 수는 줄일 수 없다.

허리나 허벅지에 지방이 침착하는 것은 다이어트와 운동으로는 줄이기 힘들기 때문에 여성의 경우 지방침착이 많이 나타나는 엉덩이, 허벅지를 최근에 아름다운 몸매를 갖기 위해 지방흡입술이 이용하여 문제를 해결하려는 사람들이 많아졌다.

가장 많이 쓰이는 방법은 초음파지방흡입술로 파장의 초음파로 지방을 녹인 후 지방세포 내용물을 흡입하는 것이다. 지방흡입술은 혈관, 신경, 림프관에 손상을 적게 주면서 지방을 제거하여 몸매 변형을 개선시키는 방법으로 출혈과 통증이 적고 여러 부위를 한꺼번에 시술 할 수 있어 수술 후 경과도 빠르다. 보통 한 번에 제거할 수 있는 지방은 종아리 300CC, 허벅지 500~1,000CC, 아랫배와 허리 1,000~1,500CC까지 가능하다. 그러나 지방 흡입술을 수술만으로 좋은 효과를 기대하기 어렵기 때문에 수술 전에 다이어트와 운동을 병행하고, 잘 빠지지 않는 부위에는 지방흡입술을 시술하는 것이 바람직하다.

2) 기타

비만이 너무 심하여 일상생활이 불가능한 경우 실시하는 수술요법으로 위절제술, 장절제술로 위와 장을 잘라내어 음식물의 흡수를 억제하거나 섭취를 제한하는 방법으로 수술 후 섭취하는 양에 비해 소비하는 양이 적게 되면 다시 지방이 축적될 수 있다.

6 보정속옷

보정 속옷은 신체의 라인을 정리하고 보완하는 역할을 한다. 몸의 곡선미를 보다 강하게 보완, 정리하고 부드러워 보이는 몸매를 만들어 준다. 요즘의 속옷은 피부에 부담을 줄일 수 있는 통기성의 소재로 자신의 사이즈에 맞지 않는 보정속옷을 입어 혈류장애, 스트레스, 소화불량, 어깨 결림 등의 현상이 나타나지 않도록 해야 한다.

체형관리를 위한 보정속옷은 정확한 사이즈에 따른 통기성 소재, 적절한 압박강도, 체형 결점을 고려하여 선택하야 한다.

1) 사이즈 측정

사이즈 측정 자세는 편안한 자세에서 양발을 똑바로 모으고 등을 곧게 펴고 선 상태에서 측정한다. 측정부위는 윗가슴 둘레, 밑가슴 둘레, 엉덩이 둘레를 측정한다.

(1) 윗가슴 둘레 측정

윗가슴 둘레 측정	처지지 않은 경우	처지거나 벌어진 경우
측정 방법	• 앞쪽은 유두를 수평으로 지나게 측정한다. • 가슴을 누르지 않고 약간 여유 있게 잰다.	• 손으로 가슴을 올려 받친 상태에서 유두 위를 줄자가 지나가도록 하여 측정한다. • 살집이 있는 경우 2cm 정도 여유 있게 잰다.

(2) 밑가슴 둘레 측정

밑가슴 둘레 측정	날씬할 경우	뚱뚱할 경우
측정 방법	• 가슴 바로 아래를 기준으로 수평으로 측정한다. • 약간 여유 있게 측정한다.	• 밑가슴과 배꼽사이에 가장 뚱뚱한 부분을 측정한다. • 손가락이 두개(검지와 중지)가 들어갈 정도의 여유 있게 측정한다.

(3) 엉덩이 둘레 측정

엉덩이의 가장 높은 부분을 수평으로 측정한다.

2) 올바른 선택

(1) 언더웨어

피부에 직접 착용하여 땀의 흡수, 보온, 통기의 기능으로 체온 유지와 땀의 분비물 흡수를 위해 입는 것으로 신축성이 좋고, 촉감이 좋다.

(2) 파운데이션

체형을 가다듬어 몸 전체의 실루엣을 보정하는 것으로 브래지어, 거들, 바디슈트, 웨이스트 니퍼가 있다.

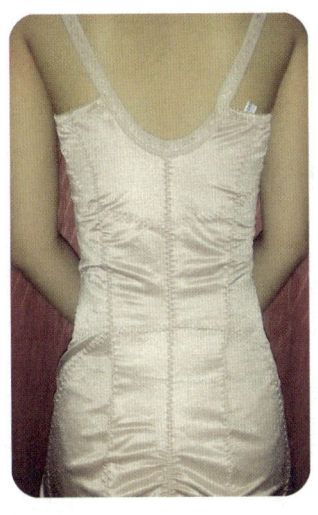
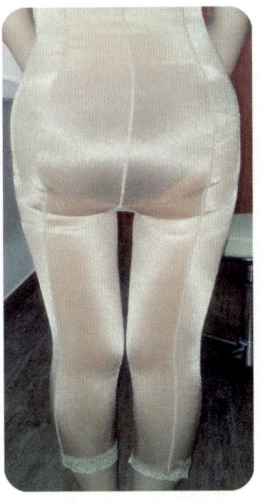

(3) 란제리

파운데이션과 겉옷 사이에 착용해서 겉옷을 입었을 때 체형을 살려주는 역할을 한다.

(4) 기타 - 압박스타킹

압박스타킹은 심장에서 먼 부위는 더 강력하게 조여 주고 심장에 가까울수록 덜 조여 주어 혈액이 말초에서 중심으로 이동하는 역할을 해준다. 압박스타킹을 필요로 하는 경우는 아름다운 힙(Hip)라인과 종아리 곡선을 원하는 경우, 각선미에 자신이 없거나 종아리 근육이 아름답지 않은 경우, 갑작스러운 체중 증가에 따른 피부가 트는 것을 예방하고자 할 경우, 체형 관리 또는 하체 및 종아리 관리 후 요요 현상을 방지하고자 하는 경우에 선택한다.

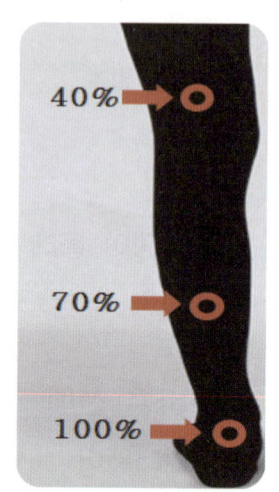

7 셀룰라이트 관리

셀룰라이트는 충혈단계로 피하지방조직의 구조가 변하고 밀집된 콜라겐 섬유가 혈관을 눌러 부종을 유발하고, 수분이 축적된 결합조직에 갇혀 피부융기가 만들어지고 이것이 곧 셀룰라이트가 형성되는 것이다. 셀룰라이트 부위는 정맥, 림프순환장애, 결합조직과 신경의 압박으로 하지경련 등 말단마비 증상이 나타나고, 다리가 잘 부우며 무거워 항상 말초 신경이 차갑다. 모세혈관확장증과 건조증상이 나타나고, 피부부피 증가, 유연성 감소, 예민성 증가 등의 증상이 나타나게 된다.

1) 셀룰라이트 생성 요인

셀룰라이트가 생성되는 요인에는 내분비요인으로 여성호르몬의 불균형이 나타나 셀룰라이트 생성 및 이미 생성된 셀룰라이트를 악화시킨다.

신경계 요인은 신경전달 물질 카테콜라민이 감정이 불안하거나 예민해지면 자율신경이 위축되어 감소하게 되고, 특정 부위에 지방을 축적시켜 셀룰라이트를 두드러지게 생성한다.

　유전적 요인은 자궁 내 환경, 신생아 및 영아기 영양 상태와 유전적인 영향을 받는 것으로 알려져 있다. 어려서부터 각별한 주의가 필요하고 한번 생성되면 치료가 어렵기 때문에 예방에 유의해야 한다.

　심리적인 요인은 코티솔 호르몬이 신체 호르몬 반응을 변화시켜서 셀룰라이트 형성을 촉진하고, 과식, 야식, 편식, 감식 증으로 소화 장애, 변비, 혈관장애를 일으켜 노폐물이 배출되는 것을 방해해 셀룰라이트가 발생한다.

　수험생, 회사원, 신체 활동이 적은 여성의 경우 운동이 부족해 셀룰라이트가 발생하게 된다.

2) 셀룰라이트 종류

셀룰라이트에는 압축형, 부종형, 연성, 섬유질형이 있다.

(1) 압축형 셀룰라이트

단단한 느낌의 셀룰라이트로 통증에 예민하고, 정신적으로 불안한 상태에서 생성된다.

(2) 부종형 셀룰라이트

림프순환장애와 하체의 정맥이 있어서 몸에 부종이 생겨 형성되는 셀룰라이트이다. 전체적으로 덜 단단하지만 부어있는 상태이다.

(3) 연성 셀룰라이트

허벅지 안쪽이나 팔 안쪽에서 찾을 수 있는 셀룰라이트 형태로, 오래 동안 방치하게 되면 과잉비만을 초래하게 된다. 살을 잡았을 때 통증이 없고 탄력이 없어 쳐지는 상태이다.

(4) 섬유질 셀룰라이트

촉감이 매우 딱딱하고 가장 악화된 상태에 생성되는 셀룰라이트이다. 영양공급이 원활하지 않아서 피부가 거칠어지고 울퉁불퉁해지면서 건조해진다.

3) 셀룰라이트 관리

　셀룰라이트를 제거하고 체형을 개선하기 위해서 치료 및 개선하기 위해서 과잉지방 저장과 순환장애를 중점적으로 관리가 이루어진다.

　순환과 신진대사를 증진시키기 위해서 몸을 따뜻하게 해야하므로, 땀의 배출에 도움이 되는 핫젤이나 핫팩을 이용하면 효과적이다. 셀룰라이트 부위는 림프드레나지나 프레소테라피를 이용하여 집중적으로 관리하고, 지방의 분해를 돕는 중·저주파, 앤더몰러지, 초음파, 고주파 관리를 병행하는 것이 좋다.

　스스로 관리하는 방법으로 기초대사량을 높이기 위해서 당분, 전분, 지방의 섭취는 줄이고 단백질의 섭취를 늘리도록 한다. 꾸준한 유산소 운동으로 관리하고, 하루에 2L 이상의 수분을 섭취하고, 과일, 야채 등을 섭취하므로 노폐물의 배출에 신경을 쓴다.

　몸에 꼭 끼는 옷은 정맥과 림프 순환을 방해하므로 편안한 의복을 입도록 한다.

　목욕이나 마사지 시 지압점을 가볍게 지압해 주는 경락도 셀룰라이트를 관리하는데 도움이 된다.

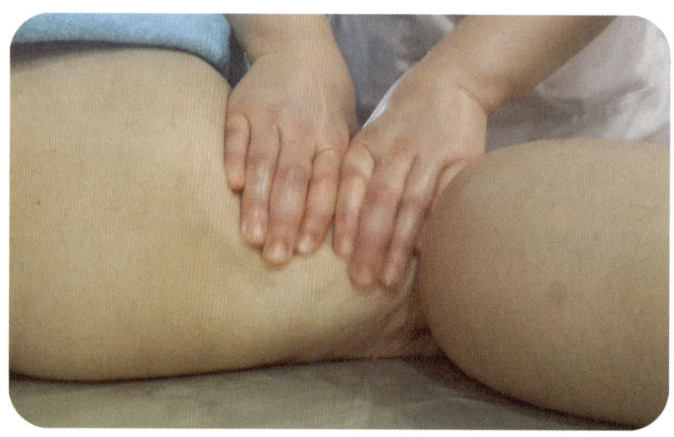
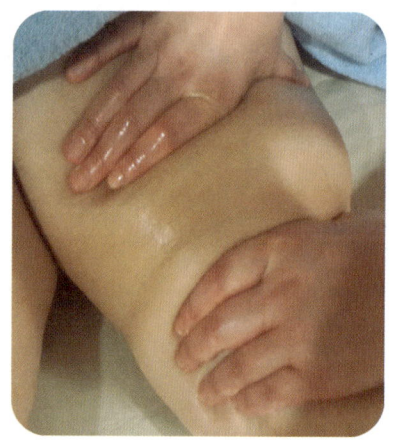

체형관리와 적용방법 **제4장**

제4장 체형관리와 적용방법
핵심요약

○ 체형관리의 올바른 식사요법
- 열량은 줄이되 건강을 해치지 않는 안전한 수준의 섭취 열량과 소비 에너지양의 균형을 생각하여 음식량을 정한다.
- 영양부족이 되지 않도록 양질의 단백질을 충분하게 공급한다.
- 식사를 하기 2시간 전에 물을 마시고 음식을 천천히 먹는다.
- 탄수화물과 지방음식의 섭취량을 줄인다.
- 탄수화물 대사의 보조인자인 비타민 B군을 충분히 섭취한다.
- 충분한 비타민과 무기질을 공급한다.
- 섬유소가 풍부한 채소류를 섭취하고 짜거나 자극적인 음식을 피한다.
- 인스턴트식품, 탄산음료수, 단 맛의 간식 섭취를 하지 않도록 한다.

○ 식욕을 자극하는 요인
뇌의 시상하부에 있는 섭식중추(Appetite Center)와 포만중추(Satiety Center)의 균형에 의해서 식욕이 조절된다. 또한 식욕은 아래의 복합적인 요인에 의해 영향을 받는다.
- 혈당의 영향
- 온도의 영향
- 습관의 영향
- 공복감
- 먹는 즐거움

○ 지방 축적이 되는 영양소 경로
- 에너지로 사용되고 남은 잉여의 탄수화물
- 지방함량이 높은 음식의 섭취
- 지방세포를 축적시키는 인슐린

○ 비만습관 행동 수정
- 나쁜 식습관을 초래하는 요인을 스스로 찾는 자가측정과 노력
- 과식을 피하기 위한 동기부여와 자아존중
- 바람직한 행동의 습관화와 비만인이 바람직한 행동수정을 했을 때 이를 재인식

체·형·관·리·학

제4장 체형관리와 적용방법
연습문제

객관식

1. 체형관리를 위한 올바른 식사요법으로 옳은 것은?
   ① 열량은 줄이되 건강을 해치지 않는 안전한 수준의 섭취 열량과 소비 에너지양의 균형을 생각하여 음식량을 정한다.
   ② 식사를 하기 바로 전에 물을 마시고 음식을 천천히 먹는다.
   ③ 탄수화물과 지방음식보다 단백질 섭취량을 줄인다.
   ④ 단 맛의 간식 섭취로 식사량을 줄이도록 한다.

2. 비만이 되기 쉬운 식사형과 대책이 바르게 연결 되지 않은 것은?
   ① 야간형 – 가능한 8시 전에 식사를 한다.
   ② 결식형+간식형 – 정해진 시간에 식사를 하고, 간식을 멀리한다.
   ③ 급하게 식사하는 형 – 천천히 먹고, 소화가 잘 되는 식품을 선택한다.
   ④ 일하면서 계속 먹는 형 – 소량씩 먹는 습관을 기른다.

3. 한달 동안 2kg을 감량하려고 할 때 하루 동안 얼마의 열량을 줄여야 하는가?
   ① 500 kcal ② 450 kcal
   ③ 400 kcal ④ 350 kcal

4. 지방이 축적되는 경로로 옳지 않은 것은?
   ① 과잉의 단백질 섭취
   ② 저녁에 섭취한 과잉의 탄수화물
   ③ 야식으로 치킨을 섭취한 과잉의 지방
   ④ 많은 양의 인슐린이 합성된 경우

5. 요요현상의 원인이라고 볼 수 없는 것은?
   ① 식이요법에 의한 결과로 기초대사량이 감소했기 때문이다.
   ② 체내 지방세포수의 감소가 원인이다.
   ③ 체중 감량이 몸의 대사를 살찌기 쉬운 상태로 변화시키기 때문이다.
   ④ 우리 몸이 신체에 있는 지방을 사용해 에너지로 사용하지 않아 저장만 한다.

주관식

1. 식욕중추를 자극하는 요인에 대해 쓰시오.

2. 체형관리의 올바른 식이요법의 방법에 대해 쓰시오.

3. 비만습관에 대한 행동수정요법의 종류를 쓰시오.

Chapter 05

체형관리의 상담 및 분석

1. 상담
2. 분석
3. 상담 및 유형
4. 체형관리 상담 및 관리 시 사용자료

CHAPTER 05 체형관리의 상담 및 분석

　체형관리사에게 상담은 고객의 관리를 성공적으로 이끄는데 매우 중요한 과정이다. 따라서 편안한 마음으로 진행할 상담사는 전문 상담가로서 상담자 자신의 개인적 인격과 심리학적 지식, 풍부한 경험, 상담을 할 수 있는 훈련·교육을 받아 타인에게 조언과 도와줄 수 있는 자질을 갖추어야 한다. 상담은 고객에게 맞는 적합한 체형관리 프로그램을 제시하기 위해 고객의 체형 문제점을 정확하게 분석하는 중요한 과정이다. 고객의 현재 체형이 되기까지 복합적으로 작용하여 나타났기 때문에 원인을 정확하게 파악해야 한다. 고객의 생활환경, 식습관, 운동습관, 건강 상태 등의 요인들을 파악하고, 체형관리가 끝난 후 체형의 변화를 확실하게 나타내기 위해 체중, 신체계측, 체지방 등을 측정하여 변해가고 있는 체형에 대한 만족감을 제공해 주어야 한다.

　상담은 체형관리의 방법과 절차 등에 관하여 설명함으로써 고객의 이해를 돕고, 지속적으로 건강하고 아름다운 체형을 유지·관리할 수 있도록 올바른 생활습관 개선을 유도하기 위한 목적이다.

1 상담

　상담은 자기이해, 정서적 수용과 성장 그리고 개인자원의 최적개발을 촉진하기 위하여 관계를 기술적이고 원리적으로 활용하는 것을 말한다. 효과적인 상담은 고객의 생각과 감정을 명료화 하는데 적극적으로 참여하게 하는 것이다. 환자의 욕구를 이해하고 그에 맞는 대응을 함으로서 고객의 이탈을 막고 고객과의 관계를 증진시키며, 새로운 환자를 유치하여 고객만족을 통해 성과를 높이기 위해 효과적으로 진행해야 한다. 고객이 원하는 상담이 무엇인가를 정확히 파악하고 치료 동의율을 높이는 방법으로 신뢰감과 호감을 얻도록 한다.

고객과 상담 시 지켜야할 10가지 원칙

① 환자의 말에 귀를 기울여라.
② 환자의 눈을 바라보며 상담하라.
③ 진료스케줄의 순서를 정확히 설명하라.
④ 진료계획이 바뀔 경우 충분한 설명을 하라.
⑤ 신뢰할 있는 이미지(특히 냄새)에 신경 써라.
⑥ 진료에 임하기 전 환자기록부를 반드시 확인하라.
⑦ 병원 내 상담전문 스텝이 있을 경우, 환자에게 직접 소개하라.
⑧ 비용과 예약스케줄 등의 자세한 상담은 되도록 직원에게 위임하라.
⑨ 의학전문용어 인용을 지나치게 하지마라. (기본용어 정도만 사용).
⑩ 같은 말이면 긍정적으로 대화해라.
 　(환자들은 알아듣지 못해도 의사의 설명을 되물어보기 어려워함)

1) 상담 목적

① 고객의 방문 목적을 파악한다.
② 문제 해결을 위한 차원에서의 체형의 상태와 환경조건을 조사한다.
③ 체형의 관련 요인을 파악 후 체중, 체지방, 신체계측을 분석한다.
④ 체형 문제의 원인을 해결하기 위한 체형관리 계획을 수립한다.
⑤ 시행하게 될 프로그램과 행동수정요법(식생활, 운동)을 설명한다.

⑥ 고객이 계획된 프로그램을 잘 수행하고 있는지 관찰하고, 행동수정을 더욱 잘 실시하도록 유도한다.

2) 상담 효과

① 체형관리의 필요성을 인식할 수 있다.
② 고객의 신뢰도와 만족도를 높일 수 있다.
③ 체형의 문제를 파악하여 효율적인 관리 계획을 수립할 수 있다.
④ 전문적인 관리방법을 제시할 수 있다.

3) 상담실 환경

① 편안한 상담이 이뤄질 수 있는 위생적이고 조용한 분위기가 좋다.
② 상담실의 벽지, 바닥재 소품 등은 2~3가지 정도의 색이 적당하다.
③ 상담실은 고객이 믿을 수 있는 면허증 및 자격증을 벽에 비치한다.
④ 관련자료 및 서적, 관련 소품 등을 눈에 잘 띄는 곳에 비치해 둔다.
⑤ 간접조명을 이용하여 심리적인 안정감을 취할 수 있게 조성한다.
⑥ 관리내용이 담겨있는 홍보물은 고객의 관심을 유발하는데 도움이 된다.
⑦ 상담실에 고객이 대기하는 동안 마실 수 있는 차를 준비해둔다.

[그림 5-1] 상담실의 환경

4) 상담자의 역할

상담자는 고객의 문제를 파악하여 해결점을 제시해 주고, 긍정적인 결과를 끌어내는 역할을 한다. 고객의 말을 신중하게 듣고 공감대를 형성해야 한다. 고객과 상담자 공동의 노력이 필요함으로 고객에 대한 배려와 관심이 무엇보다 중요하다.

① 문제 원인과 해결점을 제시하기 위해 전문적 지식 및 기술이 필요하다.
② 고객의 문제점과 요구사항을 경청하는 자세와 문제해결 능력이 요구된다.
③ 효율적인 상담기술(고객 배려, 적절한 언어선택, 따뜻한 표정, 공손한 자세, 객관적 사고 등)이 필요하다.

체형관리 상담자의 필수조건과 용모

① 청결한 화장과 단정한 복장
② 친근감이 가는 미소와 예의바른 접대
③ 따뜻하지만 전문적인 설명과 태도
④ 신뢰감과 정직함이 있는 모습
⑤ 고객을 향한 말과 표정 일치성

(1) 화법

고객과의 상담에서 이루어지는 화법 즉, 언어적 소통과 비언어적 소통은 상담에 대한 이해도와 집중도를 높이는 수단이다. 밝고, 맑은 목소리로 친절함을 건강하고 힘 있는 목소리로 자신감과 신뢰감을 주어야 한다. 문장에 탄력을 주어 고객의 집중도를 높이고, 상담의 분위기를 밝게 유도하고, 문장 내에서 고저강약으로 말의 시작부분이 강하고 끝부분이 약해지기 쉽고, 자신이 없는 약한 목소리가 나오는 것을 자신감 있고, 강조하고 싶은 내용을 강조할 수 있도록 습관화해야 한다. 상담 시에는 기본적으로 고객이 듣기 쉬워야 하며, 목적이 확실하고, 유익한 것으로 관심과 흥미를 끌어야 한다. 말소리는 분명하게 전달하고, 내용과 표현이 단조롭지 않아야 한다.

※ 상담자의 비언어적 사용 주의사항

긍정적 몸짓언어	부정적 몸짓언어
눈 맞추기	다리를 꼬고 듣기
고개 끄덕이기	코나 머리 만지기
손은 테이블 위로	손 주머니에 넣기
상대를 향해 몸 열기	어깨 한쪽으로 기울이기
미소 짓기	뒤로 제치기
상체 앞으로 기울이기	뒷짐 지기

(2) 응대

고객으로부터 호감 이미지를 얻기 위해서는 좋은 경청자가 되어야 한다. 효율적인 대화는 오고가는 대화가 많은 것이 다가 아니다. 상담자가 끝까지 듣고, 공감을 표해주며, 질문으로 원하는 내용으로 들어갈 수 있도록 유도하고, 마음이 고객의 입장에서 같이 생각해 주면 적은 대화 속에서도 중요한 정보를 얻을 수 있다. 필요한 부분은 메모하면서 들어야 하고 어떠한 편견과 선입관을 가져서는 안 된다. 고객의 말을 중간에서 끊어버리거나 상담자가 결론을 마무리해서도 안 된다.

〈표 5-1〉 기본화법 고객 응대

기다리게 할 때	- 죄송합니다. 잠시만 기다려 주시겠습니까?
기다리고 난 후	- 오래 기다리게 해서 죄송합니다.
물어볼 때	- 죄송합니다만, ~ 입니까?
용무 처리가 될 때	- 예. 알겠습니다.
용무 처리가 안 될 때	- 죄송합니다만…….
부탁이나 의뢰할 때	- 죄송합니다만, ~ 해 주시겠습니까?
다시 물어볼 때	- 한 번 더 말씀해 주시겠습니까?
환자의 의견을 물을 때	- ~이 어떻습니까?
담당자를 바꿔줄 때	- 담당자를 바꾸어 드리겠습니다. - 잠시만 기다려 주시겠습니까?
안내를 해 줄 때	- 죄송합니다만 , 00번 창구로 가 주시겠습니까?
환자를 배웅하며 인사 시	- 감사합니다. 안녕히 가십시오.

(3) 상담의 과정

① 친화단계 : 효과적인 상담을 위하여 중요한 시작의 과정이다. 상담자는 고객과 친화적인 분위기를 조성하여 서로 편안한 감정의 교류를 갖는다.

② 도입 및 고객파악 단계 : 상담의 초기에 고객의 요구 및 원하는 내용의 정확한 핵심이 무엇인지 파악한다.

③ 제시단계 : 상담 시 해결방안과 프로그램의 개요를 함께 설계하고 설명한다.

④ 설명단계 : 상담 시 프로그램 설계의 우수성을 설명하며 관리 후 미래의 모습에 대하여 희망을 갖게 한다.

⑤ 의사결정 단계 : 합리적으로 설계된 프로그램에 대해 고객이 확신을 가지고 쉽게 결정할 수 있도록 도움을 주어야 한다.

상담의 효과적인 표현

➡ 상대방의 얼굴 표정, 목소리로 반응을 감지하여, 알고 싶은 내용을 직접 물어 봐야 할 상황이 있다.
　　예) "반갑습니다. 어떻게 해서 방문하시게 되었습니까?",
　　　　"가장 원하시는 것이 어떤 부위이십니까??"

➡ 대화가 확대되거나 탈선되는 경우에는 대답하기 편한 질문을 반복하여 자연스럽게 전환할 수 있다.

➡ 좋은 상담자의 효과적인 경청과 대답은 긍정적 표현이다.
　　예) '과연', "그래서 어떻게 되셨어요?", "그렇습니다."

➡ 모르는 것을 아는 척 할 필요는 없으며 고객을 이해하고 공감하려는 태도가 친근감을 줄 수 있어서 도움이 된다.

➡ 고객의 질문에 명확히 대답할 수 없으면 "알아보고 대답해 드리겠습니다."라고 정확히 대답해주는 것이 좋다.

➡ 사교적으로 말을 유창하게 할 필요는 없으며 경청이 중요하다. 즉 과도한 자신감은 오히려 상대방에게 부담을 주게 되므로 들어주는 태도가 필요하다.

체·형·관·리·학

2 분석

효과적인 체형관리를 실행하기 위해 신체의 자세한 측정을 하는 과정이다. 아름다운 체형을 만들기 위하여 체형의 현재 상태 및 문제를 파악하는데, 다양한 기기가 사용된다. 체지방 및 근육량은 체지방 측정기로 가능하며 부위별 세밀한 지방량을 산출할 때에는 캘리퍼 측정이 효과적이다.

신체의 부위별 사이즈와 체형의 특징을 파악하고 그 자료를 상담상황에 반영하도록 분석하는 과정은 체형관리에 있어서 매우 중요하므로 정확한 판정이 요구된다.

〈표 5-2〉 체형분석에 사용되는 기기

기기명	목적
체중계	체중
체지방 측정기	체지방, 제지방
성분 분석기	체중, 신장, 체지방, 제지방, 체성분 분석
셀룰라이트 측정기	셀룰라이트 분포
캘리퍼	피부 주름 두께
줄자	신체 부위별 사이즈

1) 자료수집

분석을 하기 위해서는 고객에 대한 자료가 필요하다. 체형에 미치는 내·외적 요인들과의 관련성을 파악하기 위한 방법은 고객과 질의응답을 통한 주관적 조사 방법과 신체 계측 방법이 있다.

(1) 주관적 조사

고객에 관한 자료는 문진, 의무기록으로 고객과의 직접적인 대화로 수집을 하고, 고객의 체형에 영향을 미치는 여러 가지 요인들을 알아낼 수 있다. 고객과의 문진으로 정보를 얻을 때에는 서로를 존중하며 개인적 유대관계를 형성하면서 고객 스스로 솔직하게 자신의 문제를 말할 수 있도록 유도 한다.

(2) 신체 사이즈 계측

① 체중

체중계를 이용하여 측정한다. 고객이 옷을 입고 측정할 경우에는 측정한 체중에서 0.5kg(옷 무게)를 뺀 수치를 적용한다.

② 체지방 측정법

최근에 이용되고 있는 체지방 측정은 생체전기 저항법(체성분분석기 사용법), 초음파법, 전산화단층촬영 등을 이용하고 있다. 생체전기 저항법은 일정한 전압을 받아 주파수에 따라 낮은 저항이 발생하고 이때 발생하는 임피던스를 이용하여 체지방을 평가한다. 초음파법은 신체 측정을 원하는 부위에 초음파기를 대면 자동으로 체지방량의 데이터가 나오도록 제작된 편리한 방법으로 피하지방두께 측정의 오류를 줄였고, 캘리퍼를 정확히 사용해야 하는 불편함이 줄었다. 측정이 힘들었던 고도비만자의 지방량도 측정할 수 있는 장점이 있다.

전산화 단층촬영은 지방층을 화상으로 직접 볼 수 있는 가장 좋은 방법으로 보고되고 있다. 피하지방, 내장지방의 지방량을 각각 알 수 있고 신체부위별 지방량을 측정할 수 있다. 그러나 여러 부위를 촬영해야 하므로 고가의 비용이 들어 아직 보편화가 되지 않았다.

〈표 5-3〉 측정항목

구분	측정항목
1st	단백질, 무기질, 체지방량, 체수분량, 세포내/외수분량, 근육량, 골격근, 제지방량, 체중, BMI, 신체연령, 기초대사량, 1일 필요열량, 피하/내지방량, 내장지방 면적, 복부비만 예측도, 부종평가, 신체 5부위의 근육량/부종, 혈압
2nd	부위별 비만평가, 체형별 맞춤 설명, 복부비만 평가, 신체 상하, 좌우 발달 및 균형평가
3rd	체성분 분석을 기본으로 한 식단과 운동처방 및 목표 심박수 제공

※ 체지방 측정 시 주의사항

- 목걸이, 반지 등의 금속성 물질은 제거 후 측정한다.
- 검사하기 30분 전에 배뇨한다.
- 검사하기 전 4시간 동안에는 식음료를 금한다.
- 검사하기 전 12시간 동안에는 운동을 금한다.
- 검사하기 전 48시간 동안에는 알코올 섭취를 금한다.
- 검사하기 전 7일 동안에는 이뇨제 섭취를 금한다.
- 검사실의 온도는 25℃를 유지한다.

③ 부위별 사이즈 측정

- 신장
  : 맨발로 양발 끝을 30~40° 벌리고 발뒤꿈치, 엉덩이, 등 부위가 가볍게 닿는 직립자세에서 머리와 귀와 눈은 수평으로 유지한다. 신장계의 계측대를 머리 정점에 대고 측정한다.
- 목둘레
  : 똑바로 선 자세에서 시선을 수평으로 유지하게 하여 경추 5번 위치를 지나는 선을 측정한다.
- 가슴둘레
  : 피검자의 양팔을 올린 후 견갑골 하각과 유두를 통과한 선을 숨을 내쉰 후 측정한다.
- 복부둘레
  : 배꼽을 통과하는 수평선을 피검자가 숨을 내쉰 후 측정한다.
- 둔부 둘레
  : 좌우 대퇴돌기점을 지나는 수평둘레를 측정한다.
- 상완근 둘레
  : 피검자는 팔에 힘을 빼고 가볍게 손을 아래로 내린 상태에서 상완 중앙부로부터 팔꿈치의 중간 부위를 측정한다.

- 전완근 둘레
  : 팔에 힘을 빼고 가볍게 아래로 내려 상완 중앙부의 가운데 부위를 측정한다.
- 손목 둘레
  : 팔에 힘을 빼고 가볍게 손을 아래로 내린 상태에서 손목의 가장 가는 부위를 측정한다.
- 대퇴근 둘레
  : 양발을 5~10cm 정도 간격을 두고 다리를 벌린 상태에서 대퇴의 가운데 가장 굵은 곳을 줄자를 이용하여 측정한다.
- 비복근 둘레
  : 대퇴근 둘레를 측정할 때의 자세에서 종아리 가운데 가장 굵은 곳을 측정한다.
- 발목 둘레
  : 대퇴 둘레를 측정할 때의 자세에서 하퇴의 복숭아 뼈 바로 위의 가장 가는 부위를 측정한다.

④ **피부 두겹 측정 : 캘리퍼 (Skin-fold Caliper)**

캘리퍼는 피하지방의 두께를 측정하는 집게형의 기구로, 전체 체지방의 정도를 평가할 때 사용되었다.

측정부위는 남성의 경우 하부의 피하지방 두께가 총 지방량을 반영하기 때문에 복부, 가슴, 견갑골을 자주 측정하고, 여성의 경우 삼두근의 두께가 총지방량을 반영하기 때문에 상완삼두박을 편리하게 측정하며 또 견갑골 하부와 복부도 자주 측정한다.

측정 방법은 엄지와 집게손가락으로 근육과 근막을 제외한 표피와 피하지방을 잡고 서서히 들어 올려 캘리퍼로 그 부위의 아래쪽 1cm부위에 대고 캘리퍼의 손잡이를 서서히 놓은 후 1~2초간 0.5mm까지 피하지방 측정치를 기록한다.

측정은 신체의 오른쪽을 대상으로 3회 실시하여 평균값을 낸다.

피하지방의 두께가 체지방률을 잘 반영하기 때문에 캘리퍼 측정이 비만도 평가에 이용할 수 있지만 측정부위의 정확도와 측정자의 숙련도에 의하여 오류가 생길 수 있으므로 주의를 기울여야 한다.

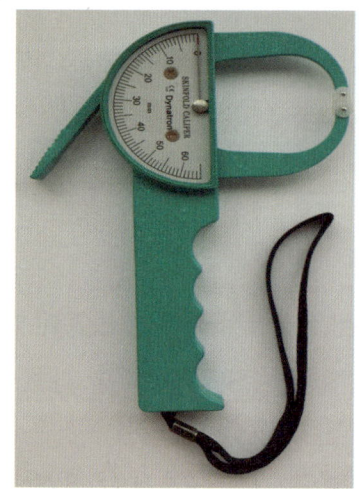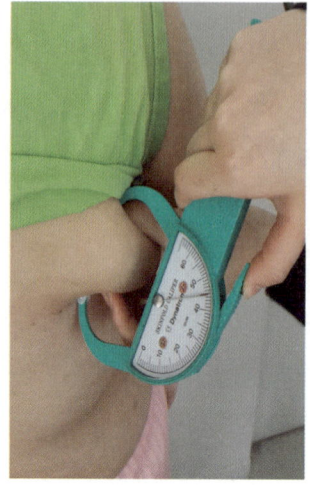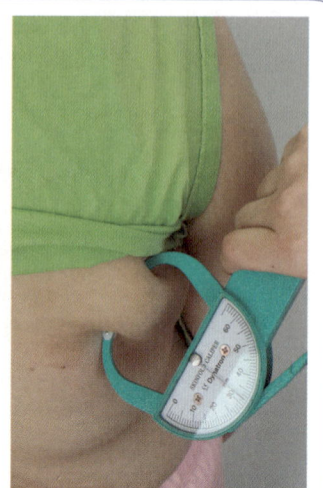

[그림 5-2] 견갑골 하부 측정법

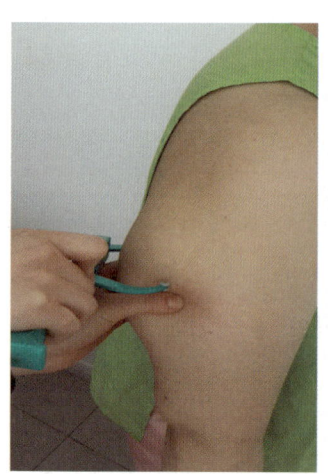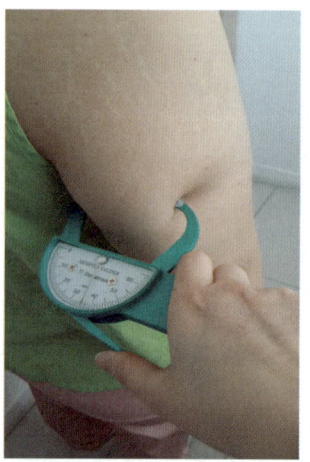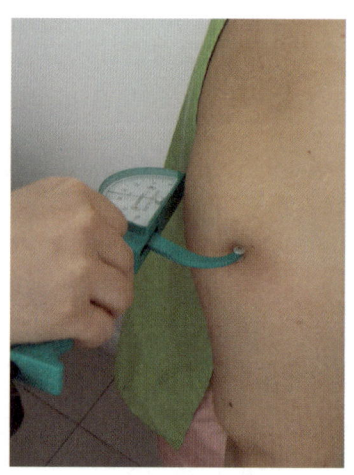

[그림 5-3] 삼두박근 측정법

※ 캘리퍼 측정 시 주의사항

- 실제 피하지방을 측정하기 때문에 측정자에 따라 오차가 발생될 수 있으므로 숙련과 측정이 필요하다.
- 측정자에게 불쾌감을 주지 않도록 한다.

캘리퍼를 사용하는 피하지방 두께 측정 방법 및 측정 부위별 위치

부위	측정방법
가슴	– 남자는 유두와 겨드랑이 주름 사이의 중간 지점을, 여자는 유두로부터 2/3지점을 대각으로 측정한다.
복부	– 배꼽 오른 쪽 2cm 지점을 수직으로 측정한다.
상완이두	– 배 위, 어깨와 팔꿈치의 중간지점을 수직으로 측정한다.
상장골	– 겨드랑이선과 장골능이 이어지는 곳을 대각으로 측정한다.
견갑하	– 견갑골의 하각을 다라 1~2cm 아래의 피부를 대각(45°)으로 측정한다.
상완삼두	– 팔을 자연스럽게 내린 상태에서 상완후면, 견봉(어깨)과 주두도기(팔꿈치) 사이의 중앙 지점을 수직 측정한다.
대퇴	– 서혜부와 슬개골 사시에서 대퇴 중앙의 전면 부위를 수직으로 측정한다.

➡ 캘리퍼 측정을 통한 비만도

남자	여자	비만도
30~36mm	46~59mm	경도비만
37~42mm	60~73mm	중등도비만
43mm 이상	74mm 이상	고도비만

기타 비만진단 시 사용되는 기기

- 줄자, 체중계, 신장계, 초음파기, 컴퓨터 단층 촬영기(CT), 자기공명영상기(MRI)

체·형·관·리·학

3 상담 및 유형

　상담자는 앞으로 진행하게 될 상황에 대한 계획을 수립하고, 고객에서 설명하기 위해서는 고객의 질병, 가족력, 식이장애와 폭식 등의 문제를 확인하고, 식사속도, 불규칙한 식사, 식생활 리듬, 대리섭식 등 섭식 행동의 양상에 대한 이해와 미각과 만복감에 대한 성격 특성을 파악한다.

　고객의 상태를 파악 후 의학적인 평가와 영양 평가, 활동량 평가, 식습관 평가, 관련 질환에 대하여 평가한다. 고객의 행동을 수정하기 위해 식사 전 행동 양상을 살피고, 지속적인 지도 체제를 수립하기 위해 체형유형별 상담을 한다.

요요 없는 체중 유지 & 건강유지

➡ **비만 예방의 중요성**

　비만이 유발되면 시간과 비용이 많이 들기 때문에 예방이 가장 좋은 방법이다. 날씬하게 보이는 외모관리를 위해서도 관리는 필수적이지만 나이가 들면 건강을 위하여 체형관리를 해야 한다.

➡ **식이요법**

　식이요법을 실시하게 되면 비만 합병증의 위험을 지속적으로 감소시켜주고 건강을 회복할 수 있다. 식품의 선택, 식사행동, 신체 활동 정도와 관련된 생활습관을 변화시키면 체중관리와 원하는 체형이 장기간 유지될 수 있다.

➡ **운동요법**

　운동에는 걷기, 조깅, 자전거타기, 수영, 에어로빅 등의 유산소 운동과, 헬스(근력운동), 단거리 달리기 등의 무산소 운동을 병행하여 실시한다.

　모든 운동의 시작과 끝에 준비운동을 실시하여야 하면 운동 전에 체온을 상승시켜 근육의 부상을 예방하고 근신경 협응 능력을 키워준다. 맨손체조, 스트레칭, 줄넘기, 실내자전거타기 등을 약 5~10분 정도 실시하는 것이 좋다.

1) 체형관리와 식생활

식생활 습관은 체형을 관리하는데 중요한 역할을 하게 된다. 매일 섭취하는 적절한 식품의 선택은 우리 몸에 필요한 영양소를 공급해 줄 뿐 아니라 체내 면역체계를 튼튼하게 하여 질병을 예방하고 병의 치료에도 도움을 주어 질병으로부터 발생할 수 있는 비만현상을 막고, 건강한 식생활로 체내에 영양소를 공급하여 활력을 주고 아름다움을 유지하도록 해 주기도 한다. 이러한 영양소의 섭취를 위하여 알맞은 음식물의 섭취 및 올바른 식습관이 가장 중요하다. 식생활 관리는 우리의 신체발달과 생명 유지를 위해 하루 3끼의 식사가 필요하며, 건강하고 탄력 있는 체형을 유지하기 위해서는 영양소의 공급이 필요하다. 무엇보다 파이토케미컬이 많이 함유되어 있어서 활성산소를 제거하는 컬러 푸드를 섭취하는 것이 도움이 된다. 또한 균형 잡힌 영양섭취(Well Balanced Diet)라고 할 수 있는 식생활 관리야말로 무엇보다 가장 중요한 것으로서 체형을 아름다움답게 만드는 지름길이다.

[그림 5-4] 파이토케미컬 함유식품 & 식품구성자전거

한편 1일 식사의 식품 구성은 다양한 식품을 섭취하여 신체에서 필요로 하는 영양소를 공급받아야 한다. 식품을 그 특성별로 분류하여 우리나라 식생활에서 주식으로 소비하는 곡류 및 전분류는 가장 큰 자리를 차지하였고, 섭취량이 적어도 되는 유지, 견과 및 설탕류는 가장 적게 필요한 양이므로 좁게 자리 잡았다. 건강과 아름다움을 위하여

각각의 식품군은 균형 있게 섭취되어야 한다.

건강을 잃으면 모든 것을 잃는다는 말에서 알 수 있듯이 건강의 유지를 위한 식생활은 항상 관심을 가지고 챙겨야 하는 필요충분조건에 해당된다. 한편 체형은 사람의 식습관, 행동 습관에 의한 인체의 외적 건강상태를 볼 수 있는 지표와도 같은 역할을 하고 있다.

건강하고 아름다운 체형을 유지하기 위해서는 올바른 식습관을 통한 균형 있는 영양소의 섭취로 체형의 변화를 막고, 아름다움을 지켜야 한다.

2) 체형관리와 운동

운동을 실시하므로 에너지의 소비를 증대시키고 지방 조직의 분해로 감량이 가능하다. 비만으로 인한 질병으로부터 해방되기 위해 실시하는 운동은 혈장 HDL-Cholesterol level(콜레스테롤 수치)이 상승하고 TG농도의 저하와 고혈압의 개선을 가져오게 되고 동맥경화성 심질환의 빈도와 사망률을 낮추고, 심폐기능의 강화, 근력과 근지구력의 증가, 체력과 운동능력을 향상시킨다.

체지방이 감소한 여성들 중 상당수는 신진 대사가 둔화되어 나중에는 단순히 칼로리를 줄이는 것만으로는 체지방을 뺄 수 없게 되는 경우가 있다. 신진대사가 둔화된 경우에, 세포들은 운동과 다이어트에 견디는 내성이 생기기 때문에 체형관리가 반드시 필요하다.

3) 체형관리의 체형(비만) 유형별 상담

복부비만은 주로 남성에게서 많이 나타나는 남성형 비만으로 만성질환의 유발률이 높아 다른 부위의 비만보다 관리가 더 필요하다. 남성형 복부비만은 내장 지방이 많은 경우이며, 옆구리 비만형은 내장지방이 많거나 출산 후 여성에게서 많이 나타난다. 윗배 볼록형은 폭식과 과식이 많은 경우이며, 아랫배 볼록형은 활동량이 부족하고 변비를 동반하게 된다.

(1) 상체 비만

상체비만은 성인병 유발증상보다는 관절의 이상 증상을 먼저 호소한다. 가슴은 발달하고 하체가 가는 체형을 말한다. 이 체형은 보통 체격이 건장하며, 얼굴은 각이 졌거나 둥근 편이다.

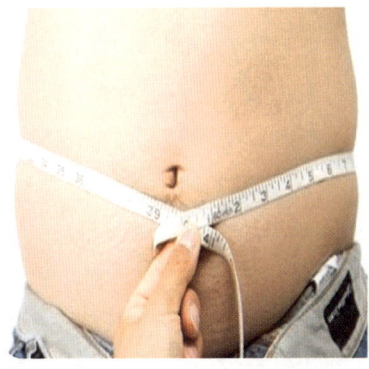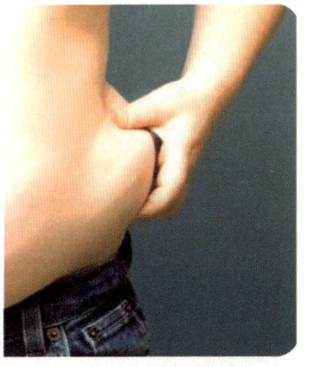

① 식이요법

과식을 피하고 3끼를 소량씩 규칙적으로 섭취하며 야채, 지방, 단백질, 탄수화물 순으로 섭취하여 포만감을 크게 느끼게 한다. 단백질은 기름기가 적은 부위를 섭취한다. 과일을 골고루 섭취한다. 단, 과하게 섭취하면 과일의 당 때문에 체중이 증가할 수 있으므로 주의한다. 야채와 해조류는 변비를 개선시켜주고 포만감을 주어 식사량을 줄일 수 있다. 간식은 하루에 요구르트 1~2잔이 좋다. 커피나 홍차를 제한하지는 않지만 되도록 물을 섭취한다. 음식을 짜게 먹는 경향이 있으므로 조금 싱겁게 먹도록 한다. 술은 복부에 피하지방을 쌓이게 만들고, 비타민과 무기질의 흡수를 막기 때문에 자제한다.

② 운동요법

운동보다는 식사의 영향이 크기 때문에 식이요법을 체계적으로 실시 후 운동을 시작한다. 상체가 비만하다고 해서 상체만 운동하면 근육이 더욱 발달되어 상체가 더 커질 수 있으며, 운동을 그만두게 되면 근육이 늘어지고, 지방이 쌓이면서 관리하기가 어려워지기 때문에 파워 워킹, 수영, 에어로빅 등 전신 운동을 하루 15~20분 정도 규칙적으로 하는 것만으로도 체형관리에 효과적이다.

(2) 하체 비만

주로 여성형 비만유형으로 엉덩이나 허벅지에 지방이 집중되어 셀룰라이트와 함께 울퉁불퉁한 피부층을 유발한다. 성인병 발병률은 낮으나 전신피로, 정맥류, 손발 저림, 부종 등이 나타난다.

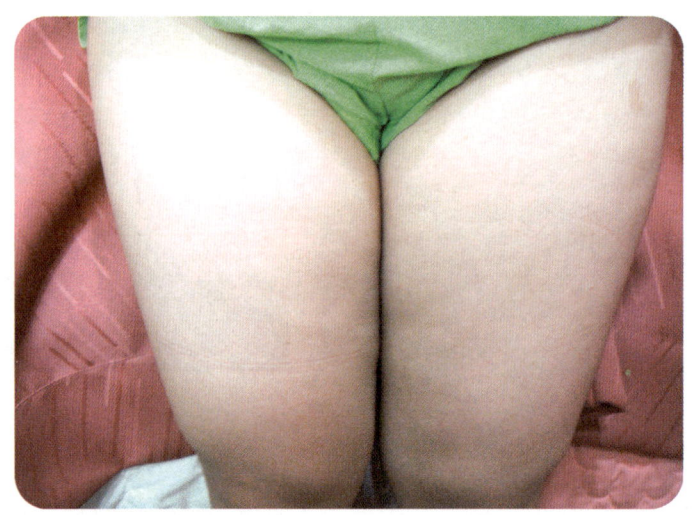

① 식이요법

짠 음식의 과다섭취는 부종을 유발하기 때문에 나트륨의 섭취를 제한하고, 칼륨이 많이 함유된 단호박, 수박, 오렌지의 섭취를 권장한다. 간식으로는 지방 함량이 높은 가공식품은 바람직하지 않고 야채나 열량이 낮은 저지방 우유가 좋다. 또한 너무 매운 음식과 자극적인 음식을 제한하는 것이 부종을 줄이는 방법이다. 한편 하체비만 고객들은 림프 순환과 혈액 순환이 원활하지 않기 때문에 수분섭취를 충분하게 해줘야 한다.

② 운동요법

하체비만은 혈액순환과 림프순환장애로 인하여 부종형 비만으로 악화될 수 있기 때문에 피로물질을 유발하는 줄넘기, 에어로빅, 인라인스케이트, 스쿼시, 테니스, 계단 오르기 등의 운동은 피하는 것이 좋다. 요가와 스트레칭은 다리의 근육을 풀어주고 혈액순환을 원활하게 하므로 다리의 부종을 개선해줄 수 있다.

4) 체형관리의 질환별 상담

(1) 당뇨병

① 식이요법

당뇨병의 식이요법은 심장 질환과 신장질환, 시력, 신경 장애 등의 합병증을 예방하고 지연하는 것을 목적으로 한다. 또한 당뇨병의 혈당을 정상화하고 정상체중을 유지하기 위하여 식이요법을 실시해야 한다.

당뇨병의 악화를 막기 위해서는 과량의 지방섭취를 제한하고, 혈당 조절을 위해 GI (당지수)가 낮은 식품을 선택하도록 한다.

당지수는 비교의 기준이 되는 식품을 섭취한 후에 혈당수치를 100으로 했을 때, 각 식품섭취 후의 혈당반응을 숫자적으로 비교한 것이다. 당지수가 높은 식품을 섭취하면 혈당이 급속도로 상승하여 당뇨병을 악화시키고, 잉여의 탄수화물은 지방으로 전환이 되어 혈액내 중성지방이 증가하게 된다.

〈표 5-4〉 당뇨병 환자의 영양섭취 기준

	당질	단백질	지방
한국인 영양섭취 기준	55~70%	7~20%	15~25%
제Ⅱ형 당뇨병환자	55~60%	10~20%	20~25%
제Ⅰ형 당뇨병환자	45~60%	15~20%	<35%

② 운동요법

당뇨병 환자에서 합병증이 있는 경우와 운동 전의 혈당이 300mg/dL 이상인 환자,

소변에 케톤체가 나오면서 혈당이 240mg/dL 이상인 환자는 운동을 삼가야 한다.

당뇨병 환자의 운동 시기는 식사 후 30~60분 경과된 후에 하는 것을 원칙으로 하고, 공복 시 운동을 하고자 할 때에는 저혈당 증상(100mg/dL)을 예방하기 위하여 운동 30분 전에 당분(사탕, 캐러멜, 초콜릿 등)을 섭취하는 것이 좋다. 운동을 너무 과다하게 하여 저혈당에 빠지지 않도록 주의해야 한다.

운동의 종류는 유산소 운동으로 빠른 걷기, 자전거 타기, 등산, 수영 등을 권장한다. 운동의 강도는 최대산소섭취량의 50~70%로 진행하며, 일주일에 5일 이상, 20~60분 동안 실시하는 것이 바람직하다.

(2) 심혈관계 질환

① 심장병

- 식이요법

협심증일 경우는 식염과 에너지, 동물성 지방의 섭취를 제한하여야 한다. 하루 콜레스테롤 200mg 이하로 섭취하고, 불포화지방산과 포화지방산의 섭취비율은 1~2:1로 권장한다. 비만은 심장에 부담을 주기 때문에 운동으로 반드시 체중감량을 해야 하고 섭취 열량은 1,500kcal/일로 제한한다.

심근경색의 경우 통증을 완화하고, 심장의 부담을 감소시키는 방법으로 저염식을 권장한다. 또한 심장의 부담을 줄여주기 위하여 부드럽고 미지근한 온도의 음식을 제공하여 심장 박동수가 떨어지는 것을 막아준다.

- 운동요법

심각한 고도비만자가 아니라면 무리한 활동을 제한한다. 심장병 환자는 체중의 감량도 중요하지만 무엇보다 심장에 부담을 주지 않아야 하므로 운동을 시작하기 전에 미리 체형관리를 해야 한다. 그 후 운동요법을 실시하여 체중을 감량시키는 것이 현명하다.

② 고혈압

- 식이요법

고혈압 환자는 수분과 나트륨의 배설을 촉진하여 혈압을 저하시키기 위해서 칼륨을 충분하게 섭취하고 식염을 제한해야 한다. 식염을 제한하기 위해서는 장류(된장, 고추장, 간장 등)의 섭취를 제한한다. 식염의 제한은 맛을 감소시키기 때문에 신맛, 단맛을 적절하게 사용하고, 허용된 양념(후추, 고추, 마늘, 생강, 양파)을 사용하여 미각의 변화를 유도해야 한다.

칼륨은 과일과 채소에 많이 함유되어 있고, 나트륨의 배설을 도우므로 충분한 양을 섭취하도록 권장한다. 당질은 과잉섭취 시에 피하지방이나 혈액 중 중성지방을 높여 비만을 유발하고, 2차적으로 혈압 상승 시키는 요인이 되기 때문에 복합당의 형태로 섭취하는 것을 권한다. 지방산(리놀레산)은 프로스타글란딘의 전구체로 혈관 확장 및 나트륨 배설을 촉진시켜 주어 혈압을 낮추는 역할을 한다. 또한 식이 섬유소는 과일류, 해조류의 수용성 식이섬유소 섭취로 나트륨을 대변으로 배설시켜주어 혈압을 낮추는데 도움을 준다.

음주는 남자의 경우 하루 2잔으로 제한하고, 여자나 체중이 적은 사람은 하루 1잔으로 제한한다.

나트륨 환산 방법

➡ **소금을 나트륨으로 환산할 때**
   소금 양 mg × 0.4 = 나트륨 양 mg
   예) 소금 1g = 소금 1,000 mg × 0.4 = 나트륨 400 mg

➡ **나트륨을 소금의 양으로 환산할 때**
   나트륨 양 mg × 2.5 = 소금 양 mg
   예) 나트륨 400 mg × 2.5 = 소금 1,000 mg = 소금 1g

• 운동요법

혈압이 조절되지 않을 때는 운동을 삼가야 한다. 안정 시 혈압이 수축기 160mmHg 이상 또는 이완기 100mmHg 이상인 경우에는 약물치료를 먼저 시작한 후 혈압이 조절되면 운동을 하도록 한다. 고혈압이 있는 경우에는 운동을 과다하게 하여 혈압이 상승되지 않도록 주의해야 한다. 웨이트 트레이닝과 같은 저항 운동 시에 혈압이 상승될 위험이 있으므로 운동은 스트레칭과 유산소 운동이 좋고 근력 운동은 최대산소섭취량의 40~60%의 강도로 실시하도록 한다. 운동의 빈도는 일주일에 4~5일 이상, 1일 30~60분으로 권장한다.

(3) 지질대사 이상

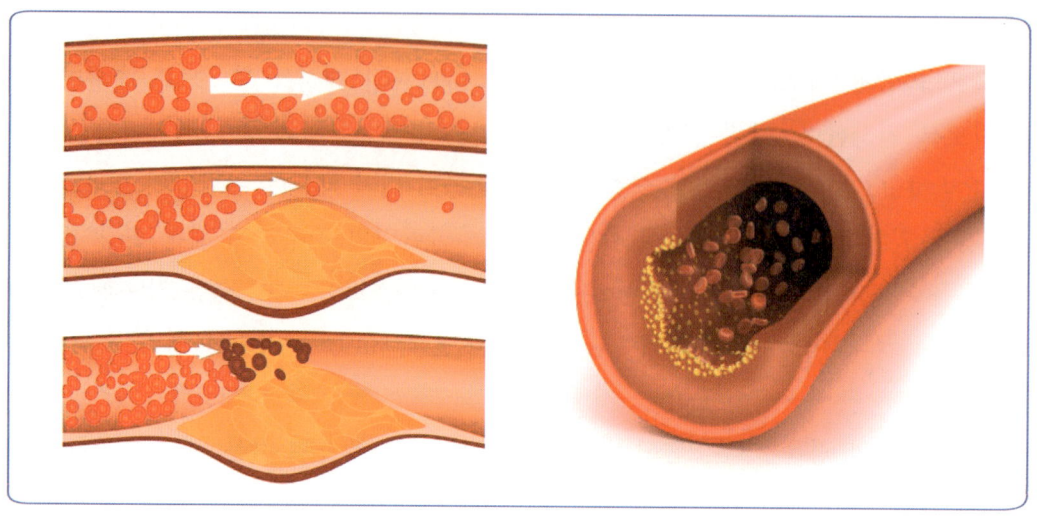

① 고지혈증 및 동맥경화
- 식이요법

고콜레스테롤혈증의 경우, 정상체중으로 조절하기 위해서 열량 섭취를 줄이면 간의 콜레스테롤 합성이 저하되면서 혈청 콜레스테롤 수치가 떨어진다. 특히 LDL-콜레스테롤과 혈청 중성지방이 감소하게 된다.

불포화 지방산의 섭취를 늘리고, 포화 지방산의 섭취를 줄이면 혈중 지방과 LDL-콜레스테롤이 감소하게 되므로 포화 지방산이 많이 함유된 육류, 버터 등의 동물성 지방, 팜유나 코코넛유의 섭취를 제한해야 한다.

고중성지방혈증은 중성지방을 다량으로 함유하고 있는 VLDL이 간에서 많이 만들어졌기 때문에 유발되는 질환이다. 따라서 과다한 탄수화물 섭취를 피하며 알코올과 감자튀김, 곱창구이, 닭튀김 등을 제한한다.

〈표 5-5〉 불포화지방산의 분류

지방산		식품	생리작용
단일	올레산	올리브유, 미강유	피부개선, 콜레스테롤 제거
ω-3계	EPA, DHA	고등어, 대구, 꽁치, 정어리, 참치	혈액순환, 혈소판응집, 두뇌세포막의 성분, 혈압 저하 작용
ω-6계	아라키돈산	홍화유, 대두유, 달맞이꽃 종자유	콜레스테롤 저하, 항혈전 작용, 피부염 예방

- 운동요법

운동은 매우 조심스럽고 신중하게 실시되어야 한다. 운동을 시작하기 전에 의학적인 병력과 이학적인 검사 및 운동력을 평가 후 운동이 가능할 때 걷기나 산책 등을 실시한다. 저항성 운동을 포함한 무산소 운동은 최대산소섭취량의 40~75%로 실시하도록 한다. 운동의 빈도는 일주일에 5일 이상, 1일 30~60분을 권장한다.

> ※ 혈중 지질 관리 시 주의사항
>
> - 이상지질혈증 환자들 중 심혈관계 위험인자를 가지고 있을 경우, 운동 시작 전 운동부하 심전도 검사를 필수적으로 받아야 한다.
> - 과체중을 동반한 이상지질혈증 환자들은 신체적 운동능력이 낮은 경우가 많기 때문에 객관적인 평가가 필요한 것이다.

(4) 소화기계 및 간질환

간·담도·췌장 질환은 포화지방산을 섭취 시 담낭의 수축을 촉진시켜 통증 유발 가능성이 높아지게 되므로 동물성 지방을 피하고 식물성 기름을 섭취하는 것이 좋다. 식물성 기름을 제한할 필요는 없지만 튀김 음식을 즐기는 것은 피해야 한다. 지방 섭취량은 1일 20~30g 이하로 그 섭취량을 제한한다.

① 담낭질환

- 식이요법

가스가 차고, 헛배가 부르는 등의 복부의 불편감을 줄이기 위해서 지방이 적은 식품

체·형·관·리·학

을 섭취하도록 한다. 담낭질환 환자는 지방이 많은 육류나 생선, 훈제 식품, 튀김, 도넛과 케이크, 버터 등 지방함량이 높은 식품과 알코올음료, 커피, 탄산음료를 제한해야 한다.

〈표 5-6〉 가스 생성 식품

식품군	식품명
두류	강낭콩, 완두콩
과일류	사과, 멜론, 수박, 참외, 바나나, 건포도
채소류	양파, 마늘, 부추, 피망, 브로콜리, 양배추, 순무, 홍고추, 풋고추
기타	사탕, 탄산음료, 옥수수, 발효 치즈, 견과류

② 지방간
- 식이요법

단백질은 간의 기능을 좋게 하므로 정상 또는 약간 높은 양의 단백질을 섭취하는데 단백질도 담즙 분비를 촉진시키므로 급성기에는 섭취량을 유지하는 것이 좋다.

축적된 중성지방을 감소시키고 간기능을 정상화시키기 위하여 비만인 경우는 체중감량이 필요하며, 현재 체중의 10% 이상을 감량시키려면 지방과 탄수화물을 제한해야 한다.

특히 동물성 포화지방산 및 단순당의 과잉섭취는 지방간을 악화시킬 수 있다. 또한 알코올은 간에 중성지방의 생성을 증가시켜서 간세포의 손상을 초래할 수 있으므로 치료를 위하여 금주를 하는 것이 좋다.

제5장 체형관리의 상담 및 분석

4 체형관리 상담 및 관리 시 사용자료

상담과 관리에서 보조도구를 이용하게 되면 체계적이고 구체적인 체형관리를 실시할 수 있다. 여기에는 고객신상 카드, 상담 기록표, 바디 카드, 관리 카드, 식사일기가 포함된다.

※ 고객카드 작성 시 주의사항

- 고객에 관한 주·객관적 내용을 빠짐없이 기재한다.
- 체형관리의 목적과 계획내용을 기재한다.
- 사용제품, 방법, 도구, 기자재 등의 사용목적 및 특성을 기재한다.
- 관리절차를 구체적이고 빠짐없이 작성한다.
- 날짜, 관리횟수, 관리자명을 기재한다.
- 관리 전·후 체형상태를 기재한다.
- 고객의 자각증상을 문진하여 기록한다.

1) 고객신상 카드

성명, 성별, 주소, 생년월일, 연락처, 직업 등 고객의 기본적인 신상에 관하여 조사·기록한다.

고객신상 카드

성 명		남·여	나이 세	직 업	
주 소					
주민등록 번 호				결혼여부	□ 유 / □ 무
연 락 처	휴대폰) 집)				

[그림 5-5] 고객신상 조사 카드 예

157

2) 상담 기록표

체형관리를 위한 정보를 수집할때는 상담내용을 기록하는 것이 좋다. 상담기록표를 작성하면 관리프로그램의 계획과 관리 횟수를 결정하는데 많은 도움이 된다.

 **상담 기록법**

주관적 정보	외관적으로 보이는 고객의 문제점과 경제력의 여부, 관리가 끝났을 때 만족을 할지에 대한 분석을 한 후 고객의 입장에서 기록을 한다.
객관적 정보	체형을 분석하기 위해 체중, 신체계측, 체지방, 셀룰라이트 분포 등 체형과 관련된 요인을 관찰하고, 평가하여 기록한다.
평가	체형관련의 요인들을 주관적·객관적으로 평가하고 해석하는 단계로서, 구체적인 내용을 파악하여 기록한다. 단, 상담자의 개인적인 견해 보다는 객관적인 사실을 기록하여야 한다.
계획	주관적·객관적 정보와 고객의 문제점을 해결하기 위한 계획을 세운다. 목표를 설정한 후 제공하게 될 정보, 실시하게 될 비만관리 프로그램을 구체적으로 작성한다.

| 일시 : . .
이름 :
성별 : | 상담 기록지 |

1. 주관적 정보

2. 신체 계측치
   ◎ 체중 : _____ kg　　◎ 복부비만율(WHR) : _____　　◎ 체지방률 : _____%
   ◎ 신장 : _____ cm　　◎ 체질량지수 : _____ kg/m²　　◎ 체지방량 : _____ kg
   ◎ 근육량 : _____ kg

3. 건강요인
   ◎ 운동부족　□　　◎ 가족력　□　　◎ 흡연　□
   ◎ 스트레스　□　　◎ 고혈압　□　　◎ 음주　□
   ◎ 고지혈증　□　　◎ 당뇨　□
   ◎ 알레르기　□
   　　(종류 :　　　　　　　　　　　　　　　　　)

4. 운동요인
   ◎ 현재 하고 있는 운동 :

   ◎ 과거 관리 여부 :

5. 식이요인

　◎ 현재 식습관의 형태

하루 3끼 식사를 한다.	□ 예	□ 가끔	□ 아니오
과식을 하지 않는다.	□ 예	□ 가끔	□ 아니오
정해진 시간에 식사한다.	□ 예	□ 가끔	□ 아니오
가공식품을 자주 먹는다.	□ 예	□ 가끔	□ 아니오
단 음식을 많이 먹는다.	□ 예	□ 가끔	□ 아니오
외식을 자주하지 않는다.	□ 예	□ 가끔	□ 아니오
영양지식을 활용하고 있다.	□ 예	□ 가끔	□ 아니오
과일을 매일 먹고 있다.	□ 예	□ 가끔	□ 아니오
편식을 하는 편이다.	□ 예	□ 가끔	□ 아니오
평소 활동량이 식사량보다 적다.	□ 예	□ 가끔	□ 아니오

　◎ 식사원칙에 대한 기본 지식 : □ 전혀 없음　　□ 약간 있음　　□ 없음
　◎ 식사관의 문제점 :

6. 심리 요인 및 예상 만족 정도

7. 목표

　◎ 목표체중 (□ 증가 □ 감소 □ 유지) : _____ kg
　◎ 체질량지수 : _____ kg/m²
　◎ 체지방률 : _____ %
　◎ 체지방량 _____ kg
　◎ 근육량 : _____ kg

8. 프로그램

[그림 5-6] 상담 기록표 예

3) 체형관리 내역표

체형관리 내역표에는 고객번호, 고객의 간단한 정보(성명, 성별, 나이), 관리자명, 고객의 Body size와 관리 후의 목표 Body size, 관리일자, 횟수, 단계를 구체적으로 기록한다. 또한 제품명, 기기명, 사용량, 기간, 방법 등이 정확하게 기재되어야 한다.

고객번호 : _____

바디 카드

| 성 명 | | 남·여 | 나이 세 | 관리자 | |

DATE	TREATMENT & PROGRESS	NOTE
직 업		
과 거 력		
위장장애		
스 포 츠		

Measurement

	Body size	After Body size
가 슴	cm	cm
허 리	cm	cm
엉덩이	cm	cm
윗 팔	cm	cm
손 목	cm	cm
대퇴부	(좌) cm, (우) cm	(좌) cm, (우) cm

Body Treatment

No	Date	스크럽	스파	사우나	비만기기	온열매트	팩	기타

[그림 5-7] 바디 카드 예

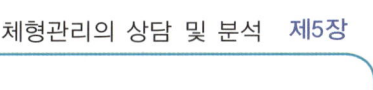

핵심요약

제5장 체형관리의 상담 및 분석

○ 체형관리 상담의 의미
자기이해, 정서적 수용과 성장 그리고 개인자원의 최적개발을 촉진하기 위하여 관계를 기술적이고 원리적으로 활용하는 것을 말한다.

○ 체형관리사의 역할
상담자는 화법기술, 응대기술을 가지고 고객의 문제를 파악하여 해결점을 제시해 주고, 긍정적인 결과를 끌어내는 역할을 한다.

○ 체형관리 상담자의 화법
- 문장에 탄력을 주어 고객의 집중도를 높임
- 상담의 분위기를 밝게 유도
- 문장 내에서 고저강약 조절로 자신감 있는 목소리 유지
- 고객이 이해하기 쉬운 용어 사용
- 다양한 표현 사용

○ 체형관리 상담자의 응대
- 고객의 성격에 맞추어 응대
- 좋은 경청자로서 끝까지 듣고, 공감해줌
- 질문으로 원하는 내용으로 유도
- 편견과 선입견 없이 고객을 응대함

○ 상담의 과정

친화단계 → 도입 및 고객파악 단계 → 제시단계 → 설명단계 → 의사결정 단계

○ 상담 및 관리 시 사용자료
- 고객신상 카드
- 상담 기록표
- 바디카드
- 관리 카드
- 식사 일기

체·형·관·리·학

제5장 체형관리의 상담 및 분석
연습문제

객관식

1. 피부 두겹 측정법에 대해 설명한 것으로 옳은 것은?
   ① 체지방을 측정하는 간접 방법 중 가장 정확한 측정을 할 수 있는 방법이다.
   ② 인체의 측정 부위의 피부를 엄지와 집게 손가락으로 잡아서 잡힌 피부의 두께를 체지방 측정기(skinfold caliper)를 이용하여 측정하게 된다.
   ③ 몸에 약한 전류를 흘려 전류가 물이 있으면 잘 흐르고 물이 없는 부분(예를 들어 체지방부위)에서는 전기 저항값이 커진다는 원리를 이용하여 체내의 지방량을 측정하는 것이다.
   ④ 초음파와 같은 원리를 이용하여 피하 지방 두께를 간편하게 측정하기 위한 방법이다.

2. 상담의 진행과정으로 옳은 것은?
   ① 친화단계 → 제시단계 → 도입 및 고객파악 단계 → 설명단계 → 의사결정 단계
   ② 도입 및 고객 파악 단계 → 친화단계 → 제시단계 → 설명단계 → 의사결정 단계
   ③ 친화단계 → 도입 및 고객 파악단계 → 제시단계 → 설명단계 → 의사결정 단계
   ④ 도입 및 고객 파악 단계 → 설명단계 → 제시단계 → 친화단계 → 의사결정 단계

3. 상단 및 관리에 사용되는 자료로 옳은 것은?

㉠ 바디 카드	㉡ 식사 일기
㉢ 고객 신상 카드	㉣ 상담 기록표

   ① ㉠ 　　　　　　② ㉠, ㉡, ㉢
   ③ ㉠, ㉡ 　　　　④ ㉠, ㉡, ㉢, ㉣

4. 체형관리 중 식생활이 중요한 이유가 아닌 것은?
   ① 체내 면역체계 향상된다.
   ② 질병을 예방하고, 병의 치료에 도움을 준다.
   ③ 비만현상을 막아주고 체내 영양소 공급으로 활력을 얻는다.
   ④ 1일 식사의 식품으로 곡류 및 전분류를 가장 많이 섭취하여 체형관리에 도움이 된다.

5. 요요현상을 방지하기 위한 대책으로 옳지 않은 것은?
   ① 규칙적인 유산소 운동을 한다.
   ② 스트레스에 대처하는 요령을 스스로 습득한다.
   ③ 행동 수정요법을 이용한다.
   ④ 체량된 체중을 유지하기 위해 다이어트 프로그램을 무조건 진행한다.

주관식

1. 체형관리사의 역할에 대하여 쓰시오.

2. 체형관리 상담자의 응대 방법에 대하여 쓰시오.

3. 당뇨병을 가진 체형관리 대상자에게 식이요법과 운동요법에 대한 상담 진행 내용을 쓰시오.

Chapter 06 체형관리 프로그램의 실제

1. 체형관리 절차
2. 프로그램 단계
3. 관찰과 지지

CHAPTER 06 체형관리 프로그램의 실제

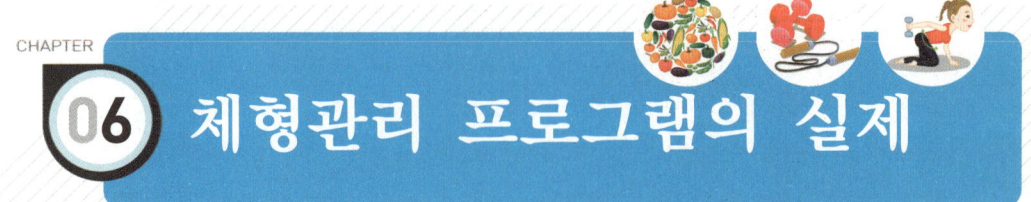

1 체형관리 절차

　체형을 만든다는 것은 단순한 체중감량이 아니다. 아름다운 체형을 유지하기 위해 운동요법, 식이요법, 의복을 통한 요법 및 미용요법을 적용하여 효과를 얻는 것이다. 따라서 체형관리의 절차는 세밀한 체계의 관리가 필요하다. 체형의 문제점과 비만이 발생된 요인을 잘 파악하고, 체형을 정확하게 분석하여 실제 체형관리 프로그램의 계획을 수립하여야 한다. 더불어 사전 비만상태를 잘 고려하여야 하며, 이때 비만과 관련된 질환 발생 및 고객의 특정 질환으로 인해 발생된 비만자에 대해서는 반드시 병원 치료를 병행해야 한다.

> ※ 고객과 의사소통의 구성요소
>
> ➡ **음성의 메시지**
> 　고객에게 프로그램의 실제를 적용시키기 위하여 방법을 전달할 때 음성으로 메시지를 받는 수단은 38% 로서 성공여부의 중요한 요인이 된다.
>
> ➡ **언어의 메시지**
> 　언어는 문자화가 가능하므로 주의사항과 지켜야 할 사항을 정리하여 메시지를 전달하는 방법의 하나이며, 의사소통의 가장 기본적인 구성요소이다.
>
> ➡ **비언어의 메시지**
> 　비언어적에 의한 커뮤니케이션은 55% 로 가장 큰 비중을 차지하는 요소로서 표현과 여러 가지 표정에서 프로그램을 위한 필요한 정보를 전달한다.

　한편 체형관리를 원하는 여성들의 경우, 단기간에 감량하고자 하는 급한 목표치로 인하여 발생될 수 있는 많은 다이어트의 문제 및 요요현상에 관한 대책을 마련해야 한다. 바람직하지 못한 체형관리 방법에서 오는 부작용이 반복되면, 오히려 정서적 장애를 유발할 수 있으므로 관리자는 체형관리를 원하는 대상자의 협력자로서의 역할을 충실하게 하여야 한다. 처음부터 비현실적인 감량 목표를 설정하는 것보다는 단계적으로 지속적인 감량을 목표로 하는 것이 좋다. 또한 관리를 시작한 사람은 적절한 운동을 병행하여야 아름다운 체형을 만들 수 있다는 것을 인식해야 한다. 예를 들면 처음 3~6개월 동안 5~10% 정도로 하고, 다시 감량 목표를 단계적으로 정하는 것이 바람직하다.

효과적인 체형관리를 위해서는 다양한 프로그램도 중요하지만, 고객과 관리자의 관심과 상호 협조가 중요한 부분이라 볼 수 있다. 다양한 적용요법을 개인에 맞춰 적절하게 활용하다면 고객이 편안하고 긍정적인 마음으로 즐겁게 체형관리 프로그램을 실행할 수 있고, 그에 따른 효과도 크게 나타날 것이다.

주로 체형관리의 절차는 비만요인 파악, 비만판정, 체형관리 실행의 순으로 진행된다. 그에 따른 진행절차는 [그림 6-1]과 [그림 6-2]에 제시하였다.

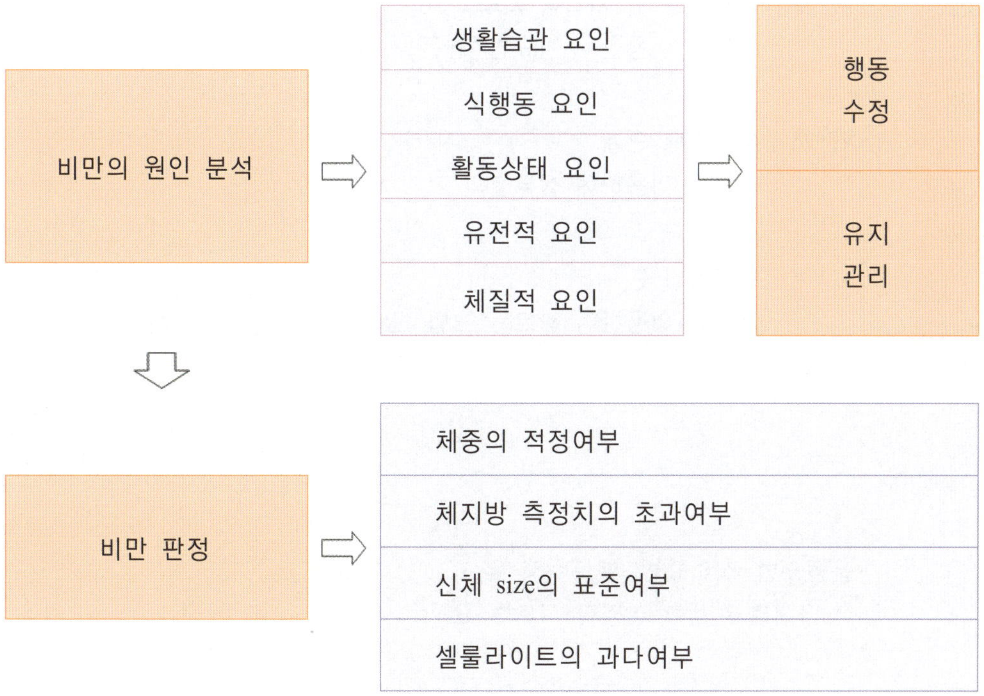

[그림 6-1] 비만의 원인 분석 및 판정 절차

```
┌─────────────────────────────────────────┐
│      비만 및 체형관리 계획수립            │
│  수기요법(Manual) / 제품(Material) / 기기(Machine) │
└─────────────────────────────────────────┘
                    ⇩
```

관리과정	
	1단계 : 제품을 이용한 딥 클렌징 단계
	2단계 : 기본 순환 및 체온 조절 : 온열요법을 이용한 스파 / 사우나 박스 / 아로마
	3단계 : 혈액순환 및 지압점 자극 : 제품을 이용한 수기요법 / 제품을 이용한 기기요법
	4단계 : 지방분해 단계 : 제품을 이용하여 심부열의 기기 요법
	5단계 : 탄력강화 단계 : 제품을 이용하여 바르는 요법 / 탄력기기 사용하는 요법

```
                    ⇩
┌─────────────────────────────────────────┐
│  운동요법, 식이요법, 행동수정 유도        │
│   : 단계별 자세한 설명과 피드백 요구      │
└─────────────────────────────────────────┘
```

[그림 6-2] 관리실 및 병원에서의 체형관리 프로그램 단계

체형관리 프로그램의 실제 **제6장**

2 프로그램 단계

1) 비만관리 계획 수립

아름다운 체형을 만든다는 것은 시간과 비용, 본인의 노력이 병행되어야 한다. 체형관리의 이론과 실제에 대한 설명이 필요하며 고객이 체형 관리의 수기요법, 제품, 기기, 방법을 선택하기 위해서 앞서 실시하였던 상담을 통하여 고객의 체형관리에 대한 계획을 수립한다.

2) 관리의 실제 과정

(1) 1단계 : 비만 관리의 딥 클렌징

딥 클렌징은 관리의 첫 단계로 피부의 노폐물을 배설시키고 필요한 단계를 성공적으로 수행하기 위한 과정이다. 기기나 수기요법을 실시할 때 피부는 자극을 받기 때문에 고객의 긴장도를 풀어주고, 피부가 민감하게 자극받지 않도록 미리 딥 클렌징으로 피부를 정리해 준다.

(2) 2단계 : 기본 순환 및 체온조절

기본 순환을 위한 단계로 주로 온열요법을 사용한다. 발한 및 순환을 원활하게 하여 지방조직과 근육의 이완을 유도하고 노폐물을 배출시키는 과정이다. 온열 찜을 이용하여 근육 혈관을 확장시켜 조직 내 영양을 공급하고, 혈액의 순환을 촉진시킨다. 적외선은 원적외선보다 강한 근적외선 방출에 의하여 공명과 공진의 효과가 강하므로, 침투력이 좋다. 또한 적외선은 혈액의 흐름을 빠르게 하여 체내에 산소를 공급해 주는데 도움이 된다. 한편 원형 사우나는 체온을 올려 주어 세포의 활성을 촉진하여 인체의 생리 활성화에 도움을 주기 때문에 체내 혈액의 순환 및 체온조절에 도움이 된다.

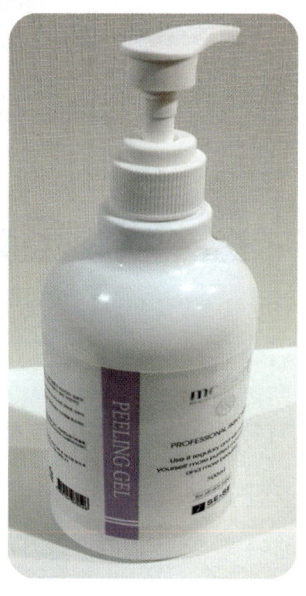

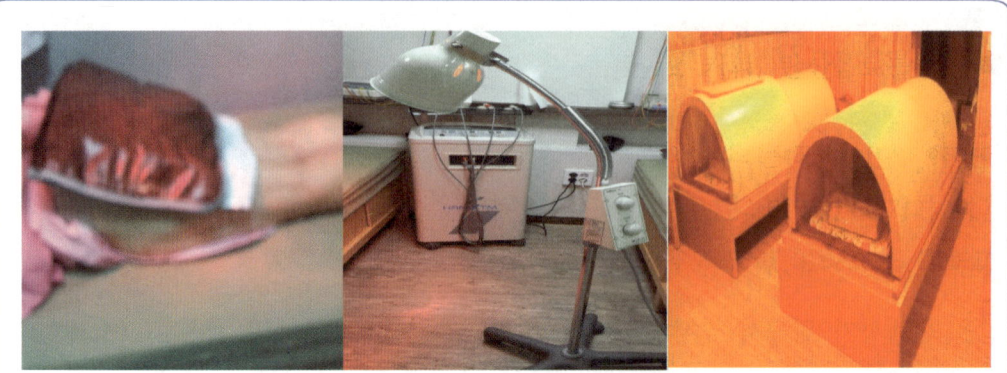

[그림 6-3] 기본 순환 및 체온 조절의 온열찜(좌), 적외선(가운데), 원형 사우나(우)

(3) 3단계 : 혈액순환 및 자극요법

발한 및 순환 단계를 거친 후 이완된 지방 조직과 근육조직을 관리사의 수기로 편안하게 만드는 과정이다. 직접적인 자극이 가해지면 체내의 혈액순환을 도우므로 지방 세포가 자극이 되어 분해를 시작하는 단계이다.

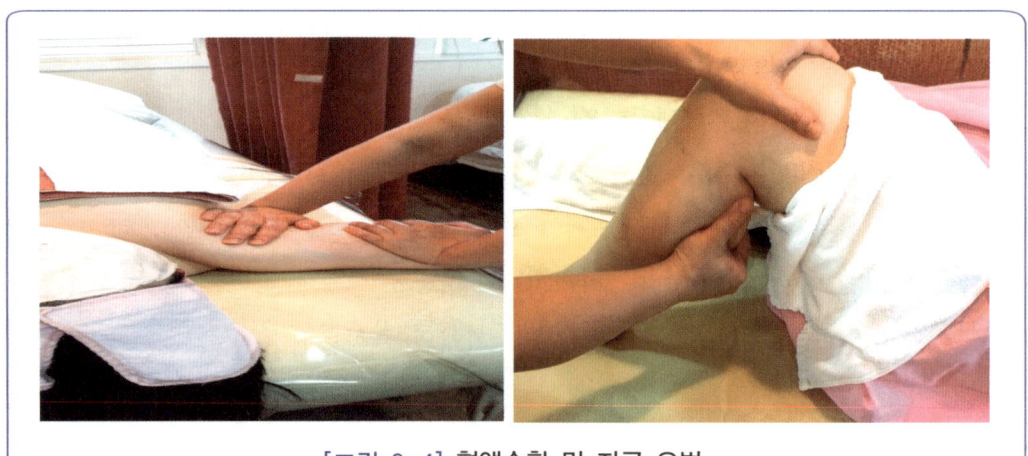

[그림 6-4] 혈액순환 및 자극 요법

(4) 4단계 : 지방 분해 단계

신체 조직의 피하지방을 제거하기 위해서는 지방분해를 위한 비만 관리기기를 사용해야 한다. 비만 관리기기는 체지방을 제거하기 위한 과정이며 혈액순환과 심부열의 공급을 목적으로 한다. 또한 체중조절에 필요한 약물과 주사 요법을 들 수 있는데, 체형을 만들기 위한 지방분해 요법을 실시할 때에는 보조적이면서도 직접적인 역할에 도움을 주는 기기관리가 효과적이다. 기기시술은 스스로 시행하는 식사요법 및 운동요법과 병행될 때 필요하며, 수기요법 후에 혈액순환과 지방분해를 통하여 체형을 만들 수 있다.

① 고주파

고주파는 전류로 심부열을 발생하여 세포 온도를 상승시켜 혈관을 확장시킨다. 혈액과 림프를 순환시켜서 산소공급 및 노폐물 배설에 도움이 되며 셀룰라이트를 감소시키는 역할을 한다.

② 중·저주파

근육운동 효과로 지방의 분해를 촉진시키고, 규칙적인 수축으로 국소적인 열을 발생시켜서 효과적으로 섬유질을 파괴하는데 적용시킨다.

③ 셕션기

감압의 원리로 셀룰라이트를 치료하고 국소지방을 분해하는 마사지 작용을 한다. 몸을 위한 전신 체형관리기기로 음압에 의해 피부를 당겨주고 림프순환을 촉진시켜 탄력강화 섬유로 피부를 탱탱하게 만들어준다.

④ 복합운동기

정확한 자세로 운동할 경우 허벅지 안쪽의 내전근, 복부외측의 복사근을 강화하고 근육 섬유의 수축작용과 혈액순환, 위장관 운동, 변비완화에 도움을 준다.

⑤ 초음파

혈관확장 및 혈류량 증가로 섬유소 분해 활성화 효과, 파의 전달로 반사와 굴절, 매질(젤리)이 필요하다. 초음파 기기는 세정효과, 온열효과, 지방분해효과를 주는 기기로 아주 작은 물리적인 진동으로 피부 속 깊은 침투가 가능한 기기이다.

⑥ 적외선 치료기

적외선 치료기는 앨리스 적외선 A 파장과 함께, 램프와 전극을 이용한다. 선택적 근육운동으로 미세혈관 생성을 촉진시키고, 독성물질을 제거하며 지방산의 산화작용으로 피하지방층까지 효과를 볼 수 있다.

⑦ 온열기

체온을 조절하며 지방 조직 이완작용과 근육 이완 혈액 순환과 수분과 노폐물 제거에 적용된다.

⑧ 리포덤

초음파 캐비테이션으로 지방층만 골라 지방을 분해하고 파괴하여 몸 밖으로 배출시켜 주는 원리이다. 부작용과 요요현상을 최대한 낮추고, 피하지방 감소와 내장지방까지 분해가 가능한 비수술적 요법이다. 280KHz의 초음파 특정파장의 진동이 지방세포에 전달되면 세포내의 빠른 입력변화에 의하여 공동이 만들어지고 지속적인 자극에 의해 수축과 팽창이 반복되어지면서 표면장력 이상의 압력이 발생하여 지방을 파괴시키는 기기이다.

Q&A 리포덤 관리를 하면??

A. 통증과 고통이 없고, 관리를 받은 후 흔적이 있다.
리포덤은 지방의 크기를 줄여주고, 지방 세포의 개수도 줄여주는 시술로 요요 현상과 부작용을 최대한으로 줄인 비수술적 관리방법이다.
관리를 받는 시간이 짧고, 누워서 편하게 받을 수 있고, 관리 후 바로 일상생활이 가능하다. 관리는 피하지방이 많은 복구, 옆구리, 허벅지, 종아리, 팔뚝, 엉덩이까지 다양한 영역이 가능하여 티가 나지 않는 날씬한 몸매를 만들 수 있다.

⑨ 기타

족욕기, 좌훈기, 벨트, 발마사지 등이 있다.

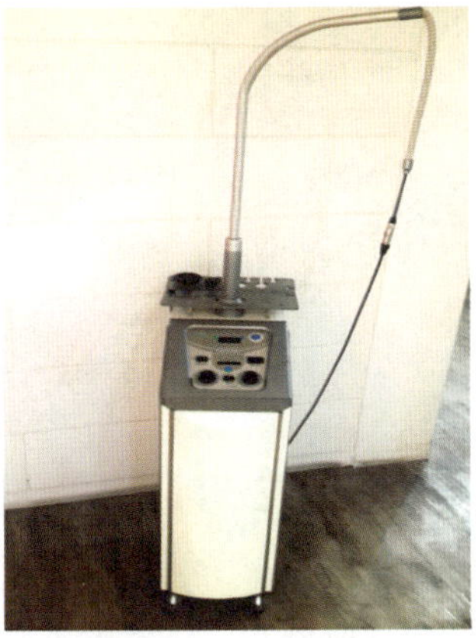

제6장 체형관리 프로그램의 실제

| 고주파 | 중·저주파 | 복합운동기 |
| 초음파 | 적외선 치료기 | 리포덤 |

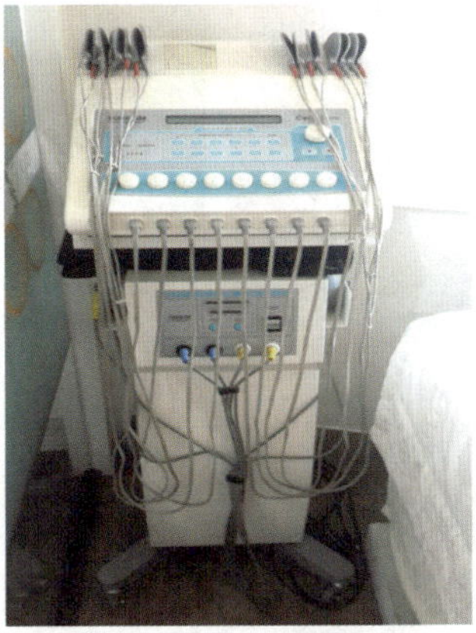

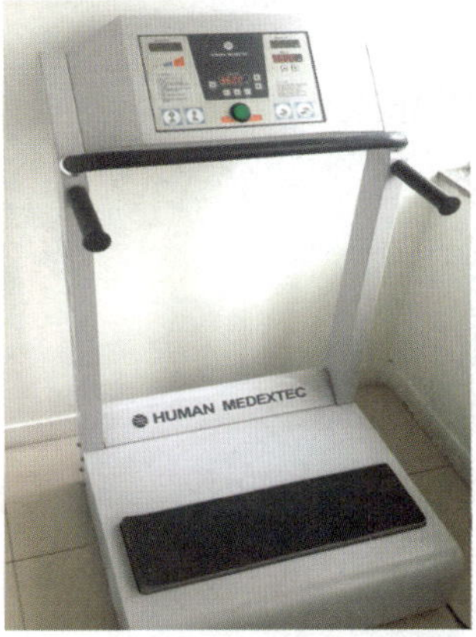

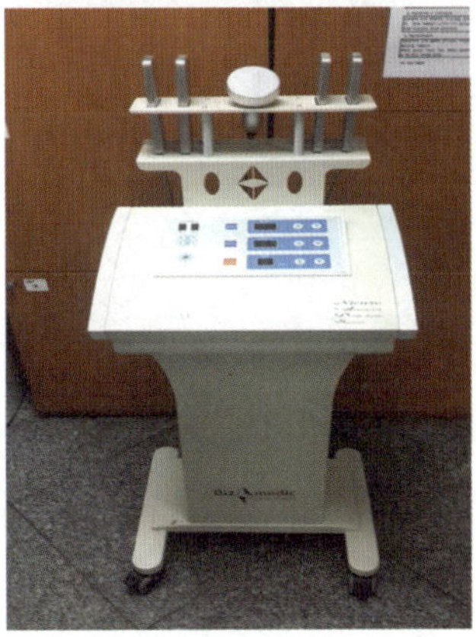

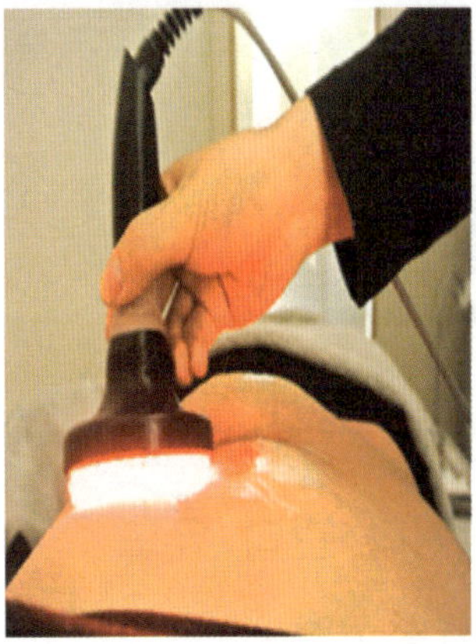

[그림 6-5] 혈액순환 및 자극 요법

(5) 5단계 : 탄력 강화단계

 피부는 노화가 되면서 섬유세포의 감소로 인하여 탄력을 잃게 된다. 체형관리를 받는 동안 수기 및 기기요법으로 좋아졌던 피부의 상태를 계속 유지시키기 위하여 콜라겐 크림 등으로 마무리를 하는 과정이다. 피부가 힘이 없어서 처지거나 약해진 경우와, 지방의 자극으로 감소되면서 탄력을 잃었을 경우 콜라겐 크림을 발라 탄력을 강화시켜 아름다운 체형을 잡는데 도움을 줄 수 있다.

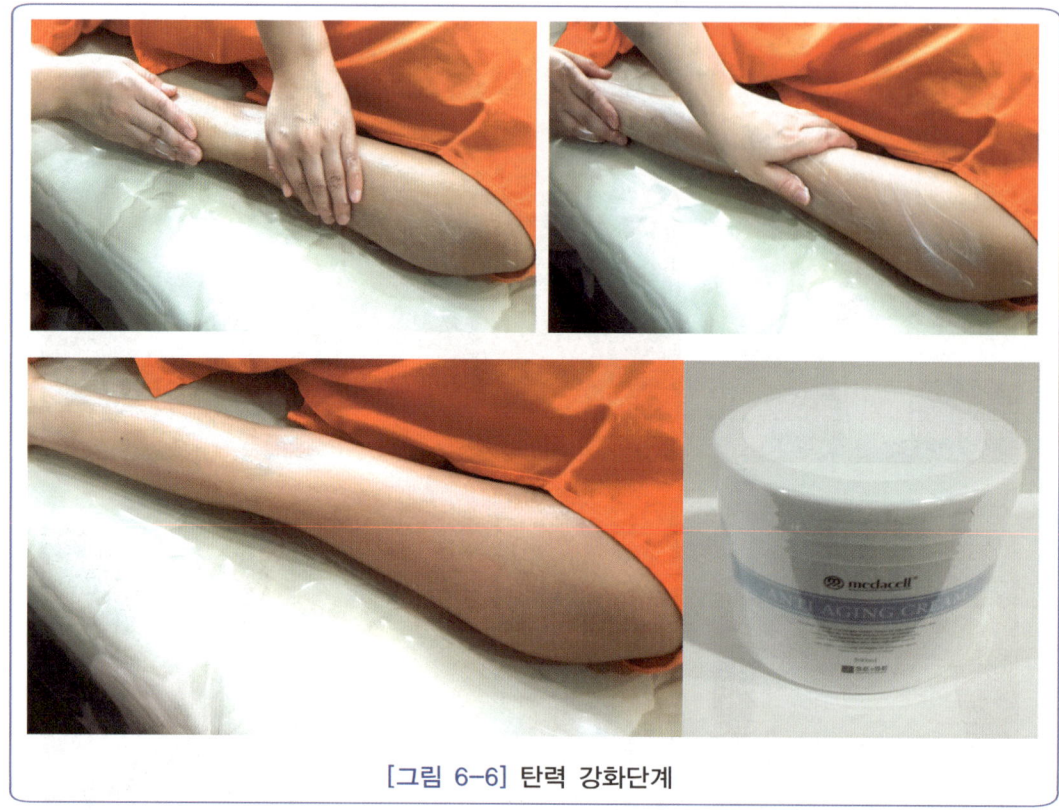

[그림 6-6] 탄력 강화단계

3) 기타 관리 유도

(1) 주사요법

① 지방 분해 주사

지방분해주사는 지방을 분해할 수 있는 약물을 사용한다. 살 빼고 싶은 부위에 직접 주사해 지방이 녹아 배출하게 하는 방법으로 피하지방에 이와 같은 지방분해 약물을 직접 주사해 복부, 팔, 다리 등 인체의 특정 부위에 축적된 지방을 분해하는 것이다.

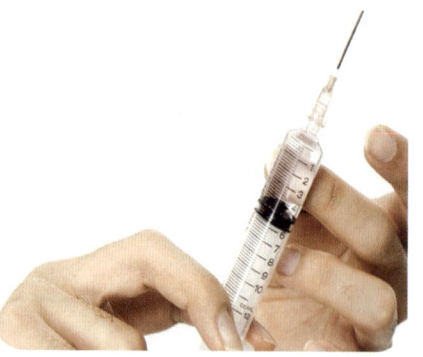

주사 후 지방세포내의 지방 성분들이 저장 형태에서 에너지원으로 사용될 수 있는 '자유 지방산'이라는 형태로 바뀌게 되면, 이렇게 바뀐 자유지방산은 연료로 소비된다.

※ 주사요법 시 주의사항

➡ **주사 부위의 두드러기**
 : 긁거나 연고 등을 바르지 말고 주사부위를 조금 시원하게 해주면 시간이 지나면 가라앉는다.
 (진정되지 않으면 내원하여 진정주사 투입)

➡ **약물이 목으로 느껴지는 구토현상**
 : 멀미하는 듯한 느낌의 증상은 한 두 시간이 지나면 진정되나 증상이 계속 진행 되면 미지근한 물을 복용한다.

➡ **주사 시술 후 당일 사우나와 통 목욕 금지**
 : 감염의 원인이 된다.

② 메조테라피

피부를 구성하는 피부의 중피에 약물을 주사하여 지방분해의 직접적인 효과를 얻는 치료를 통틀어서 메조테라피라고 한다. 기존의 약물이나 주사요법과는 달리 직접 목표하는 부위에만 주사하기 때문에 적은 양으로 치료효과를 극대화 할 수 있으며, 전신적인 부작용을 극소화할 수 있다. 주사를 통해 약물을 직접 중피층에 주입하므로 빠르고 직접적인 효과를 기대 할 수 있다. 메조테라피는 초기에 만성통증, 스포츠 손상, 혈액순환장애 등에 사용되다가 최근에 비만 미용 노화 방지 등의 적용 분야가 확대되어 시술이 이루어지고 있다.

• 원리 및 특징

피하지방층에서 미세혈류의 장애개선, 수분정체 및 부종 개선, 정맥림프 흡수 증가를 통해 지방 분해 촉진시킨다. 지방분해 특징을 가진 약물, 미세 혈액순환(수분저류와 분종) 을 개선시키는 약물, 지방분해 특징을 가진 약물, 결합조직의 이상을 개선하는 약물 등을 복합해서 주사한다.

• 금기증

허혈성 심장질환, 당뇨병, 신장질환, 항응고제, 임신 약물에 과민반응을 보이는 사람에게는 주사를 금지하고 있다.

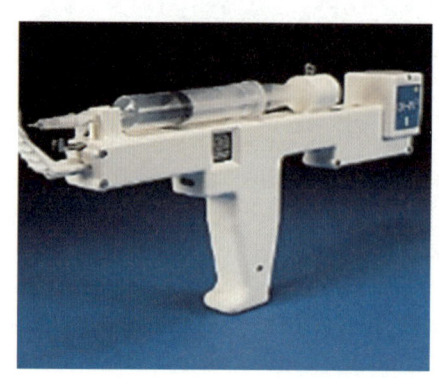
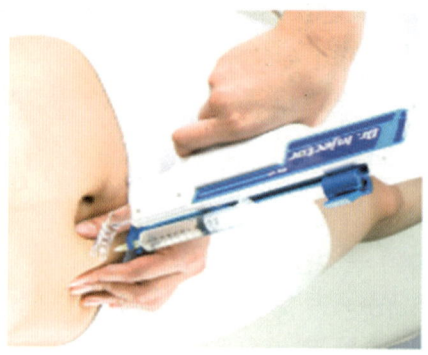

[그림 6-7] 메조테라피 기기

③ HPL (레이저 지방 융해술)

지방 분해 및 순환을 강화시키는 일련의 저장성 약물로 수술하지 않고 약물과 기기 시술을 병행한다. 지방을 융해시키는데 효과가 있는 레이저를 이용하여 지방을 분해하는 신개념 체형성형치료이다.

• 원리 및 특징

약물을 피하 지방층에 주입하면 삼투압 현상에 의해서 지방 세포는 부풀려지고 약물 등의 작용에 의해 지방용해가 촉진된다. 더불어 저출력 레이저를 조사하면 지방세포에 pore가 형성되면서 지방세포 파괴와 분해가 강력하게 일어난다. 또한, 피부 바로 밑의 지방세포까지 용해 흡수함으로서 피부가 수축을 유발하여 늘어진 피부나 처진 피부의 교정에도 좋은 결과를 얻을 수 있다.

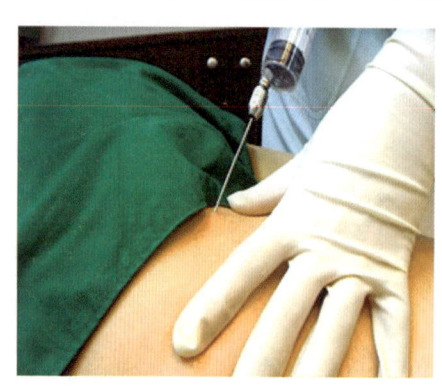
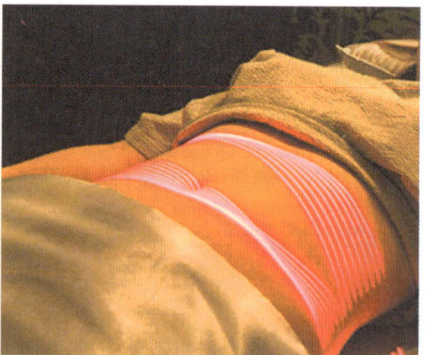

[그림 6-8] HPL (레이저 지방 융해술) 시술

④ 카복시테라피

이산화탄소(CO_2)를 투입하여 직접적인 지방세포의 팽창으로 지방분해를 유도하는 시술로써 혈액내의 산소배출로 유산소 효과가 있어 탄력 있는 피부를 만들어 준다.

- 원리 및 특징

인체에 무해한 이산화탄소가 특수 장비의 바늘을 통하여 피부 피하지방층에 주입되는 치료이다. 조직 내에서는 지방이 단단하게 축적된 셀룰라이트 부위를 느슨하게 이완시켜 지방 세포를 분해하고, 또한 조직의 혈관을 확장하여 미세 혈관 순환을 증가시켜서 지방의 대사와 분해를 촉진시킨다. 시술시간이 짧고 간편하며, 일상생활에 제한이 전혀 없고, 산후 비만 등으로 탄력이 떨어진 복부에 시술하면 탄력을 주면서 복부지방이 감소하고 튼 살도 호전된다.

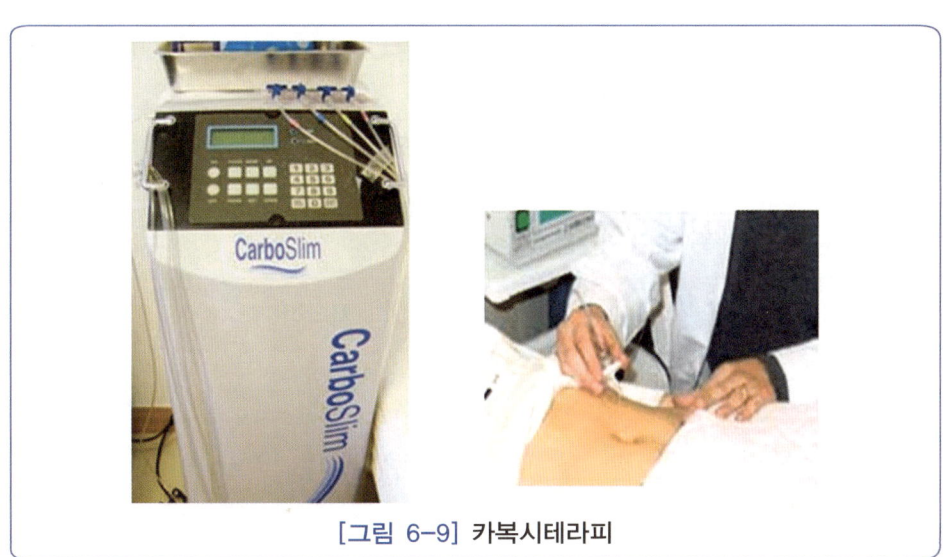

[그림 6-9] 카복시테라피

3 관찰과 지지

전문적인 프로그램으로 체형관리를 실시 한 후에 고객을 지속적으로 관리해주는 것이 성공으로 가는 지름길이다. 체형은 외부 환경에 의하여 변할 수 있기 때문에 일련의 모든 과정들을 제대로 진행할 수 있도록 관찰하고 지지해주는 단계가 더 중요하다. 체형관리사는 프로그램 진행자로서 타인에게 진정한 조언을 줄 수 있는 전문 조력가의

체·형·관·리·학

자질을 갖추어야 한다.

체형은 체지방과 밀접한 관련이 있으므로 성공을 위하여 당지수와 열량관리로 프로그램을 진행하는 것이 좋은 체형을 지속적으로 유지하는 방법이다.

1) 당지수와 열량관리 프로그램

```
            당지수와 열량 관리 프로그램
                      ⇩
         상담당일 : 비만 및 체형의 문제점과 식습관 상담
관리      1주째 : 일상적인 생활습관의 변화
과정            : 수분섭취, 금주, 섬유소 섭취
         2주째 : 식사량·조리법 개선 및 일상적 운동 시작
                : 조리법 수정, 일생생활습관 개선
         3주째 : 체중 측정 및 운동 선택
         4주째 : 저염식 식습관 및 신체적 변화의 시작점
                      ⇩
            단계별 자세한 설명과 피드백 요구
```

[그림 6-10] 당지수와 열량 관리 프로그램

(1) 당지수와 열량관리

① 당지수

당지수란 식품을 섭취했을 때 혈당을 증가시키는 정도를 수치화 한 것으로 포도당과 흰 식빵의 당지수 100과 비교하여 표시한 값이다. 당 지수가 55 이하는 저당지수 식품, 70 이상은 고당지수식품으로 분류한다.

체형관리 프로그램의 실제 제6장

〈표 6-1〉 일반식품의 당지수

당지수	식품
100	포도당, 흰 식빵
90	통밀빵, 건포도, 떡, 찹쌀떡
80	밥, 오트밀, 감자
70	수박, 늙은 호박, 바나나, 전곡류
60	고구마, 오렌지, 두류, 스파게티
50	현미밥, 호밀빵, 요구르트
40	우유, 사과, 배

② **열량관리**

체형을 관리하기 위해서는 섭취하는 열량을 관리해야 한다. 자신이 섭취하고 있는 식품의 종류와 열량을 제대로 알고 올바른 식습관을 기르며, 규칙적인 운동으로 잉여 에너지를 사용해야 한다.

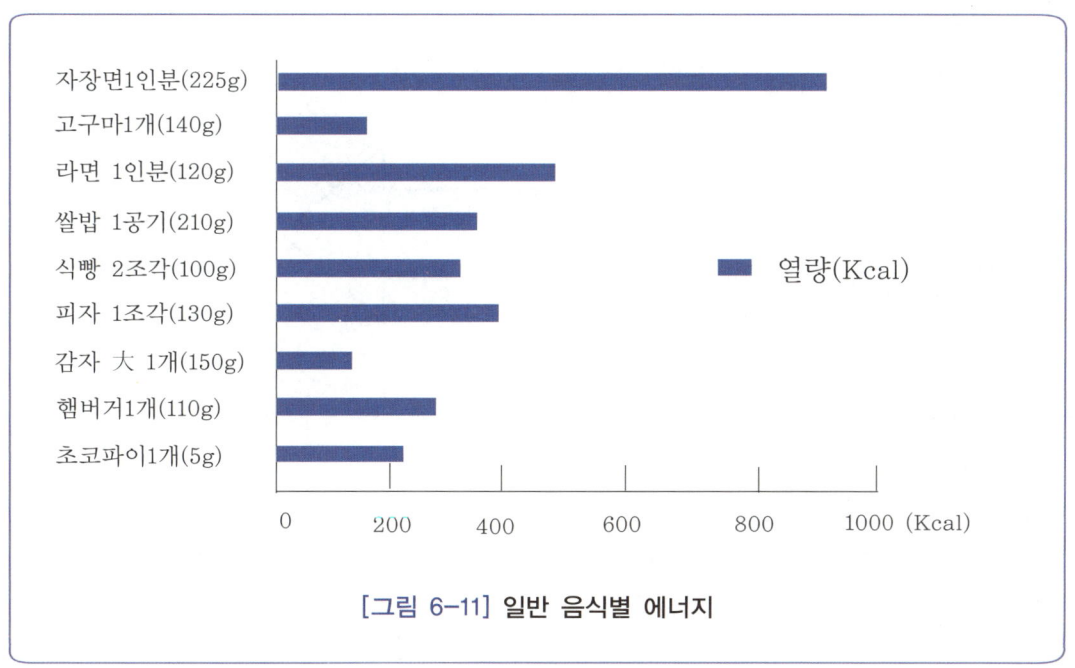

[그림 6-11] 일반 음식별 에너지

체·형·관·리·학

(2) 당지수와 열량관리 프로그램 실제 과정

① 상담 당일

체형관리 프로그램을 시작하기에 앞서 현재 고객이 가지고 있는 체형의 문제점과 식습관에 관한 구체적인 상담이 필요하다.

② 1주째

일상적인 생활습관의 변화를 유도하기 위하여 충분한 수분섭취로 깨끗한 체액을 갖도록 유도한다. 수분이 신체의 신진대사를 도우므로 하루 물을 8컵 이상 마시도록 한다.

탄수화물의 섭취량을 1/3 줄이는 대신 단백질 섭취량을 1/3 증가시킨다. 이것은 그동안 당지수가 높은 음식으로 인슐린 분비를 증가시켜 지방을 축적시켰기 때문에 그것을 방지 혹은 줄이기 위한 방법이다.

야채를 충분히 섭취하여 비타민과 섬유소 섭취를 증가시킨다.

술과 회식은 체형관리의 절대적인 방해요인이므로 금주는 필수적이다.

- 회식

대한민국의 직장인들이 회식자리에서 섭취하는 음식의 종류와 열량을 계산해 보면 약 1,500kcal 이다. 그러나 실제로 고기 2인분에 추가해서 먹는 반찬 등을 고려하면 회식 때 섭취하는 한 끼 열량은 약 3,000 kcal로 성인 남성의 한 끼 권장 열량이 700kcal인 것과 비교하면 많은 양을 한 끼에 섭취하고 있는 것이다.

열량표	
삼겹살 1인분	620 kcal
소주 1병	500 kcal
된장국에 공기밥	400kcal
총	1,500 kcal

→ 고기 1인분 추가 + 반찬 → 2,000 kcal 이상

열량관리방법

- 추가해서 음식을 계속 먹는 습관을 바꾼다.
- 물을 많이 섭취한다.
- 고기를 섭취할 때는 야채와 함께 섭취한다.
- 식사는 대화를 하면서 천천히 식사한다.

• 음주

뱃살의 주범은 술과 함께 먹는 안주로써 대부분 기름기가 많은 고기나 고열량 음식이다. 오징어 한 마리의 열량이 밥 한 공기와 맞먹고, 파전 두 장의 열량은 밥 6공기와 맞먹는 고열량 음식들이다. 따라서 음식을 안주로 선택 할 때는 반드시 열량을 확인해야 한다.

열량표	
오징어 구이 1마리	355 kcal
삼겹살 200g	634 kcal
파전 2접시	900 kcal

한 달에 2kg의 체중을 줄이려면 하루 500kcal 소모가 요구된다

일반적인 사람이 체지방 1kg을 줄이려면 7700kcal의 에너지가 소모되어야 한다. 즉 한 달에 2kg을 줄이려면 15400kcal가 한 달 내에 소모되어야 하는데, 한 달은 31일이므로 15400/31=496.8kcal를 소모시키면 된다. 따라서 한 달에 2kg의 체중감량을 원한다면 평소의 에너지 섭취량에서 500kcal를 적게 섭취하거나 500kcal를 운동으로 에너지 소모를 시키면 된다.

③ 2주째

과식은 체형관리에 있어서 위험한 요인이기 때문에 위의 크기를 줄이는 첫 단계로 본인의 식사량을 모두 1/3 줄인다. 지방이 많은 튀김음식을 제한하고, 조리법을 구이와 찜으로, 육류는 등푸른 생선으로 대체한다. 일상적 운동으로 엘리베이터 보다는 계단을 이용하고, 주차는 멀리하고, 한 정거장 전에 내려 걷기 등의 시작한다.

• 과식

우리가 음식을 섭취하면 혈관 내 혈당이 증가하고 음식물이 위벽을 자극해 포만 중추가 자극된다. 그러면 뇌에서 분비되는 봄베신, 콜레시스토키닌 등의 호르몬이 포만감을 유발해 식사량을 감소시킨다. 그러나 음식을 빠르게 섭취하게 되면 포만감을 느낄 수 없어서 과식을 하게 된다.

• 간단한 일상생활 운동

정말 간단하게, 가장 쉽게 만날 수 있는 계단을 이용하면 운동효과가 좋은 체중 감량법이 된다. 계단 오르기의 효과는 평상시보다 4배 이상의 칼로리 소비량이 많고, 걷는 것보다 2배 이상의 효과가 높다. 즉, 계단 오르기 15분은 걷기 30분과 같은 운동 효과를 얻을 수 있다. 소비 실제 계단 오를 때 사용되는 칼로리 소비량은 12분에 약 100kcal, 한 시간 동안 계단을 오르면 무려 500kcal가 소비된다.

열량관리방법

식후 포만감이 느껴지는데 걸리는 시간 20분!
　우리가 아름다운 체형을 유지하기 위해서는 회소 식사시간이 20분으로 천천히 식사를 해야 과식과 비만을 예방할 수 있다.

<간단한 일생 생활 운동>
- 계단을 오를 때는 발바닥 전체를 사용 한다.
- 오르기 전 후 스트레칭을 반드시 해준다.
- 관절이 약한 사람은 계단을 피하는 것이 좋다.

④ 3주째

요요현상이 일어나지 않고 완전한 비만으로부터의 탈출이 진행되고 있는지 3주째에는 목표한 체중으로 줄였는지 체크하는 단계이다. 요요현상을 겪지 않기 위해서는 야식의 유혹으로부터 스스로를 관리해야 하고, 아침식사는 현미와 같은 탄수화물을 포함한 식단이 좋다.

운동은 지난 주 시행했던 일상적인 운동을 지속하고 개인이 좋아하는 운동을 선택하여 일주일에 3회 정도 실시한다. 단, 체중이 많이 나가는 사람에게는 달리기나 줄넘기와 같은 운동은 관절에 무리를 주므로 걷기, 수영, 자전거 타기 등의 운동을 실시하는 것이 좋다.

- 아침밥

우리 뇌는 잠에서 깨어난 후 1시간 이내에 탄수화물을 공급받아야 신진대사와 정신 기능이 활발해 진다.

또 아침을 거르면 위장의 공백시간이 길어져 폭식의 위험이 있다. 저녁 과식이 더해지면 하루의 총 섭취 열량은 오히려 증가하기 때문에 악순환의 고리를 끊기 위해서 아침을 꼭 먹는 것이 좋다.

• 야식

우리 몸은 낮에 에너지를 소비하는 신체대사를 지속하고, 저녁에는 남은 에너지를 지방으로 축적하게 된다. 따라서 고열량의 야식을 먹게 되면 잉여 포도당이 혈중에 많아지고, 인슐린 저항성도 증가해서 잉여 포도당이 지방으로 전환되는 양도 증가하게 된다.

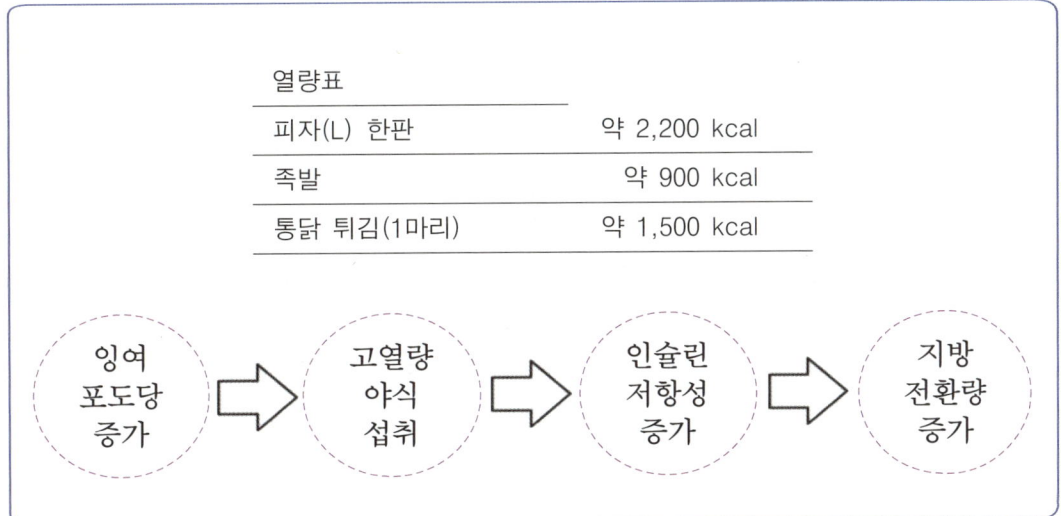

열량관리방법

아무리 바쁘더라도 간단하게 탄수화물 위주의 아침식사를 하면 간식도 줄고, 식사량도 줄고, 과식도 예방할 수 있어 아름다움 체형을 만들 수 있다.

- 아침 식사를 하여 식욕을 억제하여 과식을 피한다.
- 잠자리에 들기 4시간 전에는 식사를 하지 않는다.
- 스트레스를 먹는 것으로 풀지 않는다.

⑤ 4주째

완벽하게 식습관을 수정하기 위해서 소금과 간장을 멀리하여 염분의 섭취량을 줄인다. 설렁탕이나 곰탕에 소금을 넣지 않고, 부침개를 먹을 때 간장을 찾지 않는 등, 짠 국물은 건더기만 먹고, 국물은 먹지 않는 등의 식습관 변화를 유도한다.

체·형·관·리·학

제6장 체형관리 프로그램의 실제
핵심요약

○ 체형관리의 절차

효과적인 체형관리를 위해 다양한 프로그램도 중요하지만 체형이 변하게 된 요인파악, 비만 판정, 체형관리 실행 순으로 진행된다.

○ 체형관리의 고객과의 의사소통 구성요소
- 음성메시지 : 고객에게 프로그램의 실제를 적용시키기 위하여 방법을 전달할 때 음성으로 메시지를 받는 수단은 38% 로서 성공여부의 중요한 요인이 된다.
- 언어의 메시지 : 언어는 문자화가 가능하므로 주의사항과 지켜야 할 사항을 정리하여 메시지를 전달하는 방법의 하나이며, 의사소통의 가장 기본적인 구성요소이다.
- 비언어의 메시지 : 비언어적에 의한 커뮤니케이션은 55% 로 가장 큰 비중을 차지하는 요소로서 표현과 여러 가지 표정에서 프로그램을 위한 필요한 정보를 전달한다.

○ 체형관리의 프로그램 단계

비만 및 체형관리 계획을 수립하고, 4단계의 관리 과정을 거쳐 스스로 관리에 돌입할 수 있도록 운동요법, 식이요법, 행동 수정을 유도한다. 각 단계가 진행될 때에는 피드백을 통해 변화 요인을 체크한다.

○ 체형관리의 주사요법
- 지방 분해 주사
- 메조테라피
- HPL(레이저 지방 융해술)
- 카복시테라피

○ 체형관리의 당지수, 열량관리 프로그램
- 당지수 : 식품을 섭취했을 때 혈당이 올라가는 정도를 수치화한 것으로 포도당과 흰 식빵의 당지수 100과 비교하여 표시한 값이다.
- 열량관리 : 자신이 섭취하고 있는 양과 에너지의 양을 바로 알고 올바른 식습관을 잡고, 규칙적인 운동으로 섭취한 에너지를 소모해야 한다.

제6장 체형관리 프로그램의 실제
연습문제

객관식

1. 고객과의 의사소통의 구성요소에 대한 설명으로 옳지 않은 것은?
   ① 음성 메시지 – 고객에게 실제 적용할 방법을 전달하는 것으로 38%의 가장 큰 비율을 차지한다.
   ② 언어 메시지 – 의사소통의 가장 기본적인 구성요소이다.
   ③ 비언어 메시지 – 표현과 여러 가지 표정에서 프로그램을 위한 필요한 정보를 전달한다.
   ④ 상담 메시지 – 얼굴을 마주보고 하는 대면 기법으로 효과가 크다.

2. 지방 분해 단계의 기기관리로 옳은 것은?
   ① 고주파 – 근육운동 효과로 지방의 분해를 촉진시키고, 규칙적인 수축으로 국소적인 열을 발생시켜서 효과적으로 섬유질을 파괴하는데 적용시킨다.
   ② 석션기 – 혈관확장 및 혈류량 증가로 섬유소 분해 활성화 효과, 파의 전달로 반사와 굴절, 매질(젤리)이 필요하다. 초음파 기기는 세정효과, 온열효과, 지방분해효과를 주는 기기로 아주 작은 물리적인 진동으로 피부 속 깊은 침투가 가능한 기기이다.
   ③ 적외선 – 앨리스 적외선 A 파장을 사용하며, 램프와 전극을 이용한다. 선택적 근육 운동으로 미세혈관 생성을 촉진시키고, 독성물질을 제거하며 지방산의 산화작용으로 피하지방층까지 효과를 볼 수 있다.
   ④ 온열기 – 정확한 자세로 운동할 경우 허벅지 안쪽의 내전근, 복부외측의 복사근을 강화하고 근육 섬유의 수축작용과 혈액순환, 위장관 운동, 변비를 완화에 도움을 준다.

3. 체형관리의 주사요법끼리 묶은 것으로 옳은 것은?

㉠ 메조 테라피	㉡ 레이져 지방 융해술
㉢ 카복시테라피	㉣ 리포덤

   ① ㉠
   ② ㉠, ㉡, ㉢
   ③ ㉠, ㉢
   ④ ㉠, ㉡, ㉢, ㉣

4. 주사요법의 주의사항으로 옳지 않은 것은?
   ① 시술 후 당일 사우나 가능
   ② 구토현상 시 미지근한 물 섭취
   ③ 주사 부위 두드러기는 진정주사 투여
   ④ 주사부위 두드러기는 시간이 지나면 자연 치유

5. 당지수와 열량관리 프로그램 실제 과정의 주별 과정으로 옳지 않은 것은?
   ① 1주째 – 일상적인 생활습관의 변화를 유도하기 위한 단계이다.
   ② 2주째 – 과식은 체형관리에 있어서 위험한 요인이기 때문에 위의 크기를 줄이는 첫 단계로 본인의 식사량을 모두 절반으로 줄인다.
   ③ 3주째 – 요요현상이 일어나지 않고 완전한 비만으로부터의 탈출이 진행되고 있는지 목표한 체중으로 줄였는지 체크하는 단계이다.
   ④ 4주째 – 완벽하게 식습관을 수정하기 위해서 소금과 간장을 멀리하여 염분의 섭취량을 줄인다.

주관식

1. 체형관리의 절차에 쓰시오.

2. 체형관리의 프로그램 단계에 대해 쓰시오.

3. 체형관리의 당지수, 열량관리 프로그램의 당지수와 열량관리의 의미를 쓰시오.

Chapter 07

체형관리를 위한 마사지 요법

1. 마사지의 종류
2. 카이로프락틱
3. 슬리밍 요법
4. 지압
5. 체형관리와 테이핑 요법

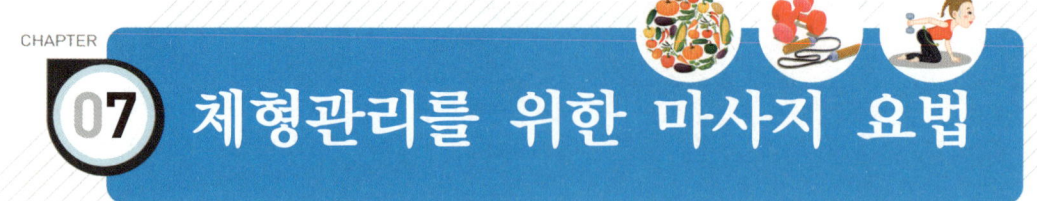

CHAPTER 07 체형관리를 위한 마사지 요법

　마사지는 고대의학 기록에 따르면 치료법의 한 형태였고 우리 인체의 신경계, 근육계, 림프계, 호흡계의 전반적인 질병의 예방과 치유에 도움을 주었다는 사실을 알 수 있다.

　마사지는 '부드럽게 만지는 것' 또는 '주무르기'라는 의미로 고대로부터 아픈 부위를 자연스럽게 주무르고, 문지르기를 하여 근육의 강화, 혈액 순환 촉진, 신경의 이완 효과를 갖는 것이다.

　마사지는 가장 오래되고, 가장 유용하고 쉽게 질병과 손상으로 인한 통증을 감소시키는데 사용하는 치료법으로 오늘날 웰빙(well-being)의 열풍을 타고 남녀노소의 건강관리법으로 생활화 되었다. 마사지는 피부와 근육을 손을 이용하여 주무르고, 문지르고, 두드리고, 떨어주는 등의 다양한 방법을 이용하여 혈액순환과 림프액이 잘 이루어져 신체의 신진대사를 원활하게 하며 통증과 스트레스를 완화하여 건강을 유지하는 자연치유방법이다.

　오늘날의 마사지는 서양의 마사지법인 스웨디시 마사지를 활용하여 보편적으로 널리 활용하고 있으며, 이 외에도 서양에서 유래된 림프드레나쥐와 동양에서 유래된 지압, 경락, 반사마사지 등이 피부 관리에 도입되었다.

1 마사지의 종류

1) 림프드레나쥐

　림프드레나쥐는 1930년대 덴마크의 생물학자 Emil Voder 박사와 그의 부인에 의해 림프종에 대한 치료의 목적으로 연구되었다. 현재 유럽과 세계의 많은 나라의 피부 관리실과 병원에서 정식으로 승인된 물리치료법으로 활용되고 있다.

　인체에는 산소와 영양분을 공급하는 혈액 순환과 노폐물과 각종독소를 배출하여 외부의 항원에 대한 생체 면역기능을 하는 림프순환이 있다. 림프드레나쥐는 림프의 흐름을 정확하게 알고 림프관과 림프절을 5~7회 반복적으로 부드럽게 30~40mmHg의 압력으로 펌핑한다. 조직에 정체된 수분과 노폐물, 독소 등을 림프의 흐름을 촉진시켜 주어 주요 림프절인 터미누스, 액와부, 서해부를 통해서 심장으로 배출되도록 한다.

(1) 림프드레나쥐의 효과

림프드레나쥐의 목적은 피부 조직 속에 흐르는 림프액을 림프관으로 원활하게 보내 바이러스, 박테리아로부터 보호하고 전염을 예방하는 것이다. 림프드레나쥐를 통해 부교감 신경계를 자극하여 저항력을 증진시키고 신체의 균형유지와 스트레스를 해소한다. 림프의 자극으로 혈액순환과 림프 순환의 촉진으로 부종액의 흡수를 증가시키며 과다하게 증식된 결체조직의 재흡수를 유발한다. 결체조직의 재흡수는 몸 안에 쌓인 지방과 노폐물을 림프절을 통해 배출시켜 부종을 해소한다. 림프순환이 촉진되어 림프계의 식균작용, 면역작용으로 인체의 저항력을 증진시키는 효과가 있다. 또한, 적절한 압력과 관리를 통해 근육을 이완하여 통증을 경감시키고 심리적 안정을 돕는다.

여성의 경우는 지방이 축적되기 쉬운 복부, 허리, 둔부, 대퇴부, 상완부에 림프드레나쥐를 실시하였을 때 지방축적물의 배설을 도와줌으로서 해당부위의 비만관리에 도움을 줄 수 있다.

(2) 금지사항

림프드레나쥐를 적용할 수 없는 피부는 급성 혈전증, 심장부종, 만성적인 염증성 질환, 갑상선 장애, 악성 종양, 천식 등이고, 급성 전염병과 독감, 임신부는(최소 3개월까지는 금지)금지해야 한다. 통증이 유발되는 악성질환과 급성염증질환이 있을 경우 림프관을 타고 암과 염증이 전이 될 수 있기 때문에 금지한다. 갑자기 부종이 발생한 경우는 감염이 우려되기 때문에 마사지 보다는 먼저 병원을 가는 것이 바람직하다. 심장질환이 있는 경우는 림프액을 이동시켜서 심장에 부담을 줄 수 있기 때문에 금지한다.

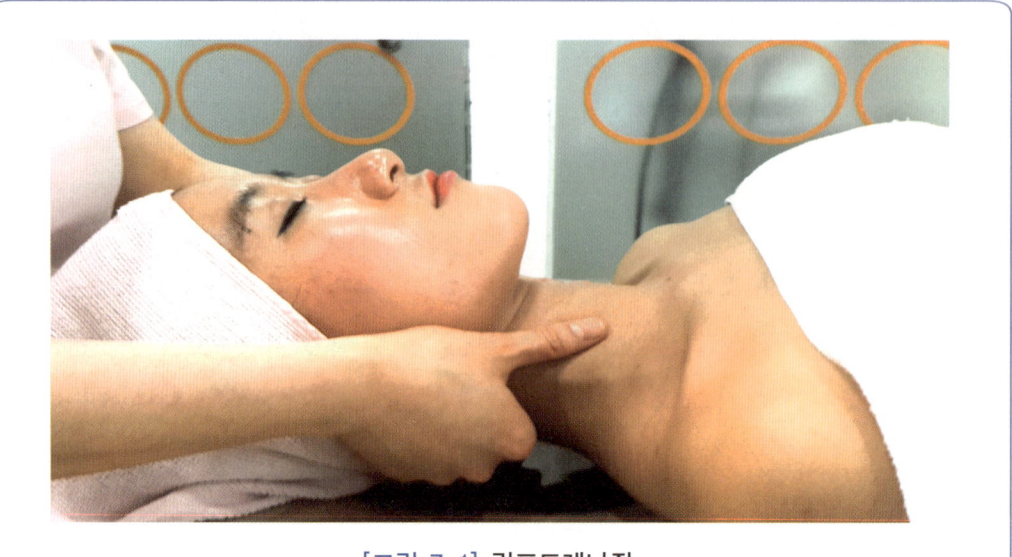

[그림 7-1] 림프드레나쥐

※ 림프드레나쥐 사용 시 주의사항

　마사지를 실시할 때 조명은 너무 밝지 않도록 조절해야 하며 적당히 따뜻한 실내 온도를 유지하도록 한다. 펌프의 흐름은 수동적이기 때문에 인위적인 마사지에 의해 그 흐름을 상당히 빠르게 할 수 있는데, 림프관, 특히 림프모세관은 매우 섬세하고 민감하므로 유의해야 한다.

2) 경락마사지

　경락 마사지는 혈액이 순환하는 혈관과 기를 순환시키는 통로를 원활하게 하여 기혈의 흐름과 내부의 장기를 활성화하고 신체의 건강을 개선하는 요법이다. 경락 마사지는 주무르기, 두드리기, 누르기, 지압주기 등 손을 이용하는 수기요법의 형태로 한의학에서 중요한 기초이론인 음양오행설을 바탕으로 인체의 건강상태와 질병상태를 구분하는 근거를 두고 있다. 경락 마사지의 기원은 동양에서 찾아 볼 수 있으며 현재까지 보존 되어온 의학서적인 황제내경에 2천년 전부터 그림으로 기록되어 왔다.

체형관리를 위한 마사지 요법 제7장

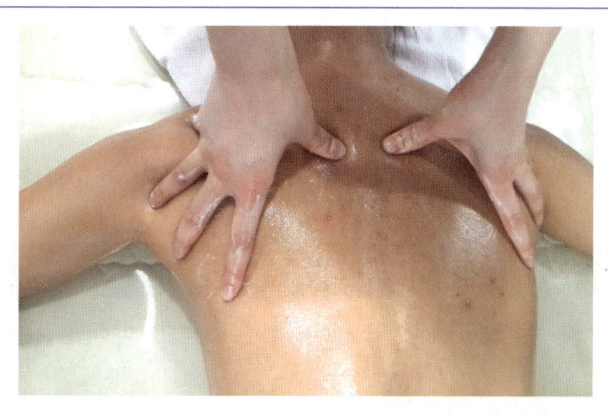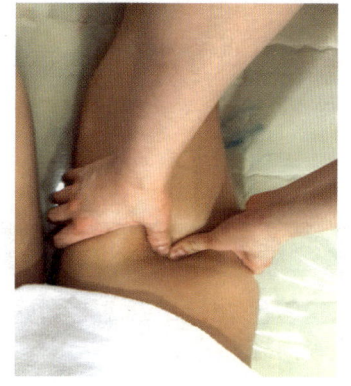

[그림 7-2] 경락마사지

음양의 관계 및 오양의 특성

➡ 음양(陰陽)의 관계

구분	양	음
공간	하늘	땅
시간	낮	밤
성별	남성	여성
온도	온열	한냉
계절	봄, 여름	가을, 겨울
밝기	밝음	어두움

➡ 오행(五行)의 특성

목(木)	화(火)	토(土)	금(金)	수(水)
간장	심장, 심포	비장	폐	신장
담장	소장, 삼초	위	대장	방광
봄	여름	늦여름	가을	겨울
동	남	중앙	서	북
신맛	쓴맛	단맛	매운맛	짠맛
청	적	황	백	흑
바람	열기	습기	건조	한랭
분노	기쁨	근심	비탄	공포
인대	혈관	근육	피부	골격
눈	혀	입	코	귀

체·형·관·리·학

- 받는 사람
  - 경락마사지를 받는 분은 실시하는 분이 편하게 활동하도록 지시에 잘 따라주어야 한다.
  - 최대한의 효과를 볼 수 있게 간편한 복장과 편안한 마음자세가 필요하다.

> ※ **경락마사지 전·후 점검해야 할 주의사항**
>
> ➡ 방안은 따뜻하고 편안함을 느낄 수 있도록 하고 가능하면 조용한 상태를 유지한다.
> - 마사지 테이블, 침대나 바닥의 양탄자에 눕도록 하는데, 중요한 것은 받는 사람이 편안함을 느낄 수 있어야 한다.
> - 마사지를 시술하는 동안 편한 자세를 취하고 시술하고자 하는 경혈에 쉽게 접근할 수 있는 자세를 취한다.
> - 마사지를 하기 전에 손을 씻고 손톱은 짧게, 시계와 반지 팔찌 등을 풀고 피시술자도 이와 같이 하도록 요구한다.
> - 받는 사람이 시술하는 동안 완전히 긴장을 풀도록 하고 화장실을 갔다 왔는지 확인한다.
> - 마사지 단계가 끝날 때마다 손을 씻는다.
> - 마사지 한 후 : 음양탕-컵에 먼저 뜨거운 물을 붓고 나중에 찬물을 부어 400-500ml 정도를 마시게 한다. 마사지 후에 물을 마시면 신진대사 기능이 활성화 되고 몸 안의 독소가 외부로 빠져나가 더욱 좋은 치료 효과를 볼 수 있다.

(1) 상생상극의 원리

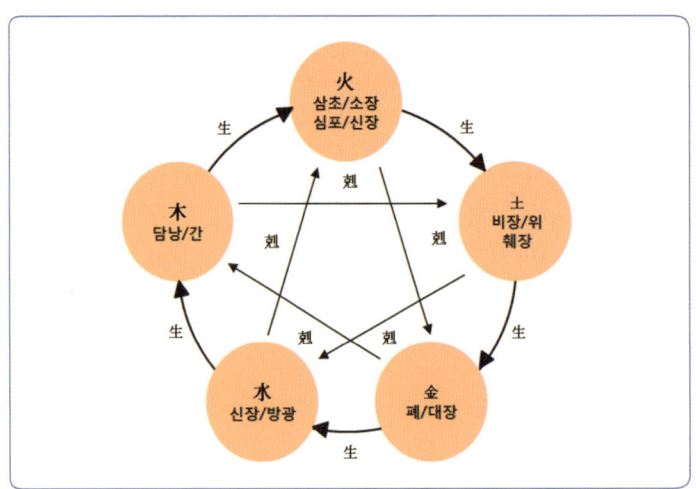

(2) 경락 마사지의 효과

경락 마사지는 기(氣) 와 혈(血) 의 흐름을 촉진하여 혈액순환과 냉증을 개선한다. 또한 전신의 생체조절 및 면역력을 증진시킨다. 경락으로 연결되어 있는 체내의 흐름을 자극시켜주어 체지방분해와 노폐물, 독소배출에 탁월하고, 근육의 통증완화에 도움이 되며 급·만성 피로회복과 심리적인 안정을 도모한다.

3) 스웨디시 마사지

스웨덴의 물리치료사인 Pehr Henrink Ling이 자신의 류머티즘 치료를 목적으로 연구하던 중 개발하게 되어 스웨디시 마사지로 불리게 되었다. 과학적이고 체계적인 마사지 형태로 발전되면서 전 세계적으로 널리 사용되어지고 있다. 스웨디시 마사지는 서양을 대표하는 수기 요법으로 강한 마사지와 부드러운 마사지를 두루 사용하여 혈관에 적당한 압력을 가한다. 전신에 걸친 혈관을 자극하여 혈액순환을 촉진시키고 노폐물을 제거하는 것으로 혈액을 심장 쪽으로 보낸다. 정맥흐름이 심장방향으로 흐르게 하여 정신적 안정을 되찾아 주는 혈액순환 마사지이다.

스웨디시 마사지는 오일을 사용하기 때문에 옷을 벗고 마사지를 받게 된다. 피술자의 노출을 최대한 가리고 마사지할 부위만 수치감이 들지 않도록 오픈하여 마사지 하는 것으로 시트 커버링 테크닉(sheet covering)이 등장하게 되었다. 이 테크닉은 현재까지 스웨디시 마사지의 중요한 매너로 인식되어져 오고 있다.

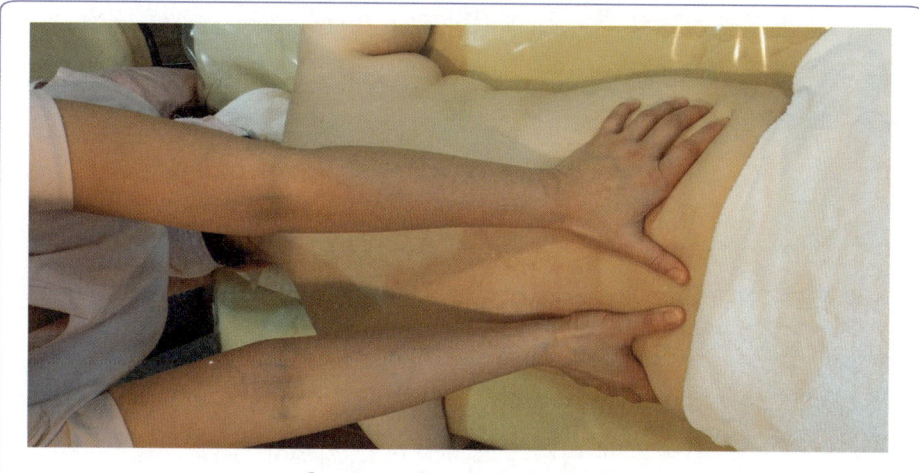

[그림 7-3] 스웨디시 마사지

(1) 스웨디시 마사지의 기본동작

마사지의 방향은 심장 쪽으로 향하게 하는 것으로 심장의 먼 곳부터 시작하여 가깝게 진행한다.

마사지는 5가지의 기본 동작으로 실시된다. 마사지의 시작과 끝을 손바닥과 피부의 접촉을 최대한으로 하고 가볍게 쓰다듬는 정도의 리드미컬하고, 천천히 미끄러지는 쓰다듬기 동작을 사용한다. 쓰다듬기 이후는 주무르기, 문지르기, 두드리기, 진동하기로 순차적으로 진행하게 된다. 주무르기는 근육이 있는 부분에 손아귀를 이용하여 압력을 주고, 굴리는 동작으로 마치 반죽을 하는 듯이 손아귀의 힘을 이용하여 강하게 쥐었다가 폈다가 하는 동작이다. 문지르기는 주로 관절 부위에 사용되는 기법으로 피부 위로 움직임 없이 지긋이 압력을 가하면서 둥글게 움직이는 방법이다. 두드리기는 등과 같은 넓은 수위에 사용되는 기법으로 부드럽게 쥔 주먹이나 손날, 손끝 등을 이용하여 두드리는 동작이다. 진동하기는 주로 기계 진동 장치를 사용하는 동작이다.

(2) 스웨디시 마사지 효과

스웨디시 마사지의 쓰다듬기는 피술자에게 안정과 평안을 주고, 근육의 긴장을 이완시켜 혈액, 림프순환 및 신진대사를 촉진시킨다. 주무르기로 강, 약의 압박을 양손과 팔뚝을 이용하여 뱀이 꽈리를 틀고 조이듯 교차시켜 근육과 피하조직 부위에 압력을 주는 동작으로 혈관을 팽창시켜 혈액의 순환을 돕고, 근육의 뭉침을 풀어준다. 문지르기는 피부 조직 내에 축적되었던 독소를 제거하는데 효과가 있다. 두드리기와 진동하기는 경직된 근육을 부드럽게 풀어주어 근육과 관절의 유연성을 부여한다. 또한 적혈구와 백혈구 생성을 촉진한다.

(3) 금지사항

열이 나며 붓고, 염증이 있는 상태, 여드름, 습진, 수술 후 상처, 종기가 있는 상태이거나 골절이나 손목, 발목, 무릎 등 관절이 심하게 삐었을 때 금지한다. 심장에 관련된 질병이나 고혈압이 있는 경우, 정맥에 염증과 통증, 붓기가 일어나는 정맥염이 있을 시에는 질병을 자극하고, 부정적인 영향을 미치므로 금지해야 한다.

4) 타이마사지

타이 마사지는 고대로부터 이어져온 태국 전통의술 기법 중 하나로 인도의 불교에서 출발한 것으로 추정된다. 명상, 호흡, 약초법을 이용하며 인도의 요가에서 응용된 동작을 활용한 스트레칭 마사지로 세계 3대 마사지 중의 하나이다. 타이 마사지는 스트레칭과 지압하기를 병행하며 근육과 골격의 이완과 수축을 통해서 건강을 유지시켜주는 것이다.

(1) 타이 마사지의 적용

타이 마사지는 편안한 옷을 입은 상태로 마사지를 받는 건식 마사지로 인도의 아율베딕에서의 생명에너지라인 차크라, 중국 경락에서의 에너지 포인트와 같다고 볼 수 있는 10개의 센(San)을 발, 무릎, 손바닥, 손가락, 엄지, 팔꿈치 등을 이용하여 자극한다. 이때 요가에서 사용하는 비틀기, 당기기, 누르기, 밀어주기 등의 동작으로 적절한 압력을 가하여 근육을 이완 및 수축시켜 에너지의 균형을 바로 잡는다.

(2) 타이 마사지의 효과

타이 마사지는 고요함 및 휴식을 주고, 시술자와 피시술자들이 상대에게 스트레칭 효과를 주므로 신체적, 정신적으로 균형 잡힌 안정감을 준다. 또한 근육과 근육간의 이완을 통한 신체의 유연성을 향상시키고, 호흡의 깊이가 조절되어 심박동수가 조정된다.

5) 스포츠 마사지

스포츠 마사지는 역사적으로 수천 년을 거슬러 올라가 원시 시대의 인류가 아픈 곳을 접촉하여 쓰다듬고, 문지르고, 누름으로서 통증을 완화 치료해왔으며, 고대 시대부터 질병의 치료와 고통의 완화 목적으로 사용되었다.

스포츠 마사지라는 용어의 시작은 19세기 후반에서 20세기 전반으로 1900년 제 2회 파리 올림픽 대회에서 처음 운동선수를 대상으로 실시되면서 스포츠 마사지의 중요성을 인식하기 시작하였으며, 잭 메겔(Jack meagher)과 패트우톤(Pat Boughton)이 체계적으로 정리한 것으로 현대 스포츠 마사지의 창시자라 할 수 있다.

(1) 스포츠 마사지의 기법

목적과 성향에 따라 마사지의 기법들을 바꿔주는 방법이 필요하고 리듬과 강도를 조절하여 마사지하는 것이 매우 중요하다. 주로 피부를 당겨주기(견인법), 문지르기(강찰법), 주무르기(유념법), 흔들어주기(진동법), 쓰다듬기(경찰법)를 이용하고 있으며, 그 외에는 신전법, 압박법, 족심법, 타법 등이 있다.

① 쓰다듬기(경찰법)

손바닥이나 손가락, 손등을 이용하여 가볍게 쓰다듬는 방법으로 정맥이 흐르는 방향 즉, 심장 쪽을 향하게 하여 산소가 부족하고, 신진대사 부산물이 많은 정맥혈을 보다 원활하게 순환하도록 한다.

② 문지르기(강찰법)

손바닥, 손가락, 주먹을 사용하여 강한 압박을 가하면서 문지르는 것으로 쓰다듬기와 누르는 방법을 혼합하여 빠르고, 강한 압력으로 순환을 촉진시킨다.

③ 주무르기(유념법)

피부와 근육을 짜내듯이 주무르는 것으로 부드럽고 리드미컬하게 근육의 경직을 풀어준다.

④ 흔들어주기(진동법)

흔들면서 진동을 가하는 것으로 진동기기를 이용하여 근육을 이완시키고 긴장과 경직을 풀어준다.

⑤ 당겨주기(견인법)

당겨주고자 하는 근육들의 방향으로 잡아당겨 근육들은 이완시키고, 관절간의 압력으로부터 해방시켜 준다.

⑥ 그 외

신장법은 늘리고자 하는 근육을 양끝에서 최대 가동범위까지 늘려주는 방법이다. 압박법은 손바닥, 손가락, 팔꿈치, 발바닥을 이용하여 누르는 방법으로 근육들의 진정효과에 매우 유용하다. 족심법은 심부 깊이 전달하는 방법으로 발바닥이나 발날, 발꿈치 등을 이용하여 진동하거나 압박을 가한다. 타법을 행할 때에는 손목관절이 느슨해야 하고, 관절 축에 힘을 넣어서 긴장된 근육에 적용하면 좋은 효과를 볼 수 있다.

(2) 스포츠 마사지의 효과

스포츠 마사지의 일반적 효과는 피부와 근육의 혈액순환을 원활하게 하며 동시에 심장의 부담을 덜어 주고 전신의 순환을 개선 조절한다. 혈액순환이 좋아지면 각 조직의 노폐물이 제거되고, 근육 동작에 필요한 산소와 영양의 공급을 좋게 하여 근육의 피로를 회복시켜 준다. 스포츠 마사지는 신체기능의 이상이 나타날 때 그 기능을 진정시키고, 근육에 축적된 피로 물질과 노폐물의 제거로 피로를 빠르게 회복시킨다. 운동 전에 근육의 흥분도를 높여 신체기능을 향상시키며, 혈액순환을 촉진하고 인체의 신진대사를 향상시킨다.

쓰다듬기는 피부와 부속조직에 효과를 미쳐 동맥, 정맥, 모세혈관, 임파관의 순환을 촉진시키고 노폐물을 제거하여 결체 조직을 이완시킨다. 문지르기는 조직 내의 물질의 흡수를 돕는데 매우 효과적이다. 주무르기는 피부를 풀어주어 관절 주면의 부분적은 삼출액의 흡수를 돕고, 피부, 근육, 근섬유, 피하결체조직, 혈행을 개선시킨다. 흔들어 주기는 근육의 조직을 느슨하게 하여 신체 내의 기관과 신경을 진정시킨다. 또한 주변의 근육들도 균형조절 및 진통 경감을 시켜 관절 주변의 통증 완화에 효과적이다. 당겨주기는 근육의 이완과 함께 척추 및 다른 관절부의 압박상태와 긴장상태를 해소하는데 효과적이다.

(3) 금지사항

부상 후 붓기와 강한 통증이 있는 관절은 염증을 일으킬 위험이 있기 때문에 마사지를 제한한다. 식후 한 시간 이내는 구토의 위험이 있기 때문에 제한하고 임신 중이거나 월경기간 중에도 금지한다. 또한 감염성 피부질환과 심장 질환이 있는 경우도 금지한다.

6) 딥 티슈 마사지

상피조직, 신경조직, 근육조직, 결합조직을 의미하는 것으로 딥 티슈 마사지는 신체 심부층의 조직과 근육, 근막의 문제점을 치료한다. 또한 심신의 안정을 되찾아 주는 치료적 개념의 수기요법으로 메디컬 마사지에 적용한다. 기존의 근육마사지와는 다른 해부학적인 마사지로 근육문제가 있을 때 관리하기에 적합하며 비만관리에도 효과를 볼 수 있다.

(1) 딥티슈 마사지의 효과

딥티슈 마사지는 근육을 강화시켜 근육과 근막을 신장시키고 근육의 정렬과 신체의 균형을 바로 잡아 준다. 또한 수축된 근육과 유착된 근육을 이완시켜 통증을 완화시켜 주는 효과가 있다. 등 관리를 통해 목과 어깨의 근육경직과 통증, 오십견, 팔 저림, 담결림, 허리 경직에 효과가 좋고, 노폐물 배출과 근육에 에너지와 활력을 불어 넣어 준다. 복부에 마사지가 들어 할 경우 복부에 경직된 근육을 이완시키고 지치고 약해진 장기에 활력을 생성해 준다. 딥티슈 장마사지는 체내 독소와 노폐물을 배출하고, 변비와 숙변 배출 목적으로 대장의 기능을 강화시킨다.

7) 아유르베다

아유르베다는 500년 전부터 내려오는 고대의학으로 '생명의 과학'이라는 뜻을 가지고 있다. 아유르베다는 인간을 작은 우주로 생각하고 건강과 질병의 문제도 우주와 인간의 상호 관계 속에서 이루진다고 하였다. 우주의식의 다섯 가지 에테르(허공), 공기, 물, 불, 흙에 따라 전개되며 이 5가지 요소로 인하여 에너지와 생명력의 바탕이 된다고 본다. 5가지 요소를 바탕으로 기질을 바타(Vata : 공기 + 허공 = 마른형)와 피타(Pitta : 물 + 불 = 근육형), 카파(Kaphah : 물 + 흙 = 여성형)로 구분한다.

아유르베다 치료법은 독소를 제거하거나 독소를 중화시키는 것으로 각각의 체질에 맞는 오일을 선택하여 마사지, 입욕, 세정 등의 관리법을 적용시킨다.

아유르베다 타입과 특징

	바타(Vata)	피타(Pitta)	카파(Kapha)
체격	마른편	보통	뚱뚱한편
피부	건조하고 거침 안정에서 쉽게 이탈 갈색 또는 흑색	정상적인 피부형 누르스름한 색, 붉은색 부드럽고 윤기남	창백하고 하얀색 두껍고 기름지다.
눈	갈색, 검은색 작고 건조하다.	노란색, 회색, 녹색 날카롭고 예리하다.	청색 크고 두꺼운 속눈썹
질병	신경증, 변비, 배앓이, 불안증	여드름, 혈증, 궤양, 가슴앓이, 치질	알레르기, 부비동염, 비만증, 고콜레스테롤
감정	두려움이 많고 불안정하다.	공격적이고 급하다.	조용하지만 욕심과 집착이 많다.
필요 기운	안정과, 긴장해소, 따뜻함과 견고함	안정과 균형, 확신과 명백함	에너지 충전, 활성화
오일	참깨오일, 편도유, 올리브오일, 콩오일	코코넛 오일, 참깨오일, 조조바오일, 올리브오일	참깨오일, 편도유, 조조바오일, 올리브오일

(1) 아유르베다 마사지의 적용

아유르베다의 근본적 치료를 위해서 분노, 공포, 신경과민, 소유욕, 탐욕 등의 마음의 감정을 다스려야 완전한 치료가 된다. 마사지에 이용되는 오일은 체온 정도로 따뜻하게 중탕하여 전신에 오일을 바른 뒤 팔, 가슴, 복부, 하체, 발끝 순서로 진행된다.

체질분석을 통하여 고객의 몸에 맞는 약초 오일을 선별하고, 치료 목적에 따라 피지칠(pizhihil), 시로다라(siradhara), 아비얀가(abhyanga), 키치(kizhi) 등의 다양한 방법을 적용한다. 아유르베다 마사지의 종류에는 100여가지 이상이 된다. 그 중 두 명이 동시에 마사지를 시술하는 아비얀가 대표적인 마사지로 근육을 정상상태로 조절하고, 혈액 순환 증대, 비만, 당뇨병에 의한 괴저를 치료하는 목적으로 이용되고 있다.

(2) 아유르베다 마사지의 효과

아유르베다 마사지는 혈액순환 촉진으로 신체의 영양공급을 원활하게 하여 노화를 방지하며 건강을 회복시킨다. 체내의 독소와 노폐물을 배출시켜 우리 인체고유의 자연 치유력을 높여주고, 스트레스와 긴장을 완화시켜 정신적 안정감과 숙면, 불면증 해소를 제공하며, 인체의 호흡능력 강화, 면역력을 강화한다.

8) 아로마 테라피 마사지

아로마테라피는 다양한 허브 식물들로부터 나오는 성분과 그 향기로부터 신체의 상태를 개선시키는 전인적인 자연 치료요법이다. 식물의 향기와 약효가 있는 특정부위에서 추출해 낸 방향성 에센셜오일(Essential oil, 정유)을 후각이나 피부를 통해 신체에 흡수시켜 신체와 정신의 항상성을 유지, 촉진시키는데 도움을 준다. 신체와 정신의 부조화를 개선하여 건강을 유지하고 점진적으로 좋아지게 하기위한 약리효과를 활용한 자연요법으로 많이 알려지고 있다.

> **Q&A 에센셜 오일의 효능은 어떠한 것이 있나요??**
>
> A.
> - 방향작용 및 항균작용
> - 생리 및 약리작용
> - 체중감량 효과
> - 심리적 안정 및 집중력 강화

아로마 요법의 역사는 인도에서 BC 4500~5000년경부터 시작되었다. 인도에서 최고로 오래된 종교서적 베다에는 700여 가지 식물에 대한 연구가 기록되어 있다. 서양은 기원전 3000년경 이집트의 기록을 찾아 볼 수 있으며 의학적, 종교적, 미용의 목적으로 사용되었다.

아로마테라피는 주로 식물에서 추출한 에센셜 오일을 사용하며 신체적, 감정적, 정신적 영향을 미쳐 몸과 마음을 치료하는 전인적인 자연요법이라고 한다. 로마시대의 성경에 유황과 물약에 대한 내용이 있어서 향과 향신료에 대해 많은 연구가 있었음을 유추

하고. 중세 르네상스시대에 아로마요법은 전성기를 이루었다고 한다. 1937년 프랑스의 화학자 Rene Maurice Gattefosse가 아로마요법에 대한 연구를 하면서 "아로마테라피"라는 용어를 처음 사용하게 되었다.

현대에는 아로마 요법에 사용되는 에센셜 오일로서 미용과 건강에 유효하게 사용되고 있는 것은 약 50~100 종 정도 알려져 있다. 여러 종류의 에센셜오일은 인공 합성화학물질로는 만들 수 없는 왕성한 생명력을 가지고 있으며 수백 개의 복잡한 생화학 분자들로 구성되어 있어 피부나 흡입을 통해 신체에 흡수되면 식물의 호르몬과 같이 생리조절기능 및 정보전달의 역할을 하여 정신적, 생리적 효과가 나타나기 시작한다.

(1) 아로마요법(Aroma Therapy)의 효과 및 분류

① 에센셜오일의 추출법

ⓐ 압착법

레몬이나 감귤류의 껍질을 짜내서 정유를 유출하는 방법이다.

ⓑ 냉침법

꽃잎의 에센스를 흡수하여 정유를 얻는 방법으로 시간·비용이 많이 든다.

ⓒ 증기 증류법

식물의 꽃과 열매, 잎, 줄기를 수증기와 함께 유출하는 가장 보편적인 방법이다.

ⓓ 솔벤트 추출법

용매 추출법이라고도 하며 휘발성, 비휘발성 용매를 사용하여 추출 후 솔벤트를 제거하는 방법이다.

② 에센셜오일의 효능별 분류

ⓐ 혈액순환. 림프 순환촉진

사이프러스, 라벤더, 로즈마리, 레몬, 로먼카모마일, 타임의 에센셜 오일을 사용한다. 특히 사이프러스오일은 이뇨작용을 하여 출혈, 발한, 셀룰라이트, 부종에 효과적이다.

ⓑ 셀룰라이트 분해, 독소 제거

쥬니퍼, 사이프러스, 라벤더, 펜넬, 파츄리 등의 에센셜 오일을 사용한다. 쥬니퍼 오일은 체내 축적된 노폐물을 제거하고, 셀룰라이트, 부종에 효과적이다.

ⓒ 여성호르몬 조절

클라리 세이지, 로즈, 쟈스민, 라벤더, 제라늄, 로먼카모마일 오일을 사용한다. 라벤더는 사이프러스와 쥬니퍼 오일의 효능처럼 혈액순환을 촉진시켜준다.

ⓓ 소화불량, 변비해소

레몬, 그레이프후룻, 블랙페퍼, 시나몬, 펜넬을 이용한다. 펜넬은 비장을 강장시키고 소화촉진, 이뇨작용을 하여 소화불량과 변비에 효과적이며 하복부비만에 마사지 하면 효과적이다.

기타 에센셜 오일의 효능별 분류

효능	에센셜 오일
통증완화, 스트레스 해소	블랙페퍼, 로즈마리, 페퍼민트, 로먼카모마일, 라벤더, 마조림
지성피부의 피지조절, 염증완화	티트리, 일랑일랑, 유칼립투스, 바가못, 캄파
건성피부의 보습	네롤리, 샌달우드, 로즈
기침, 가래, 호흡기질환 악화	유칼립투스, 펜넬, 바질, 페퍼민트, 히솝
두통완화, 불면증 해소	라벤더, 마조람, 제라늄, 로먼카모마일

(2) 아로마 마사지 효과

아로마는 항균작용으로 탁월한 능력을 가지고 있어 상처, 벌레 물린 곳, 피부병, 화상에 희석액으로 사용하여 항염증, 항박테리아 작용을 하고, 치유효과를 보인다.

생리작용으로 혈액순환과 림프순환을 촉진시켜 인체의 신진대사를 높여주는 것은 물론이고, 각 기능들의 조화를 이루어주는 역할을 한다. 증상에 맞는 정유를 선택하여 적용하는 것으로 순환계, 신경계, 내분비계, 소화계, 면역계의 증강으로 몸과 마음을 함께 치료하는 것으로 신경의 흥분, 안정, 평행효과를 기대할 수 있으며, 인체의 노폐물 배설의 자연배출기능을 도와준다. 또한, 피로회복, 집중력, 기억력 향상, 스트레스로 인한 정서 불안 등의 신경성 장애 완화와 각종 노인성 치매에 지난 일을 상기시키고, 기억력을 향상시키고, 행동과다 장애, 중독증 등 소아나 청소년의 정신 장애에도 도움이 된다.

※ 아로마 사용 시 주의사항

- 아로마는 원산지나 정유방법에 따라 품질에 차이가 있으며, 가격이 천차만별로 원액을 시중에서 구하기는 쉽지 않다.
- 원액의 에센셜 오일을 피부에 직접 접촉하면서 예상치 못한 부작용을 초래했을 경우 에센셜 오일과 케리어 오일을 블렌딩 하며 마사지에 활용한다.
- 감귤류의 에센셜 오일 마사지 후 일광에 노출될 시에 색소가 침착될 우려가 있으므로 자외선 노출을 가능한 피한다.
- 고혈압과 저혈압 환자, 임산부에게는 자극적인 오일을 피한다.

2 카이로프락틱

카이로프락틱의 어원은 그리스어에서 파생되었다. "손"을 뜻하는 "카이로(chiro)"와 치료를 뜻하는 "프락토스(practice)"라는 말의 합성어이다. 약과 수술에 의존하지 않고 주로 의사의 손으로 여러 가지 질환을 치료한다는 의미로 해석한다.

1) 카이로프락틱의 개념

카이로프락틱은 100년 전인 1895년 미국의 데이비드 파머(D.D. Palmer)박사에 의해 처음으로 의학적 체계를 갖추었고, 이후 학문적인 체계와 교육적인 발전 및 연구의 결과로 최근 25년 동안 세계 60여개 이상의 국가에서 카이로프락틱 의학은 번창하고 크게 성장하는 의학으로 자리를 잡게 되었다.

건강 유지의 개념은 카이로프락틱 치료에 있어서 중요한 개념 중의 하나로서 신체의 자연적 치유력인 면역의 기능과 정상적인 기능을 하는 신경 조직을 보호하는 척추가 어긋나기 전에 바로 잡아주면, 우리의 몸은 건강한 상태를 유지하게 된다. 미래의 척추 질환을 예방하기 위해서는 올바른 자세와 규칙적인 운동, 활동적인 생활, 올바른 식생활 습관, 적당한 휴식 등의 좋은 생활 자세가 건강을 유지할 수 있다.

카이로프락틱은 매우 보수적이면서도 자연적인 접근법으로 신체를 한 부분이 아닌 전체에 초점을 두고 연구하며 치료하고 있다. 특히 예방과 유지적인 측면에 역점을 두

체·형·관·리·학

어 영양과 운동을 겸한, 신경, 근육, 골격을 복합적으로 다루는 치료이다.

현재 우리나라의 카이로프락터들이 일반적으로 적용하는 교정기술은 탐슨 테크닉(Thomson Terminal Point Technique)-C.Thomson박사가 창안한 기술이며 주로 골반부위의 변위를 발견하고 그와 관련된 교정기술을 말한다.

2) 카이로프락틱의 교정방법

카이로프락틱은 잘못 자리 잡은 척추를 부드럽게 눌러주면서 척추를 바로 잡아주면서 눌려 있던 신경들이 제자리를 찾고, 통증도 감소하면서 자세도 교정할 수 있다.

유압을 이용한 탐슨 테이블(Thomson table)을 고안하였고, 메릭 리코일 테크닉과 타글 리코일 테크닉은 신경을 압박하고 있는 추골을 정상적인 위치로 유도하는 것으로서 양손의 비교적 빠른 반동을 통해 교정하는 방법이다. 디버스파이드 테크닉은 회전교정요법이라 한다. 추골의 최고 회전가동력, 추골근육의 연부조직의 최고 장력을 이용하여 그 힘에 의해 교정효과를 발휘하게 하는 테크닉으로서 정형외과, 재활의학과, 물리치료사 등이 많이 활용하고 있다.

간스테드 테크닉은 C.Gonstead박사에 의해 창안된 기술로서 척추와 골반부위의 변위를 교정하는데 많이 적용된다. 새크로 오시티털 테크닉(Sacro Occipital Technique: S.O.T)은 두개골, 천골과 호흡의 연관성을 활용하여 신체의 부조화를 교정 하는 것으로 부드러운 근, 골 이완법을 적용하는 테크닉이다. 주로 어린이, 노약자, 통상적인 교정이 곤란한 환자들을 대상으로 적용한다.

3 슬리밍 요법

슬리밍 제품의 주된 기능은 체중 감량을 시키는 것이 아니며 탄력이 없는 허벅지나 엉덩이, 팔의 조직을 팽팽하게 조여 주는 것이다. 또한 셀룰라이트에 의하여 울퉁불퉁하게 나타났던 피부 표면을 아름답게 잡아주는 요법이다.

1) 인체와 슬리밍 적용

슬리밍, 퍼밍, 리프팅은 혼동되어 사용되는 경우가 많은데, 용도에 따라 정확하게 사용하여야 한다. 셀룰라이트는 피부의 피하조직에 있는 지방 세포에 지방이 과다 축적되면서 약해진 진피층을 밀고 올라와 피부가 귤껍질처럼 울퉁불퉁 해진 것으로, 20대 이후, 엉덩이나 허리 주변, 다리에 많이 생기는데, 지방 조직이 비대해지면 전체적인 보디라인의 균형이 깨지게 된다. 슬리밍 제품은 제품내의 리포좀 화된 유효성분이 지방분해 및 수분배출 과정에 작용하여 피부 표면의 셀룰라이트를 제거한다.

① 퍼밍 : firming은 수분 조절, 탄력은 수분 분해를 통해 피부에 탄력을 주며 일시적으로 부은 곳에 사용하면 좋다.
② 리프팅 : lifting은 처진 피부, 콜라겐은 턱이나 눈 밑이 축 처지는 것을 들어 올려주는 에센스 기능, 콜라겐 성분을 함유한 것이 많은데, 보습제와 함께 사용하면 더 큰 효과가 있다.
③ 슬리밍 : slmming은 허벅지나 엉덩이 ,뱃살 울퉁불퉁해지는 셀룰라이트를 없애주는 기능을 말한다.

효과적인 슬리밍 제품 사용법은 겨드랑이 쪽의 군살을 손으로 감싸고 가슴 아래쪽을 지나 팔의 수자 모양을 그리며 가슴을 쓸어 올리면서 발라준다.

팔은 손목에서 어깨방향으로 팔 안쪽과 바깥쪽을 쓸어 올리며 바른다. 복부는 손바닥으로 배꼽 주변에 원을 그리며, 옆구리와 허리 앞, 뒤쪽을 가슴 아래까지 쓸어 올리면서 마사지한다. 엉덩이 아래는 끌어올리면서, 엉덩이 위쪽은 대각선으로 발라준다. 다리는 발목부터 허벅지까지 나선을 그리면서 문지른다.

4 지압 (시아추)

지압은 '손가락으로 압력을 가하다 또는 누르다'라는 뜻으로 엄지손가락이나 손바닥 등을 이용하여 몸 표면의 일정부위를 압박함으로써 잘못된 부위를 교정하는 것을 말한다. 건강 증진 또는 질병의 치료를 도모하는 수기요법을 지칭하는 것으로 중국식마사지

체·형·관·리·학

와 서양의학을 혼합하여 만든 일본의 전통 요법으로 지압점을 자극하는 마사지이다. 인체의 힘줄, 통증, 아픔을 느끼는 모든 부위는 경락과 연결되어 내부조직과 장기에도 큰 영향을 주므로 지압은 각종 기관들을 활성화 시켜 에너지의 흐름을 풀어주는 요법이다.

지압은 몸이 스스로 치유 될 수 있도록 기의 균형을 잡아주는 것을 목적으로 시행하기 때문에 신체의 기능에 무리함을 주지 않아야 한다. 지압의 기본방법은 수직압으로 근육에 적절한 힘을 가해야 하며 육체적인 교묘한 손놀림으로써 부드럽게 이동하여야 한다. 두드리기는 서양의 마사지와는 달리, 누르기와 손, 발 등을 잡아당기는 기법이 사용된다.

시술사 들은 인체의 경혈 선을 따라 있는 수 백 개의 혈(穴)자리 또는 경혈에 압력을 가하는데, 정신을 집중하여 천천히 한 곳을 3~5초 정도 누르면서 지압효과를 극대화 시킨다. 손바닥, 엄지손가락, 손가락 관절, 팔꿈치를 사용하며 지압술은 '누름의 전달'로 표현되고 있다. 중국에도 지압과 유사한 치료법인 침이나 경혈 지압법이 있다.

지압의 역사

지압이 처음 시행되었던 것은 침술이 시작된 시기인 4000년 전까지 거슬러 올라간다. 민간 요법으로 고대에서 시작 되었는데, 지압이라는 이름으로 불려오게 된 것은 금세기에 들어서이다. 전해 내려오던 방법에 고대 동양의 의학적 이론을 독특하게 조합한 것이 지압이며, 본래 일본인들의 전통적인 치료 기술 이었다.

1) 지압의 요법

다리를 뻗고 머리를 숙인 채 엎드려 누운 피술자의 양쪽 어깨높이 척추로부터 미골까지 손바닥으로 여러 차례 부드럽게 만져주면서 시작한다. 다음과정으로 오른손 위에 왼손을 얹고서 한 군데에 대고 3~5초 동안씩 보통 압법에 의한 장압을 실시한다. 이 동안에 척추의 요철이나 굴곡 등의 유무에 주의하며, 교정할 부위는 양 손목이나 양 엄지손가락 등으로 그것을 누르면서 치료한다.

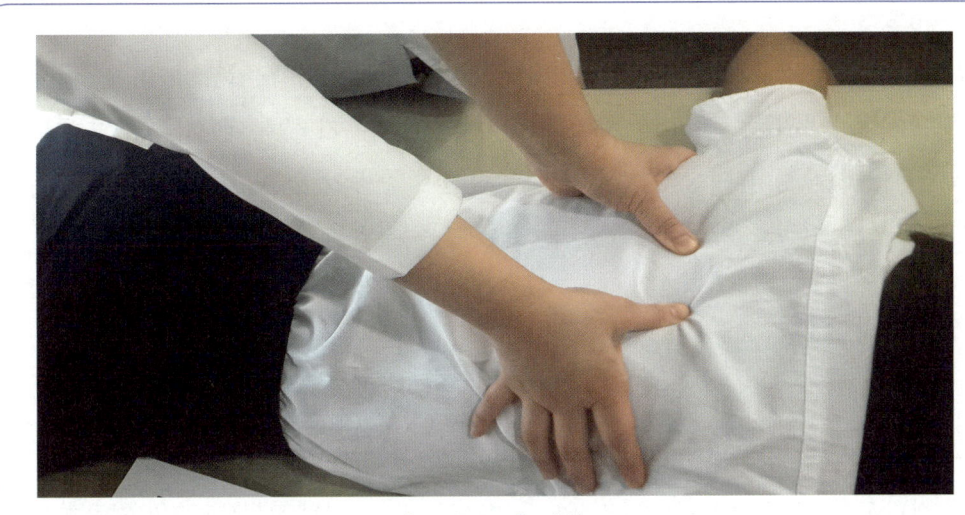

[그림 7-4] 지압

① 압법 조작

손끝을 이용하는 지압은 고객이 오히려 통증을 느낄 경우가 있다. 누르는 방향도 피술자의 몸의 중심을 향하여 항상 수직압의 원칙을 지키도록 주의해야 한다. 압법을 실시하는 부위의 간격은 대체로 3~5cm로 중앙으로부터 말초방향으로 차례차례 눌러 나가는 것이 좋다.

지압의 중요한 점은 단지 손끝으로 누르면 된다는 것이 아니라 시술자가 관리하고자 하는 피술자의 몸 상태를 파악하여서 나쁜 정도에 따라서 압을 가감하고, 손끝에 압력을 서서히 증감시키면서 지압을 시행해야 한다.

압력의 정도에는 경중·완급·점증·점감·충격 등의 변화를 주면서 효과적인 생체반응을 기대해야 한다. 또 누르는 방향은 피술자의 몸의 중심을 향하여 항상 수직압의 원칙을 지키도록 주의해야 한다. 압법을 실시하는 부위의 간격은 대체로 3~5cm로 중앙으로부터 말초방향으로 차례차례 눌러 나가면 된다.

② 운동조작

지압의 한 종류로서 신체의 각 관절을 생리적 움직임의 한계에 도달할 때까지 구부리거나 펴면서 하는 운동조작이 포함된다. 이런 시술을 반복하게 되면 관절운동이 원활해지고 전신의 생리적 조정이 이루어져서 몸이 가벼워지고 기분이 상쾌해진다.

체·형·관·리·학

③ 적응증

지압은 혈액순환을 통하여 고혈압·불면증·신경통·류머티즘·위장병 외에, 어깨통·두통·피로 등 적응범위는 넓다. 단 주의를 해야 하는 경우가 있는데, 피술자가 극도로 쇠약해졌을 때, 또는 정상 이상의 체온이거나 전신에 통증이 있을 때, 화농성 질환이나 습진 등의 피부병이 있을 때, 악성종양이 있을 때는 지압을 조절해주는 것이 좋다.

2) 지압법의 적용

(1) 고혈압

고혈압은 심장병, 신장병 등과 함께 식사습관이나 건강상태 등 환경적인 원인으로 유발되어 진다고하나 원인이 파악되지 않는 경우도 있다. 본태성 고혈압을 치료하기 위하여 생활상의 여러 주의점이 요구되므로 지압만으로는 치료하기가 어렵다. 따라서 평소 긴장을 완화하거나 염분을 줄이는 식사습관, 콜레스테롤을 제한하는 식사요법과 함께 각종 지압법 등으로 꾸준히 관리를 하는 것이 매우 중요하다.

▶ 경혈 찾기와 누르는 법
- 좌우의 손가락 끝에 있는 '십선'이라는 경혈을 눌러준다.
- 십선은 열 손가락의 맨 끝점에 있는데, 손톱 끝에서 손바닥 쪽으로 2~3cm되는 부분이다.
- 먼저 열 손가락 하나하나의 뿌리 부분을 엄지와 둘째손가락으로 누르듯이 감싸주고, 손가락 끝 쪽으로 살짝 스친다.
- 열 손가락 모두 실시한다.
- 그 다음단계로 한쪽 손 십선에 다른 쪽 손의 손톱을 대고 강한 통증이 있을 때까지 10-15초간 서서히 힘을 주면서 누른다.
- 이때 손톱자국이 + 자와 같이 생기도록 세로로 눌러 준다.
- 좌우 열 손가락을 모두 이와 같이 한 두 차례씩 계속하면 혈압 저하를 기대할 수 있다.

(2) 잦은 설사

설사가 일어나는 원인은 잘못된 음식물이나 특정거부반응의 음식, 장의 기능 저하를 들 수 있다. 또한 심리적인 불안과 스트레스도 설사를 초래할 수 있다. 설사가 심해지면

경련성 복통과 구토증상이 유발될 수 있다. 설사가 계속되면 체력이 떨어져 일상생활에 지장을 받을 수 있으므로 전문가의 도움을 받아야 한다.

① 가슴으로부터 어깨, 팔 주무르기 : 왼팔을 앞으로 뻗고 엄지가 하늘로 향하게 한 뒤 오른 손으로 왼쪽 가슴을 문지르고, 어깨부터 팔목까지 꼭꼭 주무르면서 내려간다. 한 쪽이 끝나면 반대쪽도 동일하게 실시한다.
② 시계 방향으로 배 문지르기 : 손바닥을 뜨겁게 비벼서 시계방향으로 장을 문지른다.
③ 대장의 시작부터 끝까지 눌러주거나 대장유혈 문지르기 : 숨을 들이마신 뒤 내쉬면서 오른쪽 아랫배 대장이 시작되는 부위를 양손 손가락으로 누르고, 상행결장, 횡행 결장, 하행 결장 등을 따라가면서 눌러준다. 또한 손바닥을 뜨겁게 비벼서 복부 뒤편의 대장 유혈을 문지른다.

(3) 얼굴 혈색

건강한 사람의 혈색은 밝고 광이 나며 건강한 붉은 빛을 띤다. 건강이 나쁘면 얼굴색이 칙칙해지며 피부가 거칠어지고 탄력이 떨어진다.

① 배꼽 주위 문지르기 : 아랫배에 양손을 올리고 배꼽 주위를 시계방향으로 문지른다.
② 얼굴 눌러주기 : 손가락에 힘을 주고 얼굴의 전체적인 부분을 천천히 꾹꾹 눌러준다.
③ 신수혈 문지르기 : 양손을 뜨겁게 비빈 뒤 허리 뒤쪽에 위치한 신수혈 부근에 대고 문질러 준다.
④ 얼굴 위에서 아래로 마사지하기 : 손바닥이 뜨거워지도록 비빈 뒤 세수하듯 얼굴을 아래위로 만져준다.

(4) 두통

갑작스러운 두통이나 만성두통에 시달리는 경우는 먼저 전문의와 상담한 후 치료를 받아야 한다. 치료와 함께 적절한 지압법으로 평상시 관리를 한다면 두통완화에 효과를 볼 수 있다.

체·형·관·리·학

▶ 경혈 찾기와 누르는 법
- 엄지와 검지를 벌려 보면 두 손가락이 벌려지는 역삼각형의 부분이 있다. 이 역삼각형의 손목 쪽 정점이 '전두점'인데 이곳을 양손 모두 눌러준다.
- 전두점을 누르면 손의 내부를 울리는 듯 한 통증이 있다. 누르는 방법은 오른손의 둘째손가락 끝으로 왼손의 전두점을 누르고 왼손 엄지 끝으로 오른손의 전두점을 동시에 꾹 눌러 준다.
- 통증을 겨우 참을 수 있을 정도까지 상당히 강하게 7~8초 누른 후 좌우 손을 바꿔서 양 손을 교대로 4-5분 반복한다.

(5) 냉증

냉증은 여성의 질 질환으로 나타나는 증세로서 염증이 원인인 경우에는 치료를 받아야 한다. 단 원인으로 온몸의 혈액순환이 잘되지 않는 경우가 있는데, 이러한 경우 지압이 도움이 된다. 냉증이 계속되면 두통, 어깨 결림, 요통, 생리불순, 불면 등이 유발될 수도 있으므로 여성의 경우 평소에 냉증을 풀어주는 것이 중요하다.

▶ 경혈 찾기와 누르는 법
- 양발의 새끼발가락에 있는 '지음'이란 경혈을 꾸준히 눌러주면 냉증이 적어진다.
- 처음 경혈은 새끼발가락 발톱 뿌리의 바깥쪽 1-2mm아래에 위치하는 지점이다.
- 누르는 방법은 엄지와 둘째손가락으로 새끼발가락을 감싼 채 엄지로 지음을 누르듯이 잘 비빈다.
- 엄지와 둘째손가락으로 새끼발가락을 옆으로 은근히 잡아당겼다가 다시 누르기를 3-5초간 하면서 5분 정도 반복한다.

5 체형관리와 테이핑 요법

테이핑요법은 접착용 테이프로 근골격의 불균형이나 타박을 입었을 때 오는 통증이나 운동제한을 치료하는 것을 말한다.

1) 테이핑요법의 적용

일상생활이나 운동 중 근육이 긴장되거나 손상되어 근막에 이상이 생기면 근육이 부어오르고, 근막의 출혈로 내압이 상승하여 혈관이나 림프관, 조직액 등의 통로가 막히게 된다. 그러한 경우 혈액순환이 원활하지 않게 되고 여러 질환과 통증이 발생하게 된다. 통증을 완화하게 하기 위해 테이프를 붙이면 통증이 조절되고, 관련된 각종 질환이 호전되어 만성질환으로 발전되는 것을 예방할 수 있다.

근육의 심한 수축과 긴장을 완화시켜 주고 근육이 약해져 있거나 이완 된 곳은 강화시키고, 근육의 작용방향을 조절하여 통증을 완화함으로써 인체의 전반적인 균형을 잡아주는데 적용한다.

테이프를 붙여서 근육으로 인한 투통, 목의 결림, 어깨 결림, 요통이나 상완, 좌골신경통을 치료하는 것을 '테이핑 치료'라 한다. 이러한 테이핑요법은 강직성척추염이나 만성디스크, 퇴행성관절염, 노인성척추의 압박골절, 척추관협착증 등 근·골격계 질환에 효과가 큰 것으로 나타나고 있다. 천식, 불면증, 변비, 이명, 생리통, 두통, 구안와사, 손발 저림 등에도 광범위 하게 활용되고 있다.

2) 테이핑요법의 목적

테이핑 요법은 테이프를 피부에 붙여 피부의 물리적 자극을 유도하여 효과를 얻게 하는 방법이다. 테이프를 늘리지 않은 상태에서 테이프를 근육에 붙이면 피부와 근육이 정상위치로 되돌아 왔을 때 테이프를 붙인 부위에 굴곡이 생긴다. 테이프를 붙이면 피부는 위로 들어 올려 지게 되면 피부와 근육 사이의 공간은 커지게 된다. 그 공간으로 혈액과 림프액의 순환이 증가하여 자연치유력이 높아지면서 통증이 사라지고 근육의 운동기능이 되살아나게 되어 정상적인 신체활동을 할 수 있게 하는 것이 테이핑 요법의 목적이다.

3) 테이핑요법의 특징

테이핑요법은 시술이 매우 간단하며 사용 중 통증이나 부작용은 적고 효과가 지속된다. 약물사용이 곤란한 사람들 즉, 임산부, 노약자, 어린이에게도 적용이 가능한 것이 특징이다.

체·형·관·리·학

(1) 통증 완화

무거운 것을 들어 어깨가 아픈 경우, 너무 많이 걸어서 종아리 근육이 당기는 경우, 오랜 운동으로 전신에 통증이 있는 경우 등에 아픈 부위에 테이프를 붙이면, 신경학적으로 아픔이 감소되면서 근육이 원래의 상태로 되돌아가면서 전반적인 통증을 완화시킨다.

(2) 혈액순환과 림프 순환

테이프가 피부를 들어 올림으로써 피부와 근육이 정상위치로 돌아 왔을 때 피부와 근육 사이에 공간이 발생하여 고여 있던 노폐물이 빨리 배출되고, 혈액이나 림프액의 흐름이 원활하게 되어 각종 질환을 예방할 수 있다.

(3) 관절 조절

관절부위의 근육이 긴장되어 관절이 어긋나는 경우, 초기에 테이프를 붙임으로써 근육의 움직임이 원상태로 되돌아오고, 근육 이상으로 관절이 계속 나빠지는 것을 예방할 수 있다.

(4) 근육의 기능 회복과, 2차 손상 예방

테이프가 갖고 있는 신축성으로 피부와 근육이 자극을 받으면, 긴장되어 있던 근육이 원래의 상태로 회복된다. 통증이 있는 근육을 치료하지 않고 방치할 경우 주위의 다른 근육이 대신 역할을 하게 되므로 서로의 근육은 부담이 되고, 2차 손상이 발생하거나 만성질환으로 이어질 수 있다. 테이핑 요법은 근육의 기능을 바로 잡아 기능을 회복시키고 2차적인 손상을 예방할 수 있는 효과가 있다.

4) 테이핑요법의 분류

(1) 스파이랄

통증이나 운동기능장애가 생긴 부위만을 치료하는 것이 아니라 통증이나 장애가 있는 넓은 부위 전부를 신체 전체의 균형 이상의 문제로 생각하여 전체의 균형을 조정한다. 스파이랄 균형 테이핑은 비신축성 테이프를 피부표면에 붙여 주로 근육, 힘줄, 관절 등의 통증이나 운동기능장애의 개선을 목표로 한 치료 방법이다.

(2) 키네시오

키네시오는 효율적인 신체운동과 통증부위의 기능 회복을 연구하는 분야이다. 키네시오 테이프는 다른 테이프에 비해 통기성이 뛰어나서 피부에 부작용이 없고, 신축성과 접착성도 매우 우수하다.

5) 테이핑요법 적용 시 주의사항

① 접착한 후에 지속적으로 유지되고 있는지를 확인한다. 긴장된 근육이 원래의 근육으로 되돌아 왔을 때 테이프에 주름이 생기면 올바르게 접착한 것이다.
② 격렬한 운동을 해야 할 경우에는 운동 전에 테이프를 붙이면 근육의 손상을 예방할 수 있다. 접촉이 많은 운동의 경우에도 스포츠 테이핑과 병행하면 효과가 크다. 운동 후에도 테이프를 붙여두면 염분으로 인해 피부병이 생길 수 있고, 샤워 후 잘 말리지 않으면 문제가 될 수 있으므로 주의한다.
③ 테이핑 후에 불편감이 느껴지면 떼어내고 다시 접착한다. 체질적으로 피부가 약한 사람은 하루 이상을 유지하지 않고 개인의 상태를 고려해야 한다. 피부가 빨갛게 되면 사용을 금한다.
④ 테이프는 통증이 있는 근육의 시작과 끝 위치를 정확하게 찾아서 근육의 크기 및 형태에 따라 접착한다.
⑤ 성별과 연령 등에 따라 차이를 두는 것이 좋다. 근육의 길이와 형태가 다르기 때문에 먼저 붙이려는 부위의 피부를 청결하게 한 다음 근육을 최대한 늘린 상태에서 근육의 크기에 알맞게 테이프를 잘라서 사용한다.
⑥ 테이프에 붙어있는 종이를 먼저 벗겨낼 경우에는 테이프를 피부에 조금 붙인 상태에서 종이를 벗겨내는 것이 편리하다.
⑦ 근육을 많이 늘린 상태에서 붙이며 테이프는 늘어나지 않는 상태에서 접착 시켜야한다.
⑧ 샤워 후에는 드라이기 및 수건으로 테이핑 부위를 말려준다.
⑨ 테이프는 보통 2~3일 이상 붙이지 말고, 통증이 남아 있으면 다시 접착한다.
⑩ 접촉이 많은 운동의 경우 스포츠 테이핑과 병행하면 효과가 크다.

체·형·관·리·학

제7장 체형관리를 위한 마사지 요법
핵심요약

○ 체형관리의 마사지 종류

- 림프드레나쥐
- 경락 마사지
- 스웨디시 마사지
- 타이 마사지
- 스포츠 마사지
- 딥 티슈 마사지
- 아유르베다
- 아로마 테라피 마사지

○ 카이로프락틱의 정의

 약과 수술에 의존하지 않고 손에 의해 신체를 한 부분이 아닌 전체에 초점을 두고 연구하며 예방과 유지적인 측면에 역점을 두어 영양과 운동을 겸한, 신경, 근육, 골격을 복합적으로 다루는 치료이다.

○ 슬리밍 요법의 용어적 차이

 슬리밍, 퍼밍, 리프팅은 혼동되어 사용되는 경우가 많다.
- 슬리밍 : slimming은 허벅지나 엉덩이, 뱃살 울퉁불퉁해지는 셀룰라이트를 없애주는 기능을 말한다.
- 퍼핑 : firming은 수분 조절, 탄력은 수분 분해를 통해 피부에 탄력을 주며 일시적으로 부은 곳에 사용하면 좋다.
- 리프팅 : lifting은 처진 피부, 콜라겐은 턱이나 눈 밑이 축 처지는 것을 들어 올려주는 에센스 기능, 콜라겐 성분을 함유한 것이 많은데, 보습제와 함께 사용하면 더 큰 효과가 있다.

○ 지압의 적용

〈고혈압〉	〈잦은 설사〉
십선(열 손가락의 맨 끝 지점)이라는 경혈을 10-15초간 서서히 힘을 주면서 누른다.	· 가슴으로부터 어깨, 팔 주무르기 · 시계 방향으로 배 문지르기 · 대장의 시작부터 끝까지 눌러주거나 대장유혈 문지르기
〈두통〉	
· 전두점(엄지와 검지 사이의 역삼각형 부위)을 7~8초 강하게 누르기 · 양손을 교대로 4~5분 반복	〈얼굴의 혈색〉
〈냉증〉	· 배꼽 주위 문지르기 · 얼굴 전체적인 부분 눌러주기 · 신수혈(허리 뒤쪽) 문지르기 · 얼굴 위에서 아래로 마사지하기
· 양발의 지음혈(새끼발가락 끝의 바깥측면)을 누르듯이 비빔 · 양발을 3-5초간 하면서 5분 정도 반복	

○ 테이핑 요법의 정의

테이핑요법은 접착용 테이프로 근골격의 불균형이나 타박을 입었을 때 오는 통증이나 운동제한을 치료하는 것을 말한다.

체·형·관·리·학

제7장 체형관리를 위한 마사지 요법
연습문제

객관식

1. 카이로프락틱에 대한 설명으로 옳지 않은 것은?
   ① 그리스어에서 파생되어 "손"을 뜻하는 "카이로(chiro)"와 치료를 뜻하는 프락토스(practice)"라는 말의 합성어이다.
   ② 간스테드 테크닉(Gonstead Technique)은 회전교정요법이라 하며, 추골의 최대 회전가동력, 추골근육의 연부조직의 최대장력을 이용한다.
   ③ 신체의 운동역학적 장애에 대한 병리, 진단, 치료를 통해 이들 조직의 기능적 장애, 생화학적 변화, 신경 생리학적 변화 및 통증의 발생을 예방하는 것을 목적으로 한 학문을 말한다.
   ④ 1895년 미국의 데이비드 파머(D.D. Palmer)박사에 의해 처음으로 의학적 체계를 갖추었다.

2. 기(氣)가 원활하게 순환 될 수 있도록 하는 마사지는?
   ① 경락 마사지　　　　② 안마 마사지
   ③ 반사 마사지　　　　④ 지압 마사지

3. 식품의 특정부위에서 추출해낸 방향성 에센셜오일을 후각이나 피부를 통해 인체에 흡수시켜 신체와 정신의 항상성을 유지, 촉진하는 요법은 무엇인가?
   ① 기능성 화장품 요법　　② 열 관리 요법
   ③ 림프드레나쥐 요법　　　④ 아로마 테라피 요법

제7장 체형관리를 위한 마사지 요법

4. 스포츠 마사지에 대한 설명이라고 볼 수 없는 것은?
   ① 일반적 효과나 근육의 혈액순환을 좋게 함과 동시에 심장의 부담을 덜어 주고 전신의 혈액순환을 개선 조절한다.
   ② 고대 그리스나 로마의 의사들도 마사지를 질병 치료와 고통 완화의 목적으로 사용하였다.
   ③ 스포츠 마사지라는 말을 사용한 것은 18세기 후반에서 19세기 초반이다.
   ④ 주로 피부를 쓰다듬거나, 주무르기, 문지르기, 두드리기, 흔들기 등의 방법으로 행해진다.

5. 테이핑요법의 특징으로 옳지 않은 것은?
   ① 통증 완화
   ② 혈액순환과 림프순환
   ③ 관절 강화
   ④ 2차 손상 예방

주관식

1. 체형관리의 마사지 종류에 대해 쓰시오.

2. 슬리밍 요법의 용어적 차이를 설명하시오.

3. 테이핑 요법의 목적을 쓰시오.

Chapter 08

체형관리를 위한 기기 테크닉

1. 체형관리 기기의 분류
2. 체형관리 기기의 특징 및 종류
3. 체형관리 전신 운동 기기의 종류

CHAPTER 08 체형관리를 위한 기기 테크닉

1. 체형관리 기기의 분류

효과적인 체형관리를 위하여 사용되는 기기가 점점 증가하고 있으며 그 기능도 향상되고 있다. 체형관리를 하기위해 사용되는 기기는 용도별로 관심이 증가되면서 체형분석의 단계부터 효과적으로 활용한다. 체형관리의 기기는 최근 그 목적과 단계별 과정에 따라 매우 다양하게 사용되므로 기기의 원리를 정확하게 이해한 후 사용하는 것이 올바른 방법이다. 또한 사용 전 구매회사의 사용 매뉴얼을 필히 숙지하여야 하며, 체형관리사가 사용하게 될 체형관리 기기는 다음과 같이 구분된다.

〈표 8-1〉 체형관리 목적별 기기 종류

관리목적	사용기기
열 요법	원적외선기, 사우나건식, 아로마습식, 고주파기
운동 요법	운동요법기기, 플레이트, 바이브레이터, 중·저주파기
미세전류 요법	초음파기, 저주파기, 중주파기

〈표 8-2〉 체형관리 단계별 기기 종류

관리단계	사용기기
각질제거, 발열작용	원적외선(사우나 건식, 아로마 습식)
체형분석	체지방측정기, 체중계, 신장계, 캘리퍼, 줄자
셀룰라이트, 부종관리	고주파, 석션, 바이브레이터, 엔더몰러지
지방분해, 운동관리	초음파, 중·저주파, 엔더몰러지
탄력 리프팅관리	중·저주파

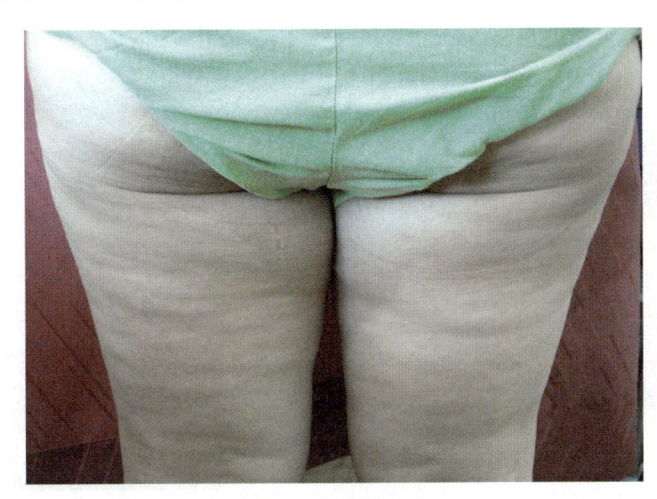

[그림 8-1] 셀룰라이트

2. 체형관리 기기의 특징 및 종류

1) 엔더몰러지 (Endermologie)

프랑스의 공학자인 Louis Paul Guitay가 손을 사용하여 마사지와 같은 효과를 내는 기기를 개발하여, 이것을 엔더몰러지라고 하였다. 엔더몰러지는 음압(흡입 : suction)과 양압(굴리기 : rolling)의 원리를 이용하여 '피부를 당겼다 놨다'를 반복함으로써 피부에 물리적인 자극을 계속 주어 지방을 분해한다. 즉, 지방세포를 둘러싸고 있는 셀룰라이트 등 질긴 섬유질의 엉김을 풀어주므로 림프의 순환을 촉진시키고, 셀룰라이트 감소효과를 얻을 수 있는 기기이다.

(1) 적용 효과
- 부종감소, 피부탄력 강화
- 셀룰라이트 분해
- 신체내의 독소 및 노폐물 배출
- 혈액순환 및 신진대사 촉진

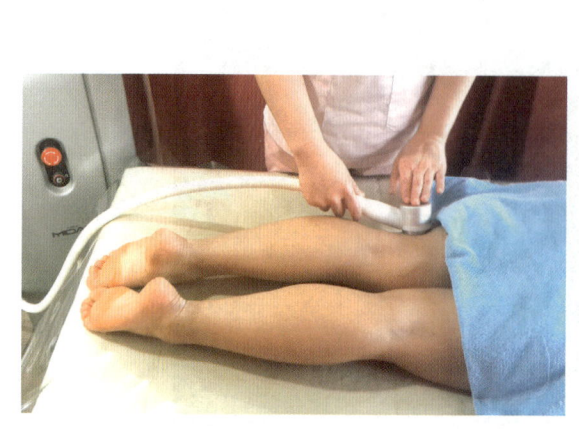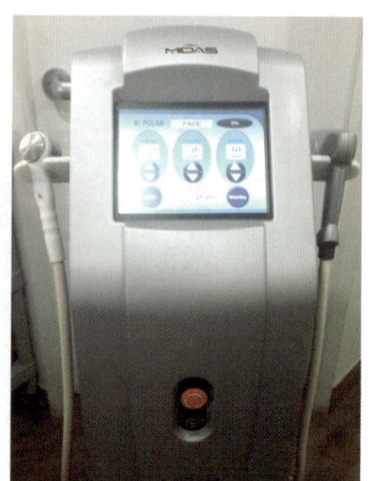

[그림 8-2] 엔더몰러지

(2) 적용 시 방법

- 적용 시 관리는 아로마오일 등을 발라서 기기 핸드피스의 방향은 각각의 신체 말초에서 심장 방향 쪽으로 실시한다.
- 체형관리용 제품과 엔더몰러지를 함께 사용하면 효과를 더 증진 시킬 수 있다.
- 온 몸의 체형관리 시간은 약 40~50분 정도로 주 2~3회 실시하는 것이 바람직하다.

(3) 적용 주의 대상

- 정맥류가 심한 사람
- 피부가 민감한 자
- 화상환자가 몸 안에 금속 핀이 있는 사람
- 염증이나 상처부위가 있는 자

(4) 적용주의 사항

- 골격 가까이 있는 부위, 정맥류, 모세혈관 부위는 가능한 피한다.
- 유분 및 염분이 함유된 제품을 제한한다.
- 압의 세기 적용방향을 주의한다.

2) 림프 마사지기기 (Lymphatic drainage machine)

림프 마사지기기는 림프 배농(lymph drainage)의 3대 요소인 맥박수, 정확한 압력, 배출 방향을 최대한으로 고려하여 제조된 순환기기이다. 또한 림프 배농기는 인체부위에 따라 크기가 다른 유리관(벤도우제)을 사용하여 일정한 압력을 이용하여 림프배농을 촉진시킨다. 림프 마사지기기는 림프 배농을 목적으로 개발되었으며, 림프 순환 시 림프를 심장 수축과 동시에 배출하기 위해 매 10초 간격으로 맥박을 체크하며 그 맥박에 맞춰 기기가 작동된다. 압력은 30~33 mmHg를 정확히 맞춰서 관리하며, 기기시술을 통하여 효과적으로 림프배농을 할 수 있다.

(1) 적용 효과
- 셀룰라이트 관리
- 혈액순환 및 노폐물 배출
- 세포 및 조직 재생력 강화
- 림프 순환 촉진

(2) 적용 시 방법
- 림프 마사지기기 관리 후 고객에게 물을 권한다.
- 관리 시 귀금속이나 부착물은 착용하지 않는다.
- 고객의 피부두께 및 림프정체 정도에 따라 압력을 조절한다.
- 림프 마사지기기를 사용할 때 반드시 정확한 림프의 위치에 유리관을 놓아야 한다.
- 림프순환 장애에 의해 발생된 비만은 순환 관리를 먼저 실행한다.
- 하루 1.5L 이상의 수분을 섭취하며, 싱겁게 식사하기를 권한다.

(3) 적용 시 주의 대상
- 어깨에 심을 박은 사람
- 체내에 금속 삽입물을 가진 사람
- 암에 걸려 치료를 받았던 사람
- 심각한 질환중인 환자

(4) 적용 주의 사항

- 작동이 제대로 안될 경우에는 기기의 파워를 끄고 잠시 후에 끄고 다시 작동한다.
- 기기 작동 중에는 이물질이 안에 들어가지 않도록 주의한다.

림프드레니쥐의 올바른 과정

➡ 1차적으로 림프배농은 심장에서 가까운 부위부터 먼저 배농시키는 것이 노폐물의 이동을 쉽게 한다.

➡ 1차 림프배농 후에는 신체의 림프절과 림프관의 흐름에 따라 림프순환 관리를 하여야 한다.

① 얼굴
- 림프 1차 배농 : 뒷머리 → 목 → 안면
- 림프순환 : 안면 → 목

② 체형관리
- 림프 1차 배농 : 목 → 겨드랑이 → 등 → 손바닥 → 허벅지의 서혜부 → 무릎 위 → 발바닥
- 림프순환 : 발바닥 → 무릎 뒤 → 허벅지의 서혜부 → 손바닥 → 겨드랑이 → 목

③ 하체관리
- 림프 1차 배농 : 서혜부 → 허벅지 → 무릎 → 발바닥
- 림프순환 : 발바닥 → 무릎 → 허벅지 → 서혜부

④ 상체관리
- 림프 1차 배농 : 목 → 겨드랑이 → 등 → 팔 관절 → 손바닥
- 림프순환 : 손바닥 → 팔 관절 → 겨드랑이 → 목

---

3) 원적외선 기기(Sauna and Far Infrared Rays)와 사우나

원적외선 기기와 사우나는 열에 의한 체형관리 방법에 사용되며, 다음과 같은 목적으로 주로 활용한다. 원적외선기기는 심부에 열을 전달하며, 사우나는 발한 작용을 유도하여 노폐물 배출과 일시적인 체중감량을 목적으로 사용된다.

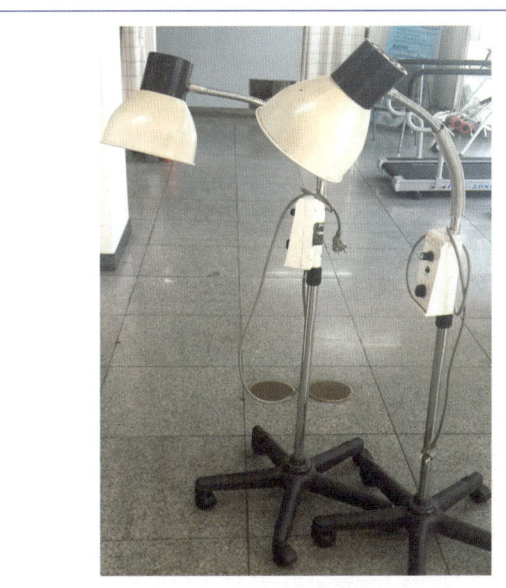

[그림 8-3] 원적외선 기기

(1) 사우나 적용 시 방법

- 약간의 물을 마신다.
- 사우나 전원을 누른 후, 원하는 온도와 시간을 선택하여 맞추어 놓는다.
- 사우나 예열 시간은 약 5~7분으로 예열이 완료 된 후에 사우나를 한다.
- 10~15분이 경과하면 땀 배출이 시작되는데, 지속적으로 땀을 배출하기 위해서는 사우나의 온도를 최소 40°C 이상으로 일정하게 유지시키며 무리하지 않는다.

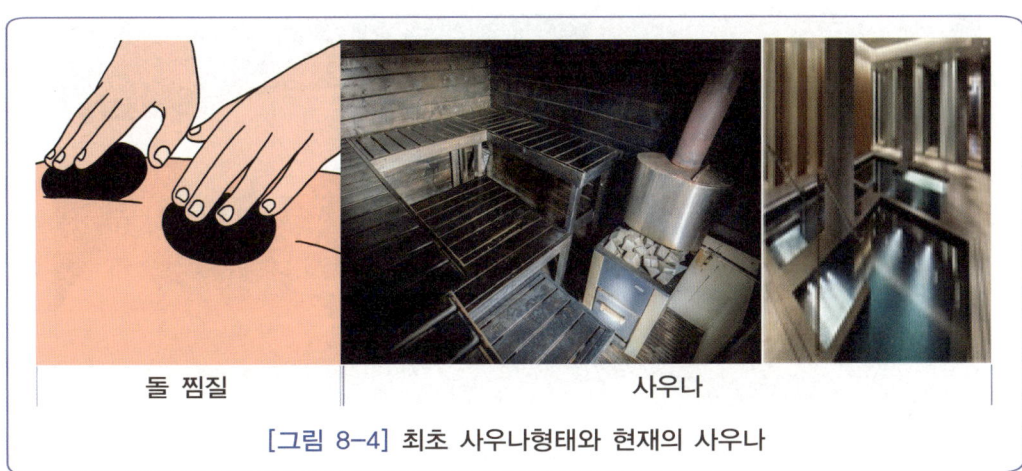

돌 찜질   사우나

[그림 8-4] 최초 사우나형태와 현재의 사우나

체·형·관·리·학

(2) 적용 시 주의 대상

- 만성질환, 심각한 질환을 보유한 환자
- 생리중이거나 임신 중인 사람
- 열에 민감하여 후유증이 예상되는 사람

(3) 적용 주의 사항

- 열에 민감하거나 장시간 사우나를 할 경우에는 실내의 온도를 체크하며 고온상태가 자신의 건강상태와 맞지 않는 경우에는 바로 중지한다.

> **Q&A** 적외선 기기와 사우나의 효과는???
>
> A.
> - 자율신경 조절
> - 신진대사 촉진
> - 림프드레니쥐 효과
> - 발한작용

4) 프레셔 테라피(Pressure Therapy)

프레셔 테라피는 압박요법으로 신체부위에 적당한 압력을 가하여 세포와 세포 사이에 정체되어 있는 체액을 제거하고 정맥과 림프의 순환을 빠르게 촉진하는 기기이다. 특히 셀룰라이트와 같은 미세순환 시스템의 이상을 세포 사이의 체액이 증가되어 발생한 부종과 지방의 축적, 탄력 저하와 같은 문제들을 개선하는데 효과적이다.

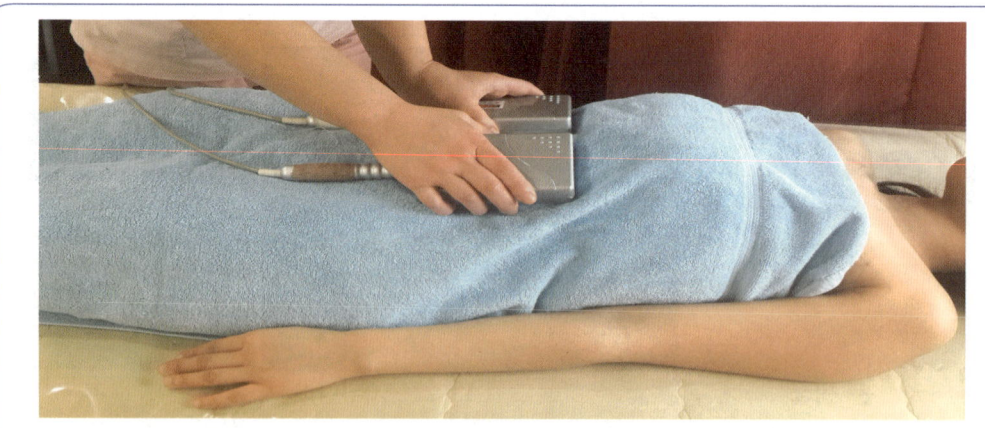

[그림 8-5] 프레셔테라피

(1) 적용 효과
- 지방분해 및 혈액순환 촉진
- 근육통증 완화
- 림프순환 및 노폐물 배설 촉진
- 근육활동을 통한 체형관리

(2) 적용 방법
- 적용 방법은 1회 30분 정도로 관리한다.
- 혼자서 체형관리를 잘 못하는 경우에는 하루나 이틀 간격으로 지속적인 관리가 유리하다.

(3) 적용 금지 대상
- 만성질환자 및 염증, 상처부위가 있는 사람
- 임산부나 암환자

5) 바이브레이터(Vibrator)

바이브레이터는 진동에 의해 혈액순환을 촉진시키는 마사지 기기를 말한다. 주로 주사 시술이나 마사지 관리 후에 진동에 의해 순환을 유도하는 기기로서 서있는 자세에 의하여 운동이 되므로 편리성을 추구하는 사람들에게 적합하다. 다른 체형관리와 병행 시에 근육운동 및 지방분해의 효과를 증가시킬 수 있다.

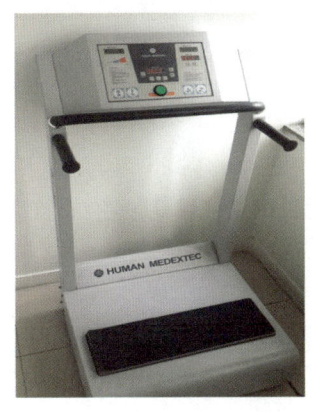
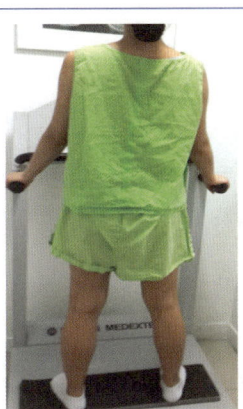

[그림 8-6] 바이브레이터

〈표 8-3〉 바이브레이터기의 사용방법

부속종류	신체부위	마사지 방법	진동수 선택
원형 스펀지	전신	회전	30~40
	가슴	스트레이트	20~30
	얼굴	회전	30~40
브러시	각질제거	회전	40~50
곡형 스펀지	목, 허리	스트레이트	50~60
2봉	등, 척추	회전 또는 스트레이트	30~40
4봉	근육		
1봉	지압	스트레이트	40~50

〈표 8-4〉 바이브레이터기 헤드의 종류

헤드 종류	효과
1봉	문지르기
원형, 곡형 스펀지	쓰다듬기
2, 4봉	반죽하기
전체	진동하기
고무 브러쉬	두드리기

(1) 적용 효과

- 혈액순환 촉진 및 림프 배농
- 주사나 마사지 시술 후 병행하면 체형관리, 신체사이즈 감소
- 근육이완 효과

(2) 적용 시 방법

- 일반 관리 시 고객의 상태에 따라 관리 시간을 단축할 수 있다.

- 일반적인 관리 시 사용하며, 미리 열을 발생(pre-heating)시켜 근육을 이완시킨다.
- 먼저 고객의 피부와 근육을 유연하게 해주기 위해 손을 이용해서 심장을 향하여 쓰다듬기를 해준다.
- 바이브레이터의 표면과 피부 사이의 접촉을 부드럽게 해 주기 위해 스펀지나 부드러운 고무 등의 도구를 사용한다.
- 근육의 방향을 생각하여 원을 그리듯이 적용하며 평행으로 힘을 준다.
- 바이브레이터의 도구는 둥글고 납작한 형태와 다리 표면의 크기에 맞는 넓적한 모양 등 다양하게 많다.
- 브러시 형태의 도구를 이용해 피부 표면에 원을 그리는 동작은 피하지방이 많이 있는 부위에 사용한다.

(3) 적용 주의 대상
- 부종, 정맥류가 있는 자
- 모세혈관 확장 피부, 화농된 상처
- 멍든 부위, 일광화상
- 고혈압, 당뇨병

(4) 적용 시 주의 사항
- 뼈가 있는 부위의 시술은 피한다.
- 알맞은 압력으로 관리하여 피부가 손상되지 않도록 주의 한다.

6) 진공 흡입기 (Suction, Vaccum)

진공 흡입기는 진공으로 빨아들이는 공기압의 작용기기이다. 유리컵인 벤도우제를 사용하여 피부를 흡입하는 원리를 적용하므로 전신 관리 시에 혈액순환 및 림프순환을 촉진시키고, 근육을 이완시켜서 체형을 관리해 주는 기기이다.

(1) 적용 효과
- 부종 완화 및 경직된 근육을 이완

- 지방제거 및 셀룰라이트 분해를 촉진
- 림프순환 및 노폐물 배출

(2) 적용 시 방법

- 적용 부위에 적절한 유리컵을 선택한다.
- 아로마오일 등을 적용 부위에 바르고 부드럽게 적용시킨다.
- 흡입기를 사용하기 전 손가락이나 손바닥을 이용해 컵의 압력을 알아본다.
- 처음부터 강하게 들어가면 통증이 유발되므로 점차적으로 압력을 늘려나간다.
- 피부에 부착 시킨 후 뒤에서 앞으로 리듬감 있게 움직인 후 피부를 들어 올리듯이 림프절의 방향으로 이동한다.

(3) 적용 주의 대상

- 질환을 가지고 있으며 예민한 사람
- 민감성 피부를 가진 사람
- 켈로이드성 피부이거나 염증이 있는 사람
- 모세혈관 확장증인 환자

(4) 적용주의 사항

- 인체의 한 부위에만 무리하게 관리하지 않고 넓은 부위를 한다.
- 림프 정체가 심한 부위에는 부드럽게 하여 통증이 심하지 않도록 조절한다.

7) 초음파 기기

초음파 기기는 진동을 시키면서 분자간의 마찰에 의해 열을 발생시켜서 체형관리에 도움을 준다. 피부의 온도를 약 1℃ 정도 올려줌으로써 혈액순환과 신진대사 기능을 촉진시키고 셀룰라이트 및 지방을 분해시키는 기기이다.

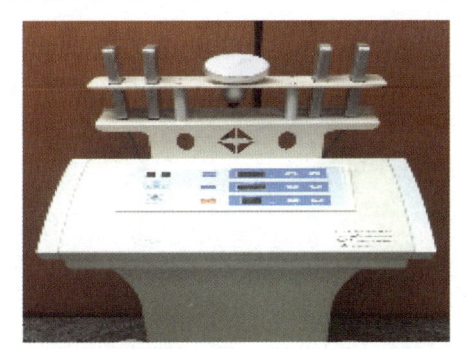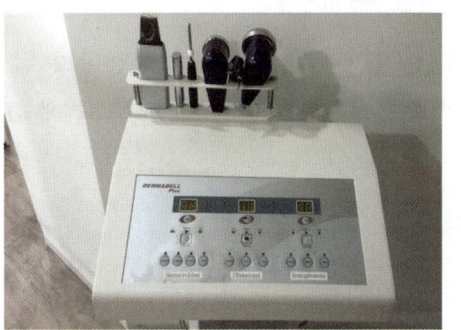

[그림 8-7] 초음파 기기

(1) 적용 효과

- 신체 신진대사 촉진
- 온열효과에 의한 셀룰라이트 및 지방분해를 유도
- 바른 체형관리에 도움

(2) 적용 시 방법

- 초음파 기기는 통증이 거의 없으므로 강도는 고객의 상태에 따라 결정한다.
- 강도와 사용 시간을 설정한 후 시작 버튼을 누르며 효과를 높이기 위하여 시간을 조절한다.
  - 복부 : 20분, 힙 : 15분, 팔 : 10분, 대퇴부 : 15분, 종아리 : 15분이 좋다.
- 초음파 기기 전용 젤을 도자에 도포한 후, 전원 스위치를 켜고 바디 보드를 선택한다.

(3) 적용 주의 대상

- 신체에 금속을 삽입한 사람
- 혈전증, 심장 질환자
- 인공 심장기를 부착한 자
- 염증이나 상처부위가 있는 사람
- 전염성 피부질환자

(4) 적용 주의사항
- 골격이나 관절부위는 적용하지 않는다.
- 초음파 프로브(probe) 및 피부에 초음파 전용 젤을 사용한다.

8) 고주파 기기

고주파 기기는 열을 피부조직의 심부에 투과시켜 신체의 온도를 상승시키는 온열요법으로 사용하는 기기이다. 피부 깊은 부위까지 열이 전달되므로 림프순환 뿐만 아니라 통증 완화 효과도 커서 체형관리에 효과적인 기기이다.

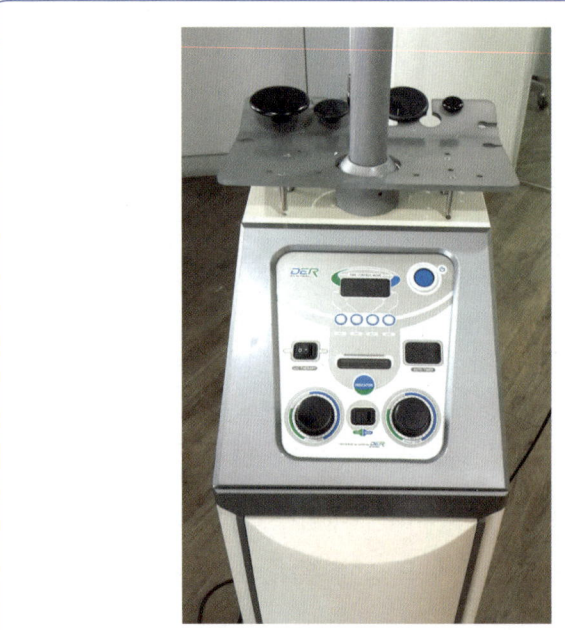

[그림 8-8] 고주파기

(1) 적용 효과
- 순환관리에 의하여 지방 연소, 셀룰라이트 감소
- 심부열의 효과가 있어서 통증완화 효과
- 조직의 온도 상승 및 세포기능 증진
- 하체 관리 시 부종해소, 슬리밍 효과

- 복부 관리 시 혈액순환 및 림프순환 촉진, 독소배출 및 내장지방 감소를 유도

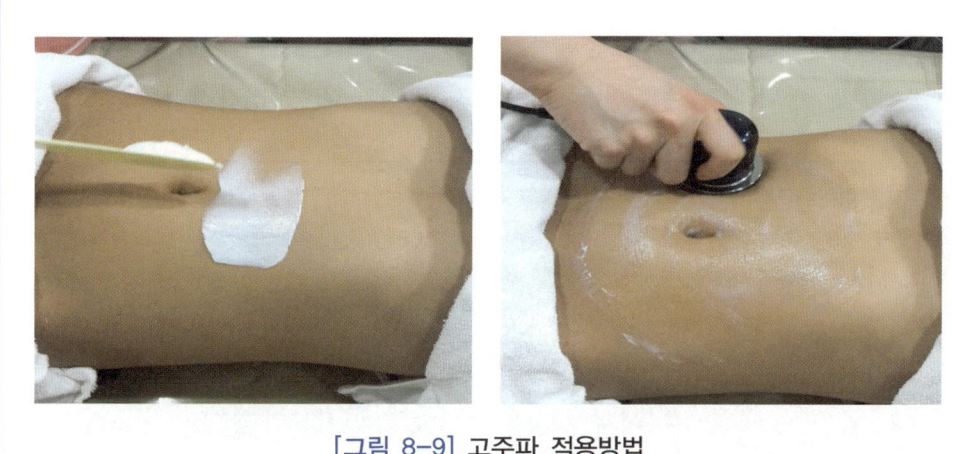

[그림 8-9] 고주파 적용방법

(2) 적용 시 방법

- 플레이트를 시술 받는 사람에게 완전 밀착시켜야 한다.
- 고주파 전용크림을 도포한 후 기기의 온도가 올라가면 기기테크닉을 시작한다.

3) 적용 시 주의 대상

- 전기에 민감한 사람
- 임산부
- 맥박이상, 인공 심장기 부착한 사람
- 혈전증, 정맥류, 수술 직 후, 치아 내 보철을 한 사람
- 저혈압, 고혈압 환자

(4) 적용 주의 사항

고주파 기기는 플레이트와 고객의 몸이 떨어지면 심한 열감으로 고통을 받을 수 있으므로 꼭 주의 당부를 한 후 기기테크닉에 들어가야 한다. 또한 온도 조절이 적합하지 않으면 통증으로 두려워지기 때문에 온도 및 열감을 자주 확인하면서 적용한다.

9) 중주파 기기

중주파 기기는 몸에 중간 주파수 4,000~4,500Hz(2,000~2,500Hz) 범위의 전류를 이용하는 것으로 저주파와 달리 근육의 통증 없이 자극하는 기기를 말하며 자극이 부드럽고 특정한 부위뿐만 아니라 넓은 부위의 심부까지 관리가 가능한 기기이다.

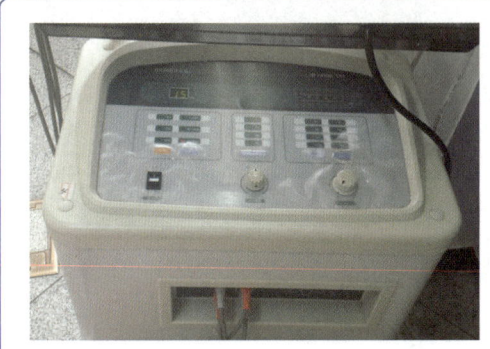

[그림 8-10] 중주파기

(1) 적용 효과

- 셀룰라이트와 부종 관리에 도움
- 근육의 탄력 강화에 도움
- 림프 및 혈액순환 강화에 도움

(2) 적용 시 방법

- 중주파의 강도는 고객의 의견을 들으면서 조절한다.
- 강도의 상향 조정은 시계 방향으로, 하향 조정은 시계 반대 방향으로 서서히 조절한다.

(3) 적용 주의 대상

- 신경질환, 간질, 심한 림프 장애를 동반한 사람
- 혈전성 정맥 질환자
- 외부상처, 암이나 종양이 있는 사람

- 열이 약간이라도 있는 환자
- 임산부 또는 임신 가능성이 있는 사람

(4) 적용 주의 사항

- 기기를 작동 할 때 강도 조절기가 제로인 상태에서 작동시킨다.
- 강도의 세기는 고객의 상태에 따라 서서히 조정한다.

10) 저주파 기기

저주파 기기는 저주파(1~1000Hz 이하) 전류를 이용하는 기기이다. 근육에 전기 자극을 줌으로써 근육을 운동시켜 셀룰라이트 분해와 지방연소를 촉진하는 기기이다.

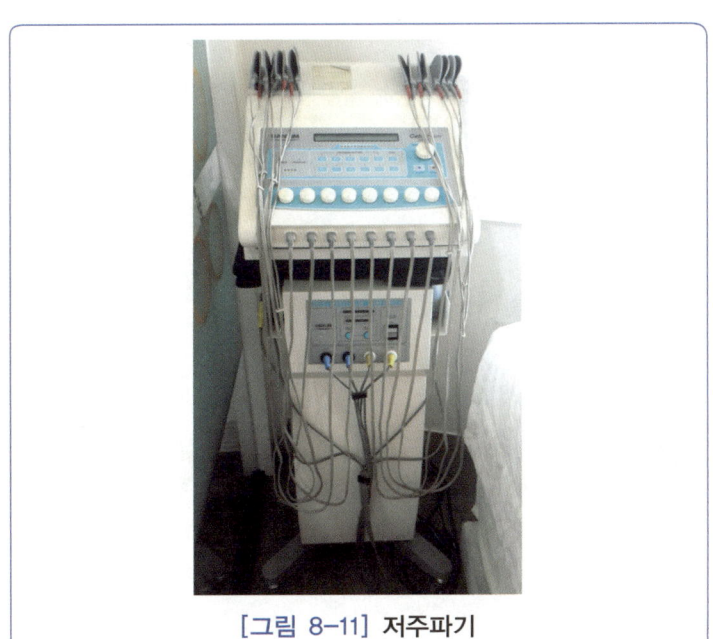

[그림 8-11] 저주파기

(1) 적용 효과

- 탄력관리에 도움
- 신체 부위별 슬리밍 및 퍼밍 관리 가능
- 신체 사이즈 감소, 체중감소에 효과

체·형·관·리·학

(2) 적용 방법
- 저주파기는 관리 부위별로 적용한다. 가장 문제가 되는 부위부터 집중관리 한다.
- 탄력강화를 위한 목적으로 사용할 때는 600Hz로 관리한 후 400Hz로 적용한다.
- 초기 관리는 전기 자극을 약하게 적용하고, 그 강도를 서서히 높인다.

(3) 적용 주의 대상
- 체내에 금속 삽입물을 가진 사람
- 관리하려는 부위에 실리콘이나 기타 삽입물을 가진 사람
- 임산부 및 임신 가능성이 있는 사람
- 인공 심장기를 부착하고 있는 사람

(4) 적용 주의 사항
- 관리 30분 전·후에는 식사를 하지 않는 것이 좋다.
- 패드는 정확한 근육 위치에 부착한다.
- 스펀지에 적당한 물을 적신다.
- 고객과 관리사는 몸에 액세서리 부착을 금지한다.
- 집중 관리를 할 때 격일제로 관리한다.

3 체형관리 전신 운동 기기의 종류

1) 스텝퍼

스텝퍼는 유산소 운동으로 계단 오르기와 같은 원리를 이용해 하체 근력강화에 도움을 주는 기기이다. 계단을 오르는 동작을 반복하여 대퇴부의 근육 발달, 하체의 군살제거와 지방 연소에도 도움을 주는 운동기구이다. 발로 밟을 때 생기는 저항으로 운동속도와 강도를 조절할 수 있는데, 낮은 강도를 적용하면 유산소 운동효과를, 높은 강도에서는 근력 운동 효과를 얻을 수 있다.

(1) 적용 효과

- 유산소 운동의 효과 및 근력강화
- 골반 및 종아리 운동이 가능
- 대퇴부의 근력강화에 효과적
- 대퇴부 지방 및 셀룰라이트를 제거
- 심폐 지구력 증강에 효과적

2) 러닝머신(Running Machine)

유산소 운동과 다이어트에 사이클과 더불어 가장 흔하게 이용되는 기기이다. 러닝머신은 실내에서 달릴 수 있도록 제작된 기기를 말한다. 용어의 뜻은 밟아 돌리는 바퀴라는 뜻의 트레드밀(treadmill)에서 유래되었으며, 국내에서는 일반적으로 러닝머신이라 말한다.

[그림 8-12] 러닝머신

(1) 적용 효과

- 열량소모를 유도하여 체중조절의 운동 효과
- 변비해소에도 도움이 되며 다이어트에 유산소 운동효과 강화
- 성인병 예방 및 비만을 예방
- 운동에 의하여 면역력이 향상

체·형·관·리·학

제8장 체형관리를 위한 기기 테크닉
핵심요약

○ 체형관리의 기기 종류

- 앤더몰러지
- 림프 마사지 기기
- 원적외선 기기
- 프레셔테라피
- 바이브레이터

- 진공 흡입기
- 초음파 기기
- 고주파 기기
- 중주파 기기
- 저주파 기기

○ 체형관리의 기기별 적용 효과

<앤더몰러지>	<림프 마사지 기기>
· 부종감소, 피부탄력 강화 · 셀룰라이트 분해 · 신체내의 독소 및 노폐물 배출 · 혈액순환 및 신진대사 촉진	· 셀룰라이트 관리 · 혈액순환 및 노폐물 배출 · 세포 및 조직 재생력 강화 · 림프 순환 촉진
<원적외선 기기>	**<프레셔테라피>**
· 혈액순환 촉진 및 림프 배농 · 체형관리, 신체 사이즈 감소 · 근육이완 효과	· 자율신경 조절 및 신진대사 촉진 · 림프드레니쥐 효과 · 발한작용
<바이브레이터>	**<고주파 기기>**
· 지방분해 및 혈액순환 촉진 · 근육통증 완화 · 림프순환 및 노폐물 배설 촉진 · 근육활동을 통한 체형관리	· 지방 연소, 셀룰라이트 감소, 통증완화 효과 · 조직의 온도 상승 및 세포기능 증진 · 혈액순환 및 림프순환 촉진, 부종해소 · 독소배출 및 내장지방 감소를 유도
<진공 흡입기>	**<초음파 기기>**
· 부종 완화 및 경직된 근육을 이완 · 지방제거 및 셀룰라이트 분해 촉진 · 림프순환 및 노폐물 배출	· 신체 신진대사 촉진 · 셀룰라이트 및 지방분해를 유도 · 바른 체형관리에 도움
<중주파 기기>	**<저주파 기기>**
· 셀룰라이트와 부종 관리에 도움 · 근육의 탄력 강화에 도움 · 림프 및 혈액순환 강화에 도움	· 탄력관리에 도움 · 신체 부위별 슬리밍 및 퍼밍 관리 가능 · 신체 사이즈 감소, 체중감소에 효과

○ 체형관리의 운동 기기 종류 및 적용효과

<스텝퍼>
- 유산소 운동의 효과 및 근력강화
- 골반 및 종아리 운동 가능
- 대퇴부의 근력강화에 효과적
- 대퇴부 지방 및 셀룰라이트를 제거
- 심폐 지구력 증강에 효과적

<러닝머신>
- 열량소모를 유도하여 체중조절의 운동 효과
- 변비해소에도 도움이 되며 다이어트에 유산소 운동효과 강화
- 성인병 예방 및 비만을 예방
- 운동에 의하여 면역력이 향상

체·형·관·리·학

제8장 체형관리를 위한 기기 테크닉
연습문제

객관식

1. 체형관리의 기기 종류로 옳지 않은 것은?
   ① 엔더몰러지 (Endermologie)
   ② 림프 마사지기기(Lymphatic drainage machine)
   ③ 러닝머신(Running Machine)
   ④ 원적외선 기기(Sauna and Far Infrared Rays)

2. 림프 마사지의 적용 효과로 옳은 것은?
   ① 근육 통증 완화
   ② 근육 이완 효과
   ③ 근육 활동을 통한 체형관리
   ④ 세포 및 조직 재생력 강화

3. 기기의 특징에 대한 설명과 연결이 바르지 않은 것은?
   ① 엔더몰러지 – '피부를 당겼다 놨다'를 반복함으로써 피부에 물리적인 자극을 계속 주어 지방을 분해한다.
   ② 프레셔테라피 – 열에 의한 체형관리 방법에 사용되며, 심부에 열을 전달하여 일시적인 체중감량을 목적으로 사용된다.
   ③ 림프 마사지기기 – 셀룰라이트 관리에 효과적이며 맥박수, 정확한 압력, 배출 방향을 최대한으로 고려하여 제조된 순환기기이다.
   ④ 바이브레이터 – 진동에 의해 혈액순환을 촉진시키는 마사지 기기이다.

4. 적외선 기기와 사우나의 효과로 옳은 것은?
   ① 자율 신경 조절
   ② 재생력 강화
   ③ 관절 강화
   ④ 2차 손상 예방

5. 체형관리 단계별 기기의 종류로 옳은 것은?
   ① 발열 작용 - 고주파, 석션기, 바이브레이터, 엔더몰로지
   ② 셀룰라이트, 부종관리 - 원적외선 (사우나 건식, 아로마 건식)
   ③ 체형분석 - 체지방측정기, 체중계, 신장계, 캘리퍼, 줄자
   ④ 탄력 리프팅 관리 - 초음파, 엔더몰러지

주관식

1. 림프 마사지기기의 적용 효과와 주의 대상을 쓰시오.

2. 적외선 기기와 사우나의 효과를 쓰시오.

3. 체형관리를 위한 전신 운동 기기의 종류와 적용 효과에 대해 쓰시오.

Chapter 09 체형관리를 위한 골격과 근육 이해

1. 골격과 체형관리
2. 근육과 체형관리
3. 근육이 형성하는 체격과 체질의 이해

CHAPTER 09 체형관리를 위한 골격과 근육 이해

골격과 근육은 체형이 결정되는 요인에 가장 직접적인 영향을 끼치고 있다. 신체의 중추 역할을 하는 골격은 신체의 모든 움직임을 조절하며 근육은 그 활동에 의하여 형성되면서 체중의 커다란 부분을 차지하고 있다. 근육간의 관계도 중요하지만 하나의 근육은 또 수많은 근세포의 다발에 의하여 형성된다. 사람은 태어나면서 근육에 의하여 움직일 수 있게 되며 생명이 끝나는 날까지 끊임없이 움직이면서 체형을 유지하게 된다.

1 골격과 체형관리

골격은 신체의 기관 중 가장 단단한 조직이다. 신체의 골격은 뼈로 구성되어 있어서 건물의 기본 철골과 같은 중요한 기능을 담당하며 신체의 받침대 역할을 한다. 체중의 약 15%를 차지하고 있고, 살아있는 골세포들과 결합된 조직으로 존재한다. 또한 무기염류인 탄산칼슘과 인산 같은 성분이 축적되어 체내에서 생명유지 및 건강을 위한 일을 하는 살아있는 조직이다.

무기질은 칼슘과 인의 복합체인 하이드록시아파타이트가 주성분으로 뼈를 견고하고 단단하게 유지하는 성질을 가지고 있으며, 유기질은 콜라겐 성분으로 탄력성의 질긴 섬유성의 성질을 나타낸다. 이러한 무기질 및 유기질은 나이에 따라 상대적으로 감소하면서 뼈의 탄력과 섬유질의 양이 줄어든다.

1) 골격의 구조

(1) 골 조직 (bone tissue)

뼈를 이루는 조직으로 해면골과 치밀골(소주골)로 구분된다. 해면골은 스펀지 모양처럼 조직이 단단하지 않은 전체적으로 스펀지 모양의 뼈 속 부분이며, 치밀골은 뼈조직이 전체적으로 아주 단단하게 결합된 뼈의 바깥쪽 부분을 뜻한다.

(2) 골막 (periosteum)

뼈의 외적 부분을 싸고 있는 결합조직으로 된 얇은 막이다. 골막은 골내막과 골외막으로 분류되는데, 골 수강을 덮고 있는 것은 골 내막이며 그 외부의 조직이 골 외막이다. 골막은 뼈를 보호하고 혈관, 림프관 및 신경세포를 통과시키는 기본 기능을 하며 근육이나 힘줄이 붙는 자리를 만들어주고, 골절 시에 뼈를 재생시키는 중요한 역할을 한다.

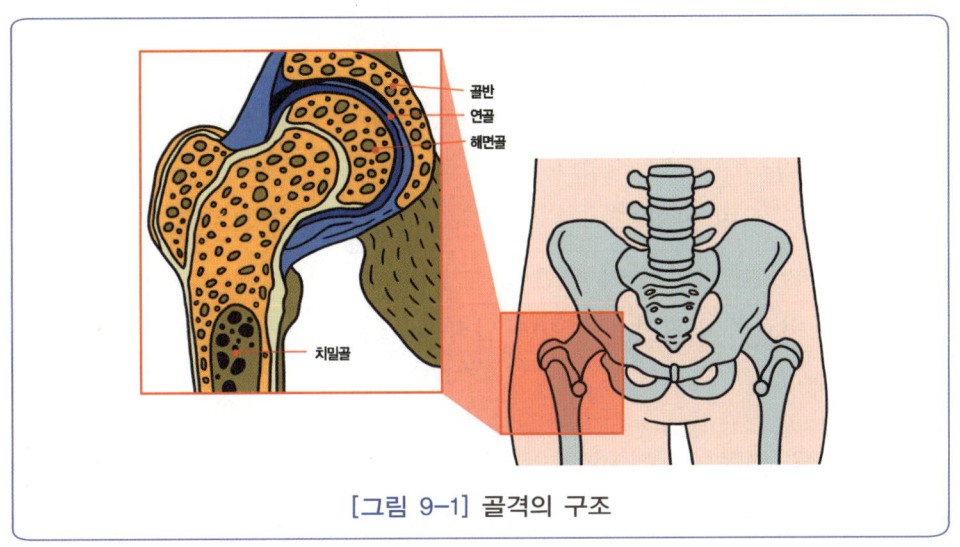

[그림 9-1] 골격의 구조

(3) 골수 (bone marrow)

사람의 골수는 가슴 샘에서 증식되는 T세포를 제외한 모든 면역체, 혈구를 만드는 조혈작용을 한다. 골수는 섬유조직으로 구성되어 있는데 섬유조직은 다양한 혈구로 분화하는 망상세포로 이루어져 있으며 섬세한 혈관들이 발달된 조직이다. 어른의 장골의 골단, 단골 및 편평골의 해면질 내에 있으며, 황골수는 골수의 조혈작용이 중지되어 주로 지방으로 이루어져있는 나이든 사람에게 존재하는 형태이다.

2) 골격의 성장과 발달

골격은 태어나서 형성되면서 성인이 되면서 성장하는데, 뼈가 성장하기 위해서는 많은 영양소와 유전자와 호르몬 등이 관여하게 된다. 골격의 형성은 골 중심이 점차 확대되면서 연골의 대부분을 차지하게 되고, 나머지는 성장에 관여하는 뼈끝의 연골이 되어 사춘기가 지나서 뼈의 성장이 최대가 된다. 그 이후에는 뼈의 큰 성장이 멈추게 되는데,

체·형·관·리·학

이런 과정으로 연골 모형이 만들어진 후 연골로부터 뼈의 외형이 형성되며, 그 일부가 뼈로 변경되는 골화중심이 된다.

3) 골격의 분류

(1) 외형에 따른 분류

① 장골 : 길이가 길다. 팔이나 다리에 있는 긴뼈를 말하며 상완골, 척골, 경골, 비골, 수지골 등이다.
② 단골 : 손목이나 발목에 있는 뼈로 긴 받침대 역할을 하는 장골과는 다른 외형으로 수근골, 족근골이 속한다.
③ 불규칙 골 : 여러 가지 돌기를 가지는 경우로 모양이 복잡하고 특이하다. 척추, 이소골, 하악골, 골반 등이 속한다.
④ 편평골 : 비교적 편평한 모양이며 납작한 외형의 두개골, 늑골, 견갑골 등을 구성한다.

(2) 부위에 따른 분류

뼈가 놓인 부위에 따라서 체간과 사지로 나눈다. 체간은 두개골, 척추, 흉곽으로, 사지골은 팔, 다리, 어깨, 골반으로 구성된다.

> **골격 부위에 따른 분류**
>
> ➡ 체간은 척추 26개와 안면골을 포함한 두개골 29개, 흉곽 25개로 총 80개이며, 사지는 상지 64개, 하지 62개로 총 206개 이다
> ▶ 체간골격
> ① 두개골 : 뇌두개 8개, 안면골 15개 23개이며 뇌두개는 후두골1, 접형골1, 측두골2, 두정골2, 사골1로 구성된다. 안면골은 하비갑개2, 누골2, 비골2, 서골1, 관골2, 구개골2, 상악골2, 하악골1, 설골1로 구성된다.
> ② 척추는 경추7, 흉추12, 요추5, 선추1, 미추1개 이다.
> ③ 흉곽은 흉추12, 늑골 12쌍, 흉골1이다.
> ▶ 사지
> ① 상지 : 제 2-7번 늑골 사이에 위치한 견갑골, S자 모양의 구부러진 쇄골, 상완골이 속한다.
> ② 하지골은 관골(2), 대퇴골(2), 슬개골(2), 경골(2), 비골(2), 족근골(14), 중족(10), 족지골(28)로 총 62개이다.

체형관리를 위한 골격과 근육 이해 **제9장**

척 추

척추는 인체 몸통의 주축으로 척추뼈 즉 척추와 척추 사이 원반, 척추 사이 연골, 디스크를 포함한다. 이 원반이 모여 기둥을 이룬 상태를 말하며 위쪽으로는 머리를 받치고 아래쪽으로는 골반과 연결되어 그 사이에 존재하는 섬유성 원반 및 뼈의 구조물을 말한다.

▶ 흉곽은 앞쪽으로는 복장뼈, 뒤쪽으로는 등뼈 및 가슴우리를 양측에서 둘러싸고 있는 12쌍의 갈비뼈로 형성되어 있다.

흉곽의 상부는 위가슴문 이라 하며, 상대적으로 좁은 공간이지만 그 안에 중요한 혈관계, 호흡기계, 소화기관계 등의 구조물 등이 통과한다. 위가슴문을 구성하는 뼈는 복장뼈 자루, 1번 갈비뼈 및 1번 등뼈이다. 앞쪽이 뒤쪽에 비해 2~3cm 낮은 비스듬한 타원형 구조로 위가슴문은 양쪽의 벽쪽가슴막을 덮고 있는 가슴막위막으로 분류된다. 위가슴문을 지나는 중요 구조물로는 머리, 목 및 팔로 연결되는 중요 동정맥 및 상완신경총 등이 있다. 기관. 식도 등의 구조물이 목을 통과하여 가슴 안으로 들어가게 된다.

4) 연골

연골은 근골격계 전체에 널리 퍼져 있는 결체 조직으로 연골세포와 그것을 둘러싸는 다량의 기질로 된 조직을 말하며 유리연골, 섬유 연골, 탄력연골로 분류된다.

(1) 유리연골

유리연골은 맑고 투명한 청백색을 띠고 있다. 운동성 관절의 관절면이나 호흡계의 통로의 벽인 코, 후두, 기관, 기관지 또는 흉골과 관절을 이루고 있는 늑골의 앞쪽 끝에 주로 분포하고, 뼈의 길이 정상을 담당하는 뼈의 끝에도 존재한다. 관절에 있는 관절연골을 제외한 모든 유리 연골은 연골의 성장과 유지에 필수적인 연골막이라고 하는 치밀 결합 조직층으로 싸여있다.

(2) 섬유연골

섬유연골은 매우 질긴 조직으로 섬유성 결합조직과 구조가 비슷하여 큰 압력을 받거나 몸무게를 지탱해야 하는 부위에 존재한다. 섬유연골은 치밀한 교원섬유로 된 결합조직이며, 결합조직 사이에 초자연골의 기질과 같은 부분이 있다.

(3) 탄력연골

연골 중에 가장 탄력이 좋은 탄력섬유 내에 포함되어 있는 콜라겐 성분에 의해 노란색을 띠고, 탄력연골은 귀의 귓바퀴, 외이도의 벽, 중이관, 후두덮개, 후두의 쐐기연골 등에서 관찰된다.

5) 관절

(1) 관절의 구조 및 역할

관절은 연골로 둘러싸여 자유로운 운동이 가능하다. 따라서 연골이 손상되지 않았다면 서로 부딪치지 않은 구조로 두 골단은 관절포로 싸여 있어 두 골단과 관절포에 의해 관절강이 형성되고 속에 활액이 있다. 이러한 구조로 서로 부딪치는 충돌을 방지하고, 관절면 자체의 마찰도 감소된다. 또한 관절의 외측에는 인대가 두 뼈를 연결하고 있어 관절을 보호하는 역할을 한다.

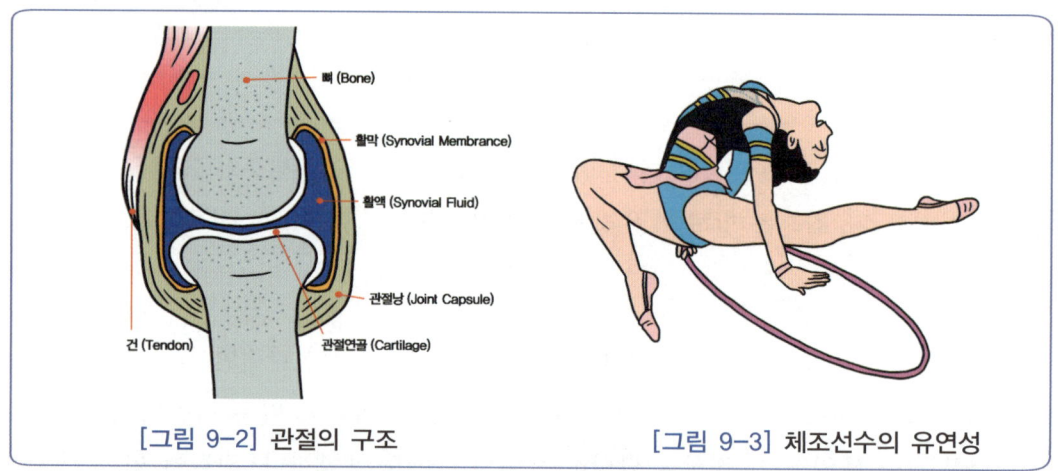

[그림 9-2] 관절의 구조　　　　[그림 9-3] 체조선수의 유연성

관절과 유연성을 위한 체형관리사의 역할

나이가 증가하면서 활동량의 감소는 신체의 유연성을 감소시키는 직접적인 원인이다. 관절을 규칙적으로 사용하지 않게 되면서 결합조직에서 탄력성이 사라지고 관절과 관련된 기능도 급속도로 감소한다. 몸에 있는 모든 관절은 시간이 흐름에 따라 사용하는 부위와 사용하지 않는 정도에 따라 유연성이 모두 달라지므로 체형관리사는 성별, 연령, 유전학적 요인과 현재의 체력수준을 파악해야 한다.

스트레칭은 유연성을 증가시켜서 외부의 충격이 가해졌을 때 위험을 감소시키는 역할도 한다. 체형관리를 위하여 스트레칭을 자주 하는 것이 큰 도움이 되므로, 체형관리사는 동작 범위를 개선시키고 싶어 하는 사람들에게 밸러스틱 스트레칭보다는 정적인 스트레칭을 더 권장할 수 있다.

(2) 관절낭 및 활액

관절낭은 두 개의 뼈를 서로 연결시켜 주기 위해 존재하는 질긴 막 또는 주머니이다. 그 내부에는 활막이 위치하고 있어 연골에 영양을 공급해 주고 활액을 분비시킨다. 한편 활액은 관절의 움직임을 부드럽게 해주고 손상, 마찰로부터 관절을 보호하는 역할을 한다. 뼈들이 서로 직접 부딪쳐 손상되는 것을 방지하고 충격을 완화하는 스펀지와 같은 역할을 한다.

> **Q&A 관절염은 어떠한 질환인가요??**
>
> A. 관절염은 노화에 의하여 관절에 염증이 생겨 통증이 나타나는 골관절염과 관절의 활막에 염증이 생겨 부으면서 파손되고, 다른 관절에까지 퍼져 연골 조직으로 감염이 확대되면서 통증을 가져오는 류마티스 관절염이 있다.

2 근육과 체형관리

근육은 우리 몸 전체를 움직여 활동하도록 하며, 때로는 몸의 일부분만 움직여 특정된 범위의 활동을 하게 한다.

움직이는 기능은 외부에서 보이는 개체의 몸 전체의 이동이나 몸 부분의 공간적인 변화뿐만 아니라 신체 내에서도 지속적으로 일어난다. 사람의 몸에서 이러한 모든 움직임을 일으키는 주된 기능은 근육을 이루는 근육세포에 의하여 이루어지는 일로 근육은 인체의 모든 움직임을 조절하며, 체중의 40~50% 이상을 차지하므로 매우 중요하다.

골격근의 표면은 근막으로 싸여 있고, 양끝은 힘줄로 뼈에 붙어있고, 하나의 근육은 수많은 근세포의 다발로 구성되어 있다. 그 중 1개의 근세포를 근섬유라 부른다. 근섬유의 지름은 약 100㎛이고 길이는 근육에 따라 일정하지 않다. 먹은 음식물을 소화시키는 일, 호흡을 하는 활동, 혈액의 이동, 분비물의 배출 및 노폐물 배설 뿐 아니라 말을 하고 목소리를 내는 것 등 모든 신체의 활동이 근육을 통해서 이루어진다. 예를 들면 손가락 근육에서는 수mm의 것도 있고, 대퇴부의 근육에서는 30cm 이상인 것도 있다. 근섬유와 근섬유 중간 사이사이에는 수많은 모세혈관이나 신경 등이 퍼져있다.

1) 근육의 구조

수천 개의 근섬유 조직이 다발 형태로 구성되어 있는 것을 근육이라고 부른다. 근섬유는 근원섬유로, 근원섬유는 근세사로 이루어져 있다. 근섬유를 구성하고 있는 근원섬유는 단백질 섬유인 여러 개의 근원세사로 되어 있는데 이러한 근원세사는 다시 가는 형태의 근세사와 두꺼운 형태의 근세사로 나누어진다. 한편 결합조직은 근섬유들을 한꺼번에 묶어 사지에서 구획을 만들고, 근육은 힘줄에 의하여 뼈와 다른 조직에 연결된다.

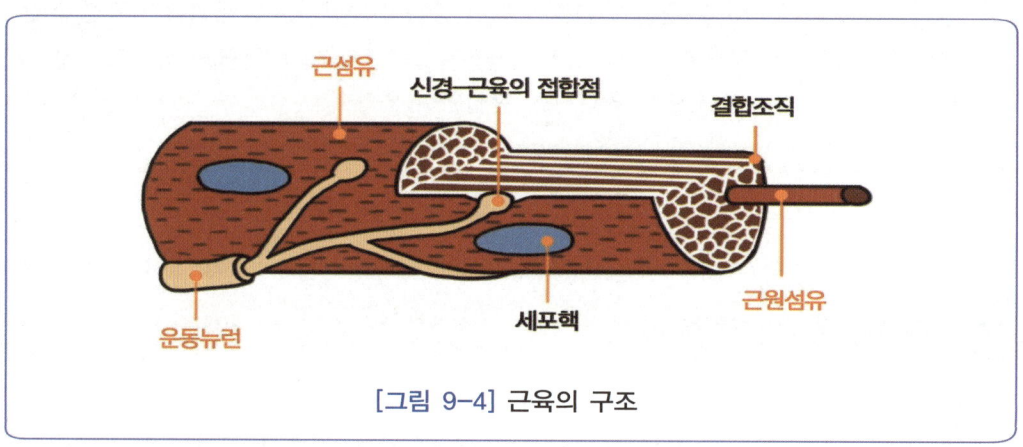

[그림 9-4] 근육의 구조

2) 근육의 성상에 따른 분류

(1) 민무늬근

평활근이라고도 불리며, 광학현미경을 보았을 때 근세포에 가로무늬가 관찰되지 않는 근육을 말한다. 내장근, 혈관벽, 자궁 등이 속하며 규칙적인 자율 활동을 하는 불수의근이다.

(2) 횡문근

가로무늬근 이라고도 불리며, 근세포에 밝은 띠와 어두운 띠가 있어 근조직을 광학현미경으로 보았을 때, 가로무늬 형태로 관찰되는 근육이다.

3) 근육의 종류

> **근육의 종류**
>
> ➡ 심장근 = 가로무늬가 있는 근육이며, 불수의근이다.
> ➡ 평활근 = 가로무늬가 없는 근육, 불수의근이다.
> ➡ 골격근 = 가로무늬가 있는 근육, 수의근이다.

(1) 심장근

심장근은 심장의 근육으로 세포에 가로로 무늬가 있는 근육세포로 이루어져 있는데 심장 근세포는 중간에 갈라지거나 또는 다른 주위의 세포와 서로 연결되기도 한다. 심장근은 가로무늬가 있는 근육이며, 의지에 따라 수축할 수 없는 불수의근이다.

심장 근세포는 함께 다발을 이루고 나선형 또는 소용돌이 모양으로 배열되어 심장의 벽 속에서 가장 두꺼운 층인 심장 근육층을 구성하게 된다. 심장근의 역할은 신경 자극에 따라 리듬이 있는 규칙적인 수축을 하여서 심장의 박동을 나타내게 하는 것이다.

(2) 평활근

가로무늬가 없는 근육이며, 의지에 의해서 수축할 수 없는 불수의근이다. 심장 이외의 내장기관, 기관, 자궁, 소화관, 방광 등에 퍼져있다.

평활근은 세포가 함께 다발 또는 얇은 판 모양을 이루고 있는 경우가 많으며 튜브 모양으로 된 내장 기관에서는 벽에 위치한다. 따라서 평활근은 수축으로 내부 공간을 좁히게 되고, 공간 속의 내용물을 밀어내는 구실을 한다. 실제로 소화계통에서는 벽 속에 가로와 세로로 배열된 근섬유가 있는데, 이 근섬유들의 작용으로 벽이 움직이게 되면서 음식물과 소화액을 충분히 섞어주는 역할을 한다. 평활근은 그 다음 단계로 위나 장이 내용물을 아래로 밀어내도록 연동운동(peristalsis)을 하게 하는 것이 주된 기능이다.

평활근

방광이나 자궁 등의 기관에서는 벽 속의 섬유가 불규칙하게 배열되어 서로 구조망이 짜여 있으며 이런 기관에서의 수축은 비교적 느리지만 내용물을 강하게 밖으로 밀어낸다. 혈관 벽 속의 민무늬근은 가로로 둘러져 둥근 고리 모양이며 동공의 크기를 조절하는 동공 근육도 민무늬근 종류이다. 민무늬근은 자율신경의 신경자극으로 무의식 속에서도 자율적으로 움직이는 불수의근이지만 일부 기관에서는 호르몬 자극에 의하여 국소적으로 민무늬근이 수축하는 경우도 있다.

(3) 골격근

골격근은 손, 발, 복부, 혀, 성대, 항문 등 가로무늬가 있는 근육이며, 의지에 따라 수축할 수 있는 수의근이다. 대부분의 골격근은 근육의 근두가 한 뼈에서 시작하여 관절을 지나면서 근육의 끝인 근미가 다른 뼈의 부분에 부착되어 정지한다. 일반적으로 근육의 양쪽 끝이 뼈에 붙기 때문에 골격근은 수축하면서 관절을 움직임으로써 몸의 운동을 일으키는 운동 장치에 속한다.

근육근은 또한 뼈대의 움직임과 관계가 없이 장기 전체의 움직임에도 관여하며 수의근도 있고 불수의근도 있으나 형태적으로는 모두 가로무늬근에 속한다. 관절의 움직임은 인체의 활동이나 자세 또는 서있는 위치의 변화를 가져오기 때문에 골격근은 그 부착 지점이 가장 중요한 의의를 가진다.

4) 체형과 근육의 기능

(1) 근육기능의 분류

① 불수의근

자율신경계의 지배를 받으며 수축운동을 의지대로 할 수 없는 근육이며, 심장근육과 내장근육이 이에 속한다.

② 수의근

신체 신경계의 지배를 받는 근육으로 의지에 따라 수축운동을 하는 근육이다. 특히 운동 신경의 지배를 받는 근육으로서 골격 근육은 수의근의 대표적인 예이다.

(2) 근육의 역할

① 운동 : 근육의 수축에 의해 부분적인 움직임이 가능하거나 또는 신체 전부의 활동이 가능하게 되므로 운동에 있어서 근육은 필수불가결한 조직이다. 따라서 운동을 잘 하기 위해서는 지속적인 근육활동이 요구된다. 오랫동안 사용되지 않았던 근육을 사용하게 되면 처음에는 근육통을 겪게 되지만 시간이 지나면 운동으로 근육은 단련이 될 수 있다.

② 자세유지 : 바른 자세로 서있거나 앉아 있는 자세를 장시간 유지하려면 근육의 수축활동이 요구된다. 따라서 자세유지에 근육은 중요한 역할을 한다.

③ 체온 유지 : 모든 세포가 활동하면서 열을 발생하면서 활동을 할 수 있게 만들며, 신체의 체온 유지가 가능하다. 골격근은 신체 중 많은 양을 차지하고 있으며 근세포의 활동성이 높아 체내에서 발생되는 열량은 근세포들에 의한 것이다. 그 활동 중에 방출되는 에너지의 75%가 열로 소모되고 나머지 25%가 활동을 하므로 체온의 항상성 유지에 중요한 기능을 한다.

(3) 근육의 생리적 특성

① 수축성 : 근섬유는 자극을 받으면 길이가 수축하면서 신체의 움직임을 만든다.
② 탄성 : 근섬유를 잡아당겼을 때 원래의 상태로 돌아가는 탄력성질을 나타낸다.
③ 흥분성 : 자극을 받으면 흥분하여 근육은 여러 가지 변화가 유발된다.
④ 전도성 : 근섬유의 한쪽 끝을 자극하면 흥분이 근섬유에 퍼지는 전도성이 있다.

Q&A 하지근육은 무엇이며 관련된 질환은 무엇인가요??

➡ 하지를 구성하는 근육으로 체중 유지, 하지의 움직임을 가능하게 한다.
- 위치 : 다리에 분포되어 있는 근육
- 관련 질환 : 근염좌, 근육파열, 근육타박상

4) 근육조성과 영양소 요구량

일반적으로 근육을 조성 할 때 에너지의 섭취는 최소로 시작해서 서서히 높여주는 것이 효과적이다. 웨이트 트레이닝을 하는 사람과 바디빌더의 경우 근육을 늘리는 과정부터 시작할 때는 1.4g/kg정도의 고단백질을 섭취해야 하고 근육을 다듬고 체중을 감소시킬 때는 1.8g/kg 정도의 고단백질을 섭취하는 것을 권장한다. 이때 탄수화물은 지방분해를 촉진 하면서 근육의 글리코겐을 채워 줄 정도의 양으로만 줄여서 섭취하는 것이 좋다.

근육은 지방조직에 비해 대사가 활발하고 속도도 빠르기 때문에 시간당 에너지 소비량이 많다. 따라서 몸의 근육 비율이 높다는 것은 그만큼 에너지를 잘 태울 수 있는 엔진을 많이 가지고 있다는 것이므로 기초대사량이 높아지게 된다. 유산소 운동, 지구력 운동이 체중과 체지방을 줄이기 위한 운동으로 강조되다가 최근에는 무산소 운동인 근력 운동의 중요성이 부각되되 있다. 유산소 운동이 체지방을 연소시켜 없애 주는 데 효과적이라면, 근력 운동은 지방을 연소시키는 기관, 즉 근육을 늘려 기초대사량을 증가시키는데 효과적이다. 따라서 근육량이 다이어트나 다이어트 후의 체형 유지에 필수적이라는 것을 인식하고 체형관리를 위한 근력 운동을 실행해야 한다.

굶는 다이어트에 가장 문제가 되는 것은 체지방보다는 근육 분해로 인한 체단백질 감소가 먼저 일어나고 시간이 지나야 지방이 분해되어 쓰이기 시작한다는 점이다. 따라서 다이어트 시 빠진 체중의 많은 부분이 근육을 이루는 물과 단백질이며 체지방이 차지하는 비율은 낮으므로 단백질 섭취와 함께 올바른 다이어트를 하도록 권장하고 있다. 근력운동은 다이어트를 시작 할 때 제지방량, 근육량을 최대한 유지시켜 기초대사량 감소를 크게 예방하면서 에너지를 더 많이 소모시키므로 근력이 체형유지에 매우 중요하다.

[그림 9-5] 근육 형성을 위한 단백질

Q&A 근육을 만들 때 에너지 섭취는 어떻게 하나요?

A. 근육을 만들 때 단백질 섭취를 늘리고 탄수화물과 지방은 적은 양을 섭취하는 것이 바람직하다. 일주일에 0.5kg정도의 근육이 만들어진다는 것은 하루에 500kcal정도를 더 소모하는 것이며, 근육의 20% 정도가 단백질이므로 1주일에 0.5kg의 근육의 양을 늘리기 위해서는 하루에 약 13g의 단백질을 섭취하는 것이 추가로 필요하다.

3 근육이 형성하는 체격과 체질의 이해

1) 체격의 개요

체격이란 신체발육상의 크기를 나타내는 '체위'라는 말과 계측값의 균형에서 볼 수 있는 신체의 모양을 나타내는 체형의 내용을 합친 개념이다. 신체의 형태를 고려하여 그 크기를 표현하고자 할 때 흔히 체격이라는 말이 사용되는데, 이 말은 골격·근육 및 피하지방의 상태에 관해서 표시되는 신체의 외관적 형상의 종합적인 표현이며, 신체발육이라는 입장에서 연령을 고려한다.

체격의 평가는 신장·체중·가슴둘레·앉은키 등 신체 계측값 및 이들의 상호작용에 의해서 이루어진다. 신체의 크기를 규정하기 위하여 신체를 계측하는 대표적인 방법은 다음과 같다.

신체발육의 양상을 계측 방법에 따라 다음의 4종으로 나눌 수 있다. 신장·앉은키 등의 관련된 길이 측정, 몸체 둘레 측정, 머리둘레·가슴둘레·위팔둘레 등에 관련된 부분 둘레 측정, 체중 등 종합적인 발육을 나타내는 무게 측정 등이 있다. 한편 신체의 부분을 중심으로 한 분류법으로서 두부·체간·상지·하지의 여러 계측값으로 나눌 수 있는데, 근육은 이 체격의 발달에 막대한 영향을 끼친다. 연령이 증가하면서 성인이 되는 동안에 신체 계측값은 그 정량 지표뿐만이 아니라 상호간의 균형도 크게 변한다. 영아기 때는 머리 부분의 발육이 왕성하므로 신장·체중·가슴둘레·머리둘레의 4항목이 발육 기준값으로 채택되고, 아동기 이후에는 오히려 체간·상지·하지의 발육이 문제가 되므로, 학

교보건법 관계의 규칙으로 정해져 있는 신체 계측값은 신장·체중·가슴둘레·앉은키의 4항목으로 측정이 된다.

2) 근육 발달과 체질(사상의학)분류

(1) 태양체질

① 신체형태

태양체질을 가진 사람의 폐는 크고, 간은 작으며, 외형상으로는 상체가 비교적 크고 허리부분은 약하며, 등 부분은 두꺼운 근육을 가지고 있고, 얼굴은 원대하여 눈이 빛나고 이마는 넓은 편이며, 광대뼈가 나온 형이다. 또한 행동은 요추가 약한 체질로서, 보행을 멀리하지 못한다.

② 성격

성격은 과단성이 있으며, 강직하고 독선적인 면이 있고, 타인과 소통하는 대화는 잘 하는 편이나, 반면에 계획성이 없고, 대담하지 못한 단점이 있다. 대체적으로 두뇌가 명석하고 창의력이 강한 체질이다. 사상체질학적으로 볼 때 태양체질은 가장 작고 귀한 체질이라 한다.

(2) 태음체질

① 신체형태

태음인의 간장은 약한 편이고, 폐는 약한 편에 속하며, 요부는 발달되고 경부는 허약하나, 체질적으로 보아 대체적으로 건장한 골격과 비대한 체격을 가진 체격이다. 피부와 근육이 견고하고 땀구멍이 조밀하여 항상 땀이 잘난다. 대개 안면이 뚜렷하고, 이목구비가 크고 두껍다. 상체보다는 하체가 건강하며, 복부가 비후하여 몸이 무거우므로 무겁게 보이며, 항상 성난 사람처럼 보인다.

② 성격

성격 면에서 태음인을 외모로 보면 점잖게 보이나, 내심은 음흉하여 좀처럼 자기의 내심을 나타내지 않는다. 대체로 보아 심정은 대담하고 이해성이 많으나, 고집이 세어 무슨 일이든지 소와 같이 묵묵히 밀고 나가는 추진력이 강한 사람이 많다. 이러한 소신이 강하여 장군이나 대기업가, 정치가들이 태음인이 많다고 한다.

(3) 소양체질

① 신체형태

비장은 강하고 신장은 약한 편에 속하며, 외관상으로 보면 위장이나 비장이 있는 흉복부가 발달되고 상실허약의 체질로서 발걸음이 빠른 편이다. 피부색은 백색이 많다.

② 성격

성격은 명랑하고 쾌활하나 보기에 경솔한 편이며, 매사에 약하고 항상 밖의 일을 좋아하고 자신이나 가정 일에는 소홀하고, 남의 일에는 적극적이다. 매사에 판단력이 예리하나 계획성이 적으며, 체념을 잘한다. 심리적으로는 의분심이 많아서 불의한 일을 볼 때면 수하를 불문하고 강한 행동을 자행한다. 그러나 상태편이 용서를 빌면 즉시 동정으로 변하여 잊어버리고 재론하지 않는다. 성격은 솔직 담백하여 마음속에 장심이 없고, 위선이나 꾸밈새를 싫어하며, 이해관계나 타산에 좌우되지 않는다. 또한 욕심이 없고 성미는 급한 편에 속한다.

(4) 소음체질

① 신체형태

신장이 강하고 비장이 약한 체질로서, 외면상으로 보면 허리와 복부가 발달하여 상체보다는 하체가 충실한 편이나, 사실 소음인은 어느 체질보다도 상하체가 고르게 발달한 체질이다. 이목구비가 소박하고, 치부는 유연 밀착하여 땀이 비교적 적고, 손발이 가늘며 냉한 편이 많다. 보행이나 태도는 균형이 잡혀서 자연스럽고 얌전한 편이며, 조용하고 침착하며, 조리가 있고 상체가 앞으로 숙여지는 사람이 많다.

② 성격

소화기가 항상 약하여 대식가가 없고, 소화불량자가 많다. 심리적으로는 내성적이면서도 사교적이고, 매사를 자기본위로 생각하여 실리를 위하여 매우 강하고 소심하며 조직적이고 책임감이 있어 상사에 순종을 잘하는 체질이다. 한편 한번 오해하면 좀처럼 풀리지 않는다. 전형적인 소음인은 수전노라는 별명을 잘 듣는 편이어서 소음인 여자는 살림살이를 잘하며, 깔끔하고 착실하다는 말을 듣는다. 그러나 매사에 소심하기 때문에 신경질적이고 소화기질환이 많은 편이다.

제9장 체형관리를 위한 골격과 근육 이해
핵심요약

○ 관절과 유연성의 관계

활동량의 감소는 신체의 유연성을 감소시키는 직접적인 원인이다. 관절을 규칙적으로 사용하지 않게 되면서 결합조직에서 탄력성이 사라지고 관절과 관련된 기능도 급속도로 감소한다. 스트레칭은 유연성을 증가시켜서 외부의 충격이 가해졌을 때 위험을 감소시키는 역할도 한다. 체형관리를 위하여 스트레칭을 자주 하는 것이 큰 도움이 된다.

○ 근육의 역할

- 운동 : 근육의 수축에 의한 부분적인 움직임 또는 전신활동이 가능한 지속적인 근육활동이 요구
- 자세 유지 : 바른 자세로 서있거나 앉아 있는 자세를 장시간 유지하려면 근육의 수축활동이 요구
- 체온 유지 : 모든 세포가 활동하면서 열을 발생하면서 활동을 할 수 있게 만들며, 신체의 체온 유지가 가능

○ 근육조성의 영양소 요구량

근육을 만들 때 단백질 섭취를 늘리고 탄수화물과 지방은 적은 양을 섭취하는 것이 바람직하다. 일주일에 0.5kg정도의 근육이 만들어진다는 것은 하루에 500kcal정도를 더 소모하는 것이며, 근육의 20% 정도가 단백질이므로 1주일에 0.5kg의 근육의 양을 늘리기 위해서는 하루에 약 13g의 단백질을 섭취하는 것이 추가로 필요하다.

○ 근육의 발달과 체격의 의해

근육은 체격의 발달에 막대한 영향을 끼친다. 체격이란 신체발육상의 크기를 나타내는 '체위'라는 말과 계측값의 균형에서 볼 수 있는 신체의 모양을 나타내는 체형의 내용을 합친 개념이다.

제9장 체형관리를 위한 골격과 근육 이해 **제9장**

제9장 체형관리를 위한 골격과 근육 이해
연습문제

1. 근육과 체형관리에 대한 설명으로 옳지 않은 것은?
   ① 근육은 우리 몸 전체를 움직여 활동하도록 하며, 때로는 몸의 일부분만 움직여 특정된 범위의 활동을 하게 한다.
   ② 하나의 근육은 하나의 근세포로 구성되어 있다.
   ③ 근육은 인체의 모든 움직임을 조절하며, 체중의 40~50% 이상을 차지한다.
   ④ 근섬유와 근섬유 중간 사이사이에는 수많은 모세혈관이나 신경 등이 퍼져있다.

2. 다음은 사상체질에서 볼 때 어떤 체형인가?

   > 비장은 강하고 신장은 약한 편에 속하며, 외관상으로 보면 위장이나 비장이 있는 흉복부가 발달되고 상실하약의 체질로서 발걸음이 빠른 편이다. 피부색은 백색이 많다.

   ① 소양 체질   ② 소음 체질
   ③ 태음 체질   ④ 태양 체질

3. 근육의 생리적 특성으로 옳은 것은?
   ① 수축성 - 근섬유를 잡아 당겼을 때 원래의 상태로 돌아가는 탄력성질을 나타낸다.
   ② 탄성 - 근섬유의 한쪽 끝을 자극하면 흥분이 근섬유에 퍼지는 것을 나타낸다.
   ③ 전도성 - 근섬유는 자극을 받으면 길이가 수축하면서 신체의 움직임을 만든다.
   ④ 흥분성 - 자극을 받으면 흥분하여 근육은 여러 가지 변화가 유발된다.

체·형·관·리·학

4. 골격의 분류로 외형에 따른 분류가 아닌 것은?
   ① 장골
   ② 편평골
   ③ 단골
   ④ 체간골

5. 골격과 체형관리에 대한 설명으로 옳은 것은?
   ① 골격은 체중의 약 40~50%를 차지하고 있다.
   ② 골격은 죽어있는 골세포들과도 결합된 조직으로 존재한다.
   ③ 골격의 신체의 기관 중 가장 단단한 조직이다.
   ④ 무기질은 칼륨과 마그네슘의 복합체인 하이드록시아파타이트가 주성분으로 뼈를 견고하고, 단단하게 유지하는 성질을 나타낸다.

주관식

1. 근육의 역할에 대해 쓰시오.

2. 관절과 유연성의 관계에 대해 쓰시오.

3. 근육의 발달과 관계된 체격의 개념을 쓰시오.

Chapter 10

올바른 체형을 위한 자세 교정법

1. 일상적인 생활의 자세
2. 체형관리를 위한 운동
3. 이상적인 자세를 위한 체형 만들기

CHAPTER

10 올바른 체형관리를 위한 자세 교정법

올바른 체형 및 자세는 건강한 인체와 밀접한 상관관계가 있으므로 매우 중요하다. 우리 신체의 뼈는 그 주위의 인대와 근육 등 연부조직과 균형을 이루고 있으므로 전체적인 건강을 유지하려면 바른 자세, 바른 체형이 중요하다. 나쁜 자세는 염좌 등의 외상도 쉽게 유발되지만 바르지 못한 자세와 잘못된 척추의 만곡을 오랫동안 방치한다면 일자 목, 굽은 등, 복부비만, 휜 다리 등의 체형상 문제가 나타나게 된다.

바르지 못한 자세는 요통, 허리 디스크, 목 디스크, 척추 측만증 등의 척추 질환과 팔다리 통증, 근육 위축, 만성적인 소화불량과 같은 기능 저하를 가져온다. 또한 뼈, 관절 등의 각종 퇴행성 변화, 어깨통, 만성피로 등을 유발하기 때문에 질환을 예방하려면 올바른 자세를 갖는 것이 먼저 준비 되어야 한다.

바른 자세는 자연적인 척추의 만곡을 유지한 채 척추가 건강한 자세이다. 정상적인 척추의 '만곡'은 목과 허리부분 이 앞으로 향한 곡선이 있으며, 등과 꼬리뼈 쪽은 뒤쪽으로 향한 적당한 각도의 곡선으로 바로 세우고 있다. 바른 자세는 외관상 아름다울 뿐만 아니라 인체의 모든 기능들을 원활하게 하여 건강한 생활을 할 수 있도록 해 준다. 또한 두뇌의 활동도 원활하게 함으로 두통을 예방하며 스트레스를 해소시키기 때문에 머리회전을 빠르게 하고, 더불어 각종 질병을 예방한다.

1 일상적인 생활의 자세

평소의 생활자세가 우리 신체에 미치는 영향은 매우 크기 때문에 일상적인 습관의 자세는 중요하다. 현대인에게 문명은 신체에 많은 영향을 미치게 되었는데, 컴퓨터나, 핸드폰, 자동차, TV, 여성들의 구두 힐 등은 근육을 사용하는 상태에 변화를 가져왔고, 그에 따라 신체에 미치는 영향이 달라졌다.

1) 생활 속 자세가 신체에 미치는 영향

(1) 컴퓨터 작업 자세

최근에는 대부분의 사무작업을 컴퓨터로 하게 되었으므로 관리직 및 사무직은 컴퓨터에 앉아 보내는 시간이 매우 길다. 인체의 골격 구조를 옆에서 보면 S자 형태를 이루어져야 정상적인 구조인데 오래 앉아 컴퓨터를 하게 되면 허리가 일자로 지속되면서 엉덩이도 쳐지게 된다. 뿐만 아니라 일자 목과 거북등을 가지고 있는 사람들이 증가하게 되었다.

[그림 10-1] 컴퓨터 작업 자세

(2) TV 시청 자세

현대인들은 텔레비전을 보면서 휴식을 하는 경우가 대부분인데, 편하게 기대거나 누워서 시청 하는 경우가 많다. 누워서 시청을 하게 되면 높은 베개를 사용하여 목이 꺾이게 되면서 일자목이 만들어지게 된다.

(3) 자동차 운전하는 자세

운전을 장시간 하게 되면 심한 피로를 느끼게 된다. 운전하는 자세를 살펴보면 허리는 일자로 펴져 있고 목은 앞으로 나가 있으며 몸은 살짝 기울어져 있다. 이러한 자세로 장시간 운전하는 것이 매일 반복이 된다면 일자목이 되면서 등은 굽게 된다. 또한 허리도 일자로 변하면서 디스크가 유발될 수도 있고 엉덩이는 퍼져서 체형이 미워지게 된다.

(4) 걷는 자세

일반적으로 올바로 걷는 자세는 걸을 때, 턱은 앞으로 땅기고 등과 허리는 펴고 팔은 앞뒤로 힘차게 걷는 것이다. 발끝은 정면을 향해야 하며, 팔자걸음이 되지 않도록 발을 안쪽으로 향하게 해야 한다. 팔자걸음은 발목, 무릎, 골반 등에 변형을 가져오게 해서 척추에 커다란 변화를 주기 때문에 걷는 자세가 중요하다.

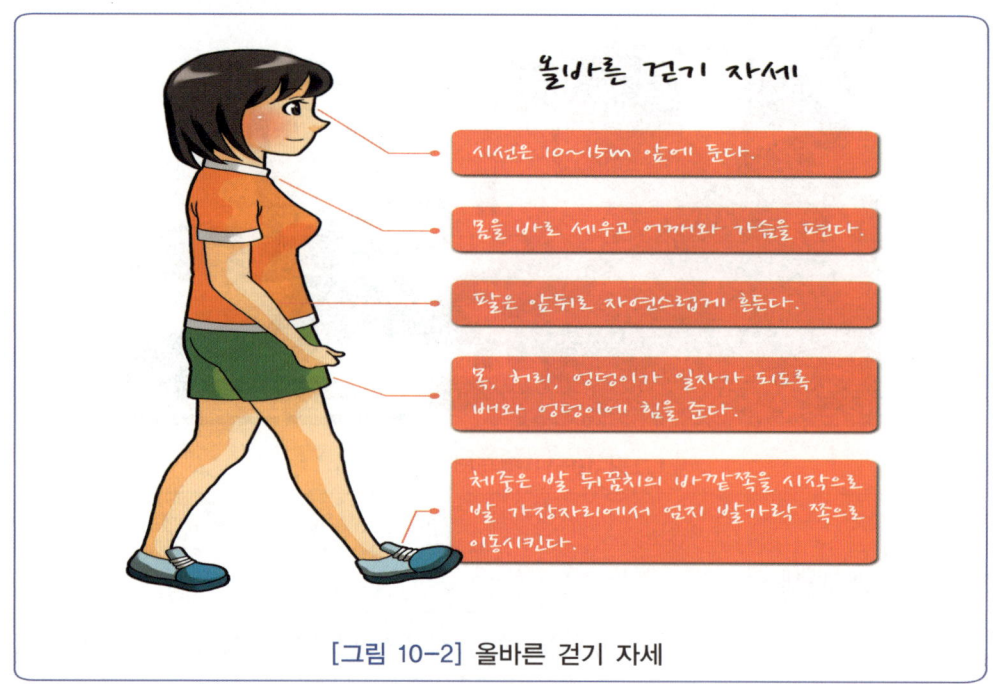

[그림 10-2] 올바른 걷기 자세

(5) 핸드폰

현대인에게 휴대폰은 없어서는 안되는 필수적인 기기가 되었다. 식사를 할 때도, 또 차 안에서도 대부분 사람들은 휴대폰을 계속 하고 있다. 지하철 및 버스를 타면 매우 많은 사람들이 핸드폰을 사용하느라 정신없다. 휴대폰을 사용하려면 고개를 숙여야 하는데, 고개를 장시간 숙이게 되면 일자목이나 역커브 목이 된다. 따라서 휴대폰을 사용할 때도 고개를 한 번 씩 돌려주면서 바른 자세를 유지하도록 노력해야 한다.

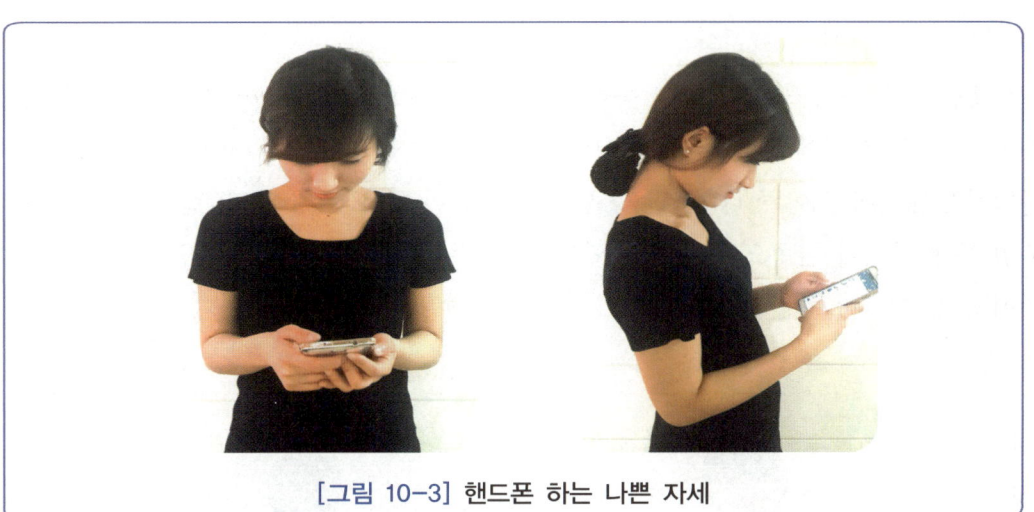

[그림 10-3] 핸드폰 하는 나쁜 자세

(6) 높은 힐 신고 다니는 자세

많은 여성들은 외관상 예뻐 보이기 위하여 높은 힐을 신는다. 높은 힐을 신는 것이 신체적으로 건강에 매우 좋지 않다는 것을 알면서도 굽의 높이가 높을수록 각선미가 살아나기 때문에 높은 힐을 선호하는 경향이 있다. 또한 오랫동안 높은 힐을 신다보면 익숙해져서 큰 불편을 느끼지 못하게 되므로 5년 이상을 매일 힐을 신는 여성들도 많다. 힐을 오래 신게 되면 허리가 안쪽으로 들어가며 엉덩이는 오리궁둥이처럼 변형이 되고 일자목과 굽은 등으로 체형이 바뀌게 된다.

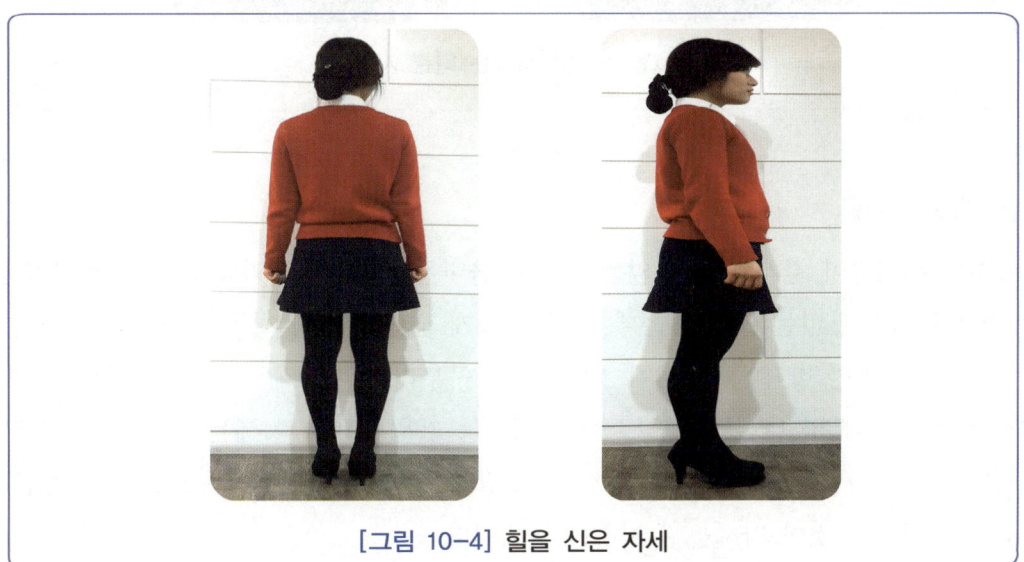

[그림 10-4] 힐을 신은 자세

(7) 서있는 자세

오랫동안 서있을 때 힘이 들면 등이 굽게 된다. 올바른 체형을 유지하려면 양쪽 발을 똑바로 해서 양 발에 같은 무게가 실릴 수 있게 서 있어야 한다. 배에 힘을 주고 등이 굽어지지 않도록 해야 한다. 한편 양쪽 발에 똑같이 힘을 주지 않고, 한쪽 발로 서 있게 되면 무게 중심이 한쪽으로 쏠리게 되어 힘이 주어진 쪽의 골반이 후방으로 변하여 척추에도 영향을 미치게 된다.

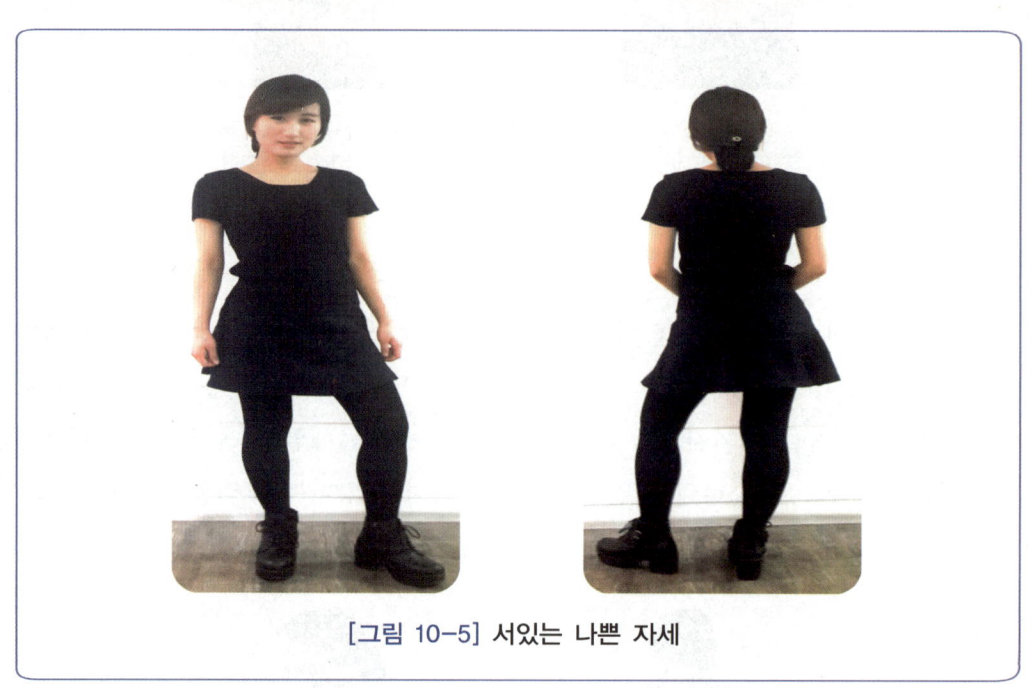

[그림 10-5] 서있는 나쁜 자세

(8) 앉는 자세

앉아있는 시간이 길기 때문에 앉는 자세는 올바른 체형에 큰 역할을 한다. 바닥에 앉는 것보다 의자에 앉는 것이 좋은데, 바닥에 앉게 되면 무릎과 발목이 과도하게 꺾이고 눌리게 된다. 또한 바닥에 앉을 때, 허리가 더 구부러져 바람직하지 않다. 여성들이 스커트를 입었을 때 양 다리를 옆으로 모아 척추를 기울게 앉는 자세는 매우 좋은 자세가 아니다. 따라서 의자에 30분 이상 앉게 되면 잠시 동안 일어나서 근육을 풀어주고 몸을 조금씩 움직이는 것이 자세를 유지하는 방법이다.

제10장 올바른 체형관리를 위한 자세 교정법

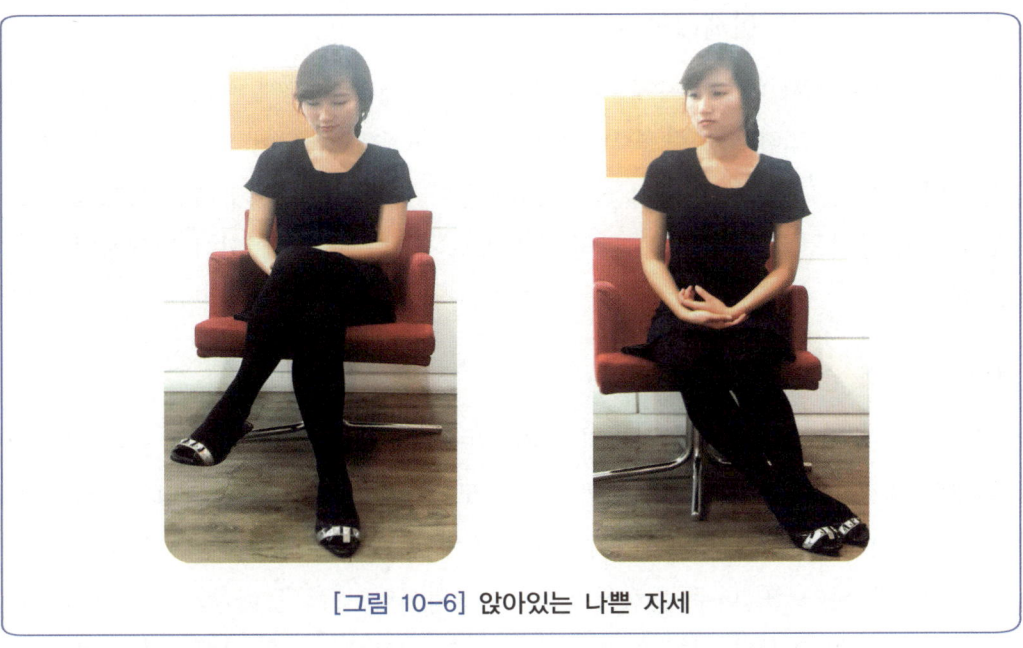

[그림 10-6] 앉아있는 나쁜 자세

(9) 전화 받는 자세

일하면서 휴대폰을 받을 때 전화기를 머리와 어깨 사이에 끼어두고 통화를 하게 되면 어깨가 올라가고 머리는 기울어져 척추 변형의 원인이 되어 나쁜 체형으로 변하게 된다.

[그림 10-7] 전화 받는 나쁜 자세

(10) 핸드백을 한쪽 어깨에만 걸치고 다니는 자세

핸드백을 한쪽 어깨에만 걸치게 되면 가방이 흘러내리지 않게 하려고 본능적으로 어깨를 올리게 된다. 그러면 올린 쪽의 승모근이 계속 수축이 되어 있는 상태가 된다. 한쪽 방향의 승모근 수축은 목의 기울기로도 연결이 된다. 목이 기울어진 상태에서 오래 지속이 되면 중심을 잡으려고 요추, 골반 등에도 영향을 미치게 되어 전체적인 불균형으로 된다.

(11) 잠잘 때 침구

매트리스는 적당한 탄성만 가지면서 받쳐주는 힘이 강한 딱딱한 것이 좋다. 매트리스와 베개의 재질은 너무 딱딱하거나 물렁해도 모두 좋지 않다. 너무 딱딱한 매트리스는 엉덩이, 등, 머리 부분이 밑으로 안쳐지기 때문에 인체와 바닥 사이에 빈 공간이 생겨 피곤한 상태가 된다. 또 너무 물렁하면 머리, 엉덩이와 등이 들어가기 때문에 좋지 않다. 인체가 충분히 밀착이 되어 주어야 하루 종일 피곤했던 S자 형태의 인체가 휴식을 취할 수 있다.

베개는 딱딱한 경우 목과 머리 근육과 피부에 압박이 강하여 신경과 혈관에 압박을 주어 어깨와 목의 순환에 좋지 않다. 반면 쿠션이 강하면 머리와 목을 지지하지 못하고 목이 꺾여 잠자는 동안 늘어져 있는 상태가 되기 때문에 목의 건강에 지장을 준다.

바람직한 잠자는 자세

➡ **똑바로 누워 잔다.**
　매우 바람직한 자세로, 근육을 움직여 압박 받고 있는 부위의 긴장이 해소되므로 순환이 잘 된다.

➡ **옆으로 누워 잘 때 베개를 이용한다.**
　옆으로 누워 잘 때에는 가랑이 사이에 베개 같은 쿠션을 넣어 다리와 엉덩이의 근육이 긴장하지 않도록 하는 것이 체형에 도움이 된다.

➡ **엎드려 자지 않는다.**
　엎드려 자는 자세는 심장과 폐가 압박을 가장 심하게 받아 순환 장애와 더불어 몸에 산소공급을 방해하기 때문에 좋은 방법이 아니다.

(12) 브래지어 착용 자세

브래지어는 유방을 보호의 목적 뿐 아니라 기능성을 더해 가슴을 아름답게 더 올리고 모아줄 수 있다. 그러나 너무 무리하게 착용되면 가슴에 순환 장애가 일어나서 가슴이 더 쳐지거나 림프 순환에 장애를 주므로 자신에게 맞는 브래지어를 선택하는 것이 아름다운 체형을 위한 방법이다.

(13) 서 있는 직업군

서 있을 때 균형을 잡아주는 것은 근육의 역할이며, 근육은 수축할 때 힘을 발휘할 수 있다. 즉, 움직이지 않고 계속 서있다면 근육은 계속 수축을 하고 있으며 피로 물질이 계속 누적 된다. 이때 근육이 피곤하면 근육이 힘을 발휘하지 못하며 균형을 잃게 된다. 근육의 힘에 균형을 잃게 되면 등이 굽게 되며 관절을 유지하는 힘을 잃게 되어 늘어진 자세로 관절이 틀어지게 된다. 척추와 골반 등이 균형을 잃어 체형이 틀어지고 휘어지게 된다.

[그림 10-8] 서서 작업하는 자세

(14) 고개를 숙이는 직업군

하루 종일 고개를 숙이고 있는 직업은 체형이 변하기 쉽다. 인간의 머리 무게는 10~14파운드 정도로 볼링공 한 개의 무게를 하고 있다. 이 무거운 머리를 하루 종일 아

체·형·관·리·학

래로 떨어뜨리고 있을 때, 체형을 유지하기 위하여 버텨주는 목과 등의 근육이 지치게 된다. 근육은 쉬어가며 일하는 것이 아니고 지속적으로 일을 할 때 피로 물질도 쌓이고 근섬유가 손상된다. 따라서 근육을 둘러싸고 있는 근막이 서로 달라붙어 근육의 기능을 저하시키므로 굽은 등, 일자목이 유발된다.

> **고객를 숙이는 자세의 직업**
> 1. 서서 고개를 숙이는 직업 : 피부관리사, 마사지사, 골프 등
> 2. 앉아서 고개를 숙이는 직업 : 치과의사, 네일아트, 재봉사 등

(15) 걷는 직업군

매일 걸어 다니는 직업군의 사람들은 발바닥에는 족 궁이 있다. 족 궁은 걸을 때 체중의 충격을 분산하는 역할을 한다. 그러나 매일 걷는다면 발바닥 근육의 피로감과 발 관절의 변화로 인해 족 궁이 무너지게 된다. 계속 걸어 다니는 직업군은 족저근막염, 무지외반증, 무릎질환이 유발되며 종아리의 근육이 과도하게 생길 수도 있으므로 매일 근육을 풀어주는 관리를 하는 것이 좋다.

[그림 10-9] 걷는 직업

올바른 체형관리를 위한 자세 교정법 제10장

2 체형관리를 위한 운동

　체형관리를 위한 운동은 일반적인 운동과 마찬가지로 근육을 발달시키며 조직의 기능을 향상시킨다. 운동은 좋은 몸 상태를 목표로 하지만 근본적으로 아름다운 몸매를 위한 자세의 향상에 중점을 두고 있다. 나쁜 몸매는 오랫동안 습관이 되어 온 나쁜 자세에 의하여 형성되지만 체형 운동을 통하여 전체적인 근육과 근육단위들의 개선으로 다듬어질 수 있다.

　자세교정을 위한 운동의 원리는 무리해서 실행되지 않고, 잘못된 자세를 유발한 근육을 스트레칭으로 풀어주고 평상시 잘 사용하지 않았던 근육을 지속적으로 움직여 주는 것이다.

　운동이란 신체를 단련하거나 건강을 유지하기 위해서 지속적이고 반복적으로 몸을 움직이는 일이다. 운동을 자주 하지 못했던 사람은 운동을 한 후 근육통을 앓기도 하며, 다음날 몸이 피곤하다고 느낀다. 그것은 자신의 근육이 굳어있거나 또는 신체에 무리가 가는 운동을 했기 때문에 일어나는 증상이므로 체형관리사는 개인에 맞는 운동을 선택하여 권장해야 한다. 또한 운동을 지나치게 많이 하면 오히려 피로물질이 형성되거나 활성산소가 만들어질 수 있으므로 적당한 강도와 시간에 대한 상담을 통하여 체형관리 운동을 시작하는 것이 중요하다.

　근육이 일을 하려면 근육 세포는 영양소를 사용하게 되고, 또 에너지가 만들어지고 활동이 진행되는 동안 근육 세포에는 노폐물이 생겨나게 된다. 그래서 지나친 운동을 하게 되면 근육이 회복할 수 있는 시간의 부족으로 오히려 대사효소의 양도 적어진다. 올바른 운동만이 건강에 유익하므로 체형관리사는 고객의 몸 상태를 정확히 파악한 상태에서 적당한 운동형태, 운동시간, 운동 강도, 운동 빈도를 골고루 갖춘 운동을 실시하게 만들어야 한다.

체·형·관·리·학

Q&A 운동이 왜 중요한가요??

A. 인체는 꾸준한 움직임을 통해 근육을 발달시켜 정상적인 관절활동을 유지하게 된다. 또한 이러한 활동에 영양분을 공급하고 또 노폐물을 배출하게 된다. 관절뿐만이 아니라 근육은 단백질 등의 영양소 공급과 규칙적인 운동에 의해서 움직임이 더욱 강해지게 되고, 근육이 강해져야 각 관절을 유지하는데 큰 도움을 받을 수 있다.

1) 스트레칭 운동

여러 가지 운동 중 스트레칭은 근육을 이완시키고 늘려주고, 운동 전 부상방지와 유연성을 길러주며 올바른 체형을 갖기 위한 운동요법 중 가장 많이 쓰이고 손쉽게 어느 곳에서나 할 수 있는 운동이다. 유연성은 관절을 정상범위 내에서 부드럽게 움직이게 하는 운동 능력의 기준을 의미한다. 관절은 늘 움직일 수 있는 최대 범위까지를 자주 움직여주는 것이 바람직한데, 잘 움직여주지 않으면 관절의 운동 범위가 점점 좁아져 근육이 굳으면서 질환을 유발하게 된다. 요통은 오래 서 있거나 앉아있는 사람에게 많은데, 이것은 척추를 늘려주고 줄여주는 동작 없이 한 가지 고정된 자세를 오랫동안 취하면서 이런 생활이 장기적으로 습관화되기 때문에 유발된다. 따라서 운동 전 후의 준비는 중요하다고 할 수 있다.

올바른 체형관리를 위한 자세 교정법 제10장

 스트레칭은 유산소 운동이나 근육강화운동을 시작하기 전, 그리고 운동이 끝난 후에 해야한다. 그것은 반드시 실행해야 하는 것으로 근육과 관절을 이완시켜 근육경련이나 관절이상을 예방할 수 있는 중요한 이유이다. 이 과정은 심박수를 올려주고 근육에 혈액을 원활하게 공급해 주어 나머지 운동을 무리 없이 진행시켜 줄 것이다. 준비운동은 관절의 움직임을 부드럽게 해주며, 관절의 연골을 부풀려 신체활동으로 인해 받게 되는 충격을 흡수함으로써 동적인 운동을 무리 없이 하는데 중요한 역할을 해준다. 일반적으로 사람들은 유산소 운동이나 근육강화운동이 끝난 후의 유연성 운동을 소홀히 할 때가 많은데 이런 방식이 장기간 진행되면 근육의 피로가 커지고 근섬유가 짧아지게 되어 전체 근육이 다시 긴장상태에 놓이므로 유연성을 잃게 된다. 따라서 유연성 운동 시에도 몇 가지 유의해야 할 점이 있다.

 스트레칭 전에 천천히 조깅하듯 워밍업을 실행 후 저항의 한계를 느낄 때까지만 스트레칭을 실시한다. 스트레칭은 반드시 정상적으로 호흡하는 것이 중요하며 스트레칭으로 고통을 느끼면서 호흡을 멈추지 않도록 주의한다. 스트레칭에 있어서 통증이 느껴지는 관절부위의 근육을 스트레칭 할 때는 주의하며 고통을 느끼게 되면 잘못되고 있다는 신호로서 무시하면 안 된다.

Q&A 스트레칭의 효과는 무엇일까요??

A.
- ▶ 근육 조절력을 증가시켜 올바른 자세 유지에 도움을 준다.
- ▶ 혈액순환을 촉진시키고 기분을 좋게 한다.
- ▶ 근육의 긴장을 완화시켜 편안한 느낌을 준다.
- ▶ 인체의 과도한 사용에 의한 근육의 통증을 풀어준다.
- ▶ 근육의 상해를 사전에 방지하여 근육의 저항력을 길러준다.
- ▶ 신경 반사작용을 통해 격렬한 운동도 무리 없이 할 수 있게 한다.
- ▶ 어깨, 목 요추부위 등에 오는 비이상적인 근 긴장을 해소하게 한다.
- ▶ 관절의 여러 범위를 증가시켜 조정력을 향상시켜 동작을 자유롭게 한다.

체·형·관·리·학

스트레칭 실행

① 편안한 기분으로 실시한다.
  - 스트레칭은 초조하게 편안한 기분으로 마음의 여유를 가지고 실시해야 한다.
② 자연스럽고 부드럽게 실시한다.
  - 마음의 이완과 신체의 불필요한 긴장을 없애고 근육을 이완시켜야 한다.
③ 신체를 온도를 어느 정도 올린 후 실시한다.
④ 간단한 것에서 시작하여 어려운 것으로 해 나가 단계적, 순차적으로 진행한다.
⑤ 반동을 이용하지 않는다.
⑥ 스트레칭 시 호흡은 자연스럽게 유지한다.
⑦ 스트레칭 한 자세를 짧은 시간동안 계속 유지한다.
  - 최대한으로 또는 급격히 행하는 것은 안 되고, 여유를 갖는 범위 내에서 10~30초 정도의 시간으로 계속하는 것을 목표로 세워서 실행한다.
⑧ 개개인의 정도에 따라 자기에게 맞게 실시한다.
⑨ 매일, 가능하면 하루 중 몇 회라도 꾸준히 하는 것이 좋다
⑩ 스트레칭 하는 근육을 항상 의식하면서 한다.
⑪ 각 동작은 가능할 때 천천히 그리고 정확하게 실시한다.
⑫ 분산을 적용한다.
  - 기상직후, 근무 중, 휴식 중, 입욕 후, 취침전 등에 조금씩 분산해서 실시한다.
  - 운동 시에만 집중하지 않고 하루의 전체 스트레칭의 양을 증가시킨다고 생각하면 좋다.

2) 유산소 운동과 무산소 운동

운동을 규칙적으로 하게 되면 혈액 내에서 건강에 좋은 HDL-콜레스테롤을 상승시키고 악성 콜레스테롤인 LDL-콜레스테롤을 내려가게 함으로써 심혈관계 질환을 예방할 수 있다. 또한 운동은 노화현상인 골다공증을 방지하고 스트레스 및 우울증을 완화해 준다. 또한 자율신경의 활동을 촉진시켜서 체지방을 감소시켜 주므로 비만 예방을 위한 필수적인 사항이다.

(1) 운동의 의미와 몸의 반응

일반적으로 유산소운동과 무산소운동의 뜻을 혼동하는 경우들이 있는데, 무산소운동이 호흡을 하지 않는 운동이 아니다. 두 운동을 명확한 구분하면 무산소성 에너지를 쓰는 것을 무산소 운동, 유산소성 에너지를 쓰는 것은 유산소 운동이라고 한다. 유산소 운

올바른 체형관리를 위한 자세 교정법 　제10장

동이란 움직이는 동안에 근육에 산소가 공급되도록 계속 호흡을 하는 운동이고, 순간의 힘을 사용하며 무산소성 에너지를 쓰는 것을 무산소 운동이라 한다.

　리듬 혹은 음악에 맞추어 하는 전신 운동을 연상할 때 에어로빅을 생각하는데, 정확한 의미는 산소를 사용한다는 말이다. 에어로빅의 종류는 다양한데 통상 일컬어지는 에어로빅, 수영, 줄넘기, 등산, 자전거 타기, 걷기, 조깅, 런닝, 댄스 등이 있다. 즉, 유산소 운동을 말한다. 에어로빅의 반대는 산소를 사용하지 않는 다른 뜻의 anaerobic이며 웨이트트레이닝, 바벨운동, 덤벨 운동, 기구 운동이 무산소 운동이다.

　무산소 운동이나 유산소 운동은 모두 호흡이 중요하다. 웨이트 트레이닝의 경우, 힘을 쓸 때의 호흡은 날숨을 쉬고 힘을 쓰지 않는 때는 들숨을 쉰다. 유산소 운동의 경우는 일반적으로 몸의 움직임에 따라 신체를 리드미컬하게 하면 된다. 수영을 제외한 대부분의 유산소 운동의 경우 호흡은 두 번 내쉬고 두 번 들이 마시는 형태를 취하는 것이 바람직하다. 지방을 가장 효과적으로 제거하고, 몸을 적당하게 가꾸어주고, 노화를 방지하는 가장 이상적인 운동법으로는 무산소 운동과 유산소 운동을 병행하여 시행하는 것이라 볼 수 있다. 단지 운동의 효율성과 지방의 효과적인 분해를 위해서 운동의 순서는 준비운동을 하고 무산소 운동을 한 후 유산소 운동을 하는 것이 좋다.

유산소 운동과 무산소 운동의 구분

- 순간의 힘을 사용하는 운동, 즉 10초 미만에 일어나는 운동은 무산소 운동에 속하며, 5분 이상 지속하게 되는 운동 의 경우는 유산소 운동에 속하게 된다.
- 운동을 시작하게 되면 초기에는 무산소성 에너지를 주로 쓰지만 시간이 흘러 갈수록 유산소성 에너지를 점점 많이 사용하게 된다.
- 유산소와 무산소 운동을 구분하는 것은 '에너지가 산소와 결합을 하느냐 하지 않느냐 하는 것'이다. 즉 '호흡을 하느냐 하지 않느냐'의 문제가 아니라 에너지 시스템들이 산소와 결합을 하는 지의 상황이다. 예를 들면 수영의 경우, 일반적으로 유산소운동으로 분류하지만 어떻게 운동을 하느냐에 따라 무산소 운동이 되기도 한다. 천천히 지속적으로 하면 유산소 운동이지만 아주 빠른 속도로 물의 저항을 충분히 이용하는 순간들은 무산소성이 가미가 되기도 한다.
- 무산소 운동의 경우는 운동 중 칼로리 소비뿐만이 아니라 안정 시 칼로리 소비도 높여준다. 근육을 발달시키므로 기초대사량의 향상 등에 기여하여 안정 시에도 칼로리 소비를 촉진시킨다.

체·형·관·리·학

(2) 유산소 운동의 종류

유산소 운동은 산소가 풍부한 혈액을 통하여 근육과 장기에 공급되는 것으로 심폐기능 및 지구력을 향상시키고 생명을 유지시켜 주는 운동이다.

유산소 운동의 목표는 최소 40분 동안 최고 심폐기능의 60~80%로 심장 박동수를 증가시켜 주는 것이다. 최고 심폐기능, 즉 최고 심박률이란 1분간 심장이 박동할 수 있는 이론적인 최대의 수치를 말한다. 심장 근육은 신체가 나이를 먹을수록 줄어드는데, 220에서 자신의 나이를 빼면 자신의 최대심박률을 계산할 수 있다.

운동하는 동안 최대의 목표에 도달할 필요는 절대로 없다. 유산소 운동을 하는 동안 최대 심박률의 60~80%를 유지하는 것을 목표로 삼고 꾸준한 운동을 하는 것이 중요하다.

> **바람직한 심박률 계산 방법**
>
> - 35세의 남성은 220~35=최대 185이므로 60~80%를 계산하면 분당 111~148의 심박률을 유지하며 운동을 하는 것이 좋다.
> - 운동초기에는 바람직한 심박률보다 낮게 무리하지 않은 운동으로 시작하는 것이 좋다.
> - 운동을 지속하면서 서서히 최대 심박률을 목표에 도달하도록 한다.
> - 휴식 상태의 대부분의 성인들의 심박률로 1분간 60~95로 내려간다. 그러나 상태가 좋고 지구력이 강한 운동선수들의 안정 시 심박률은 1 분간 35~55 이다.
> - 자신의 심박률 체크방법 : 시계를 준비하여 다음과 같이 지시대로 할 때 60초간 심장 박동 수가 얼마인지 세어 본다.
>   - 인지 및 중지를 한쪽 목에 갖다 대고 큰 동맥을 찾는다.
>   - 가슴 왼쪽에 손바닥을 살며시 붙여본다.
>   - 엄지 아랫부분과 손목 사이 조그만 정맥을 찾아서, 엄지 아랫부분과 에 인지, 중지를 갖다 댄다.

① **걷기** : 유산소 운동의 가장 대표적인 것이 걷기이며, 일상생활 속에서 편하게 할 수 있다.

▶ 운동시간

운동시간은 총 30분에서 1시간 사이가 적당하다. 운동 목적에 따라 다르지만 최소한 일주일에 3번 이상을 한 것이 바람직하다. 걷기도 다른 운동과 마찬가지로 처음에는 시간과 강도를 약하게 하다가 차차 늘려나간다. 빠르게 단시간 뛰는 것보다는 빠른 걸음

으로 오래 걷는 것이 체지방 분해에 도움이 된다.

▶ 운동 강도

걷기 시작 전에 간단한 스트레칭을 하여 몸을 유연하게 해주는 것이 좋다. 준비 운동 후에 걷기를 시작하는데 처음 10분 정도는 천천히 걷는다. 몸의 심장박동 수가 올라가는 것을 느끼면 강도를 올려준다. 경보식으로 빠르게 걷거나, 걷는 것과 뛰는 것의 중간 상태로 운동을 하는 것이 좋다. 숨이 조금 차고 등에 땀이 나기 시작 할 때, 다시 강도를 약하게 해서 마무리하고 스트레칭으로 정리한다.

▶ 운동자세

시선은 정면을 향하고, 목과 허리는 바로 펴고 활기차게 걷는다. 걸을 때 팔을 앞, 뒤로 움직이면서 걸으면 운동효과가 더욱 좋다. 또 내딛는 다리를 던지듯 하면서 걸어본다. 스트레칭 및 정리운동은 허리를 풀어주는 효과가 있으므로 걷기 운동의 마무리 단계에서 2~3분 정도 하는 것이 좋다.

② **조깅** : 조깅은 전신운동으로 심장과 폐에 상쾌한 자극을 주게 되므로 심폐기능을 크게 증가시킨다. 또한 조깅은 체지방 소모에 의한 비만의 해소뿐만 아니라, 심혈관질환의 예방에도 효과가 있는 운동이다.

체·형·관·리·학

▶ 운동시간

　운동을 시작한 추기에는 15~20분 정도만 실행하다가 운동에 적응이 되면 점점 운동시간을 30~60분으로 늘려나가는 것이 바람직하다.

▶ 운동 강도

　처음부터 달리기를 하거나 조깅을 하는 것은 무리가 된다. 처음에는 빠르게 걷다가 강도를 늘려 나간다. 개인의 몸 상태는 다르므로 각각 몸이 적응되는 상태를 보면서 운동 강도를 조절하는 것이 좋다. 즉 4주에 한 번씩 강도를 높여준다는 생각으로 운동을 하면 된다. 러닝머신을 활용한다면, 뛰기 운동 초기에는 시속 5.5km~7km 정도를 생각하면 된다. 점차적으로 속도를 높이는데 운동량이 많이 익숙해진 이후에는 7.5~9km속도로 40분~1시간 정도를 하면 운동의 효과 뿐 아니라 체형관리에도 큰 도움이 된다.

▶ 운동자세

　운동의 올바른 자세는 목과 허리를 똑바로 편 상태에서 팔은 양 가슴 높이로 자연스럽게 붙여 활기차게 흔들고, 무릎은 최대한 높이 올리면서 뛰면 운동의 효과가 크다. 몸통은 바닥에 직각이 되도록 세우고 정면을 바라보면서 뛴다.

③ **수영** : 수영은 전신운동으로 지방을 잘 연소시켜 주며, 호흡기계 발달 뿐 아니라 관절의 무리가 없어서 중년기에도 도움을 크게 주는 운동이다.

▶ 운동시간

　수영을 시작하기 전에는 준비운동이 반드시 필요하다. 준비운동으로는 간단한 기본 스트레칭과 체조 등을 선택하는데, 준비운동을 통해서 근육을 풀어주고 체온을 높여줄 수 있다. 준비운동 후 수영을 시작하는데, 주 3~4회, 30~50분 정도 지속적으로 해주는 것이 바람직하다.

▶ 운동 강도

　수영에는 자유형, 평영, 접영, 배영 등이 있는데, 운동효과가 크게 나타나는 것은 접영이지만 초보자들은 자유형부터 시작하는 것이 일반적이다. 평형이나 자유형을 익혀서 하도록 한다. 배영의 경우에는 허리가 약한 사람에게 적합한 운동이다. 요통이나 관절염이 있을 경우에는 심한 걷기나 뛰기 운동은 오히려 무리가 될 수 있다.이런 경우에는 허리나 관절에 무리를 주지 않는 수영이 가장 바람직하다.

④ **자전거 타기** : 자전거 타기는 심폐기능을 증진시켜 주며, 혈관의 수축과 이완을 원활히 해주는 역할을 한다. 유산소 운동의 효과 이외에도 자전거 타기는 하체를 주로 사용하기 때문에 근력 운동의 효과가 크고 지방연소에도 도움이 되는 운동이다.

▶ 운동시간

달리기나 수영에 비해서 소모 열량은 낮지만 무리하지 않고 자주 할 수 있는 운동이다. 40분 이상 1시간 정도의 운동을 해야 효과를 볼 수 있다.

▶ 운동 강도

자전거타기의 운동 강도는 저항과 회전수로 결정되는데, 심박수가 증가된 상태에서 15분 정도를 지속하는 것이 좋다. 속도를 빠르게 해서 단시간에 운동을 마무리 하는 것보다 일정 시간 이상의 목표로 가지고 규칙적인 운동을 하는 것이 바람직하다.

▶ 운동자세

상체는 앞으로 약간만 숙이고, 아랫배에는 힘을 준다. 발바닥을 페달에 딱 붙인 상태에서 앉았다가 또는 서 있는 상태로 운동을 병행하는 것이 더 효율적이다.

⑤ **에어로빅** : 에어로빅은 음악에 맞춰서 하는 전신운동으로 심폐기능 향상뿐만 아니라, 체력 향상, 스트레스 해소에도 큰 도움을 준다.

▶ 운동시간

에어로빅은 주당 3~5회, 한번에 1시간 정도를 지속하는 것이 체형관리에 효과적이다.

▶ 운동 강도

에어로빅도 다른 운동과 마찬가지로 약한 강도에서 시작하고, 자신의 운동능력 안에서 최대운동량의 약 70% 수준 정도로 운동을 해주는 것이 바람직하다. 점차적으로 강도를 늘리는 것이 좋으며, 운동의 강도 보다는 운동시간을 서서히 늘려주는 것이 좋은 방법이다.

▶ 주의사항

에어로빅을 심하게 하게 되면, 체중의 부담이 가는 부위 특히 관절에 심한 무리가 될 수 있으므로 관절보호대, 전용 신발 및 복장에 주의를 해야 한다. 특히, 관절염 환자의 경우 에어로빅 보다는 수영이나 자전거 타기, 걷기 운동을 하는 것이 좋다.

체·형·관·리·학

〈표 10-1〉 체형관리와 유산소 운동

운동종목	소모된 칼로리 (40분)	1주일 4회 실시, 8주경과 후 체중 감량치
달리기 (4분/km)	656	2kg
계단 오르기	540	1.7kg
줄넘기	524	1.6kg
농구	472	1.4kg
테니스	460	1.4kg
자전거 타기 (14mph)	440	1.4kg
수영	408	1.3kg
도보 (4mph)	312	1kg
골프	272	0.9kg

78kg의 남성 기준임

Q&A 유산소 운동과 무산소 운동의 차이는 무엇일까요??

➥ 유산소운동과 무산소운동의 차이점의 포인트는 에너지 종류이다.

운동을 하게 되면 에너지가 소모되고, 이때 유산소운동의 경우 산소로 인한 산화작용을 통해서 그런 에너지원을 얻게 된다. 무산소운동의 경우 근육안의 글리코겐 반응으로 만들어진 에너지이다.

〈표 10-2〉 유산소 운동 및 무산소 운동의 차이

	유산소 운동	무산소 운동
대사물	이산화탄소, 물	젖산
에너지의 지속성	장시간 지속	단시간밖에 지속하지 못함
산소의 필요성	필요	불필요
에너지원	글리코겐, 지방	글리코겐
에너지 변환속도	에너지가 생산, 산소공급의 시간이 필요	즉효성, 돌발적인 운동에도 반응
운동의 예	조깅, 걷기, 천천히 하는 수영, 자전거 타기 등	단거리달리기 ,덤벨, 복근운동

(3) 무산소 운동

운동을 시작하면 근육 중에 저장되어 있는 글리코겐이 분해되기 시작한다. 글리코겐은 산소가 없어도 에너지로 전환될 수 있으나 피로물질, 젖산이 생성되기 때문에 주의를 해야 한다. 무산소 운동은 유산소 운동과 함께 꾸준히 해 주면 체력을 향상시킬 수 있다.

무산소 운동은 순간적인 에너지를 낼 수 있는 힘을 만들며, 근육을 강화시켜 일상생활에서 쉽게 피로하지 않도록 해준다. 또한 몸을 단단하게 하여 탄력적으로 보일 수 있게 하는데, 우리가 주변에서 쉽게 할 수 있는 무산소 운동으로는 100m 달리기 특히 전력질주나 골프, 테니스의 스윙동작, 근력 트레이닝 의 아령, 덤벨운동 등이 있다. 또한 일반적인 운동으로 축구, 농구, 배구, 탁구, 테니스 등의 구기 운동은 유산소·무산소 운동이 혼합되어 있다고 할 수 있다.

3) 근육강화 운동

근육강화운동이란 준비운동으로 강직되었던 몸의 관절이 부드러워지고, 유산소 운동으로 적당한 땀을 흘리게 되면, 강도를 높여 근육을 크고 단단하게 강화시키는 유연성 운동이다. 적합한 운동량이 없으면 매년 1% 정도의 근육량이 감소하는데 근육이 약해지는 것은 정상적인 골반과 척추를 변형시키고 내부 장기들의 기능을 떨어뜨리는 요인이 된다.

근육강화운동은 근육감소를 예방하면서 노화를 지연시켜 주는 역할 뿐만 아니라 정신적 육체적 스트레스에 대응할 힘을 길러준다. 현대인들은 문명의 사용으로 활동량이 적어졌으므로 근육강화운동을 통하여 하체를 단련시키는 운동을 하는 것이 좋다. 쉽게 지치고 피곤해 하는 사람은 대부분 하체근력이 많이 떨어진 사람이고 아름다운 체형을 유지하려면 근육운동을 지속하는 것이 필요하다. 근육은 사용하면 할수록 그 기능이 좋아지며 사용하지 않으면 점점 퇴화가 되기 때문에 근육은 노력에 의해서 더욱 커지고 강해질 수 있는 것이다.

하체 근력의 체크와 강화방법

1. 두 손을 깍지 낀 후 머리 뒤에 얹고 "앉았다 일어서기"를 3분에 50번 실시한다.
2. 숨이 차면 2번으로 나누어 5분 안에 50번을 실시한다.
3. 운동을 평상시 강도 있게 하였더라도 다리가 무거워지는 느낌이 들 것이다.
    한편 운동을 전혀 하지 않은 사람은 15번을 하기도 전에 숨이 차고 다리가 흔들거리면서 무릎에 뻐근함과 통증이 유발될 것이다.
4. 지속적으로 하체근력 강화를 시키게 되면 점점 묵직함이 없어지게 되므로 운동을 강화 할 수 있다.

근력강화 운동유형

➡ **등척성 운동**

움직일 수 없는 목표물에 대해서 수축 근육은 길이가 증가하지 않으며 저항만 증가한다. 훈련효과를 정확하게 평가하기가 어렵기 때문에 등척성 운동은 근력증진을 위한 주요 방법으로 이용되지 않는다. 고혈압이 있는 사람들에게는 위험할 수 있다.

➡ **등장성 운동**

등부하 운동으로 불리는 점증저항운동은 현재 가장 인기 있는 근육 강화운동이다. 점증저항운동에는 Universal, Body Master 및 Naurilus 와 같은 운동기기는 물론 전통적인 프리웨이트,덤벨 및 바벨 이 이용된다. 점증저항운동은 특정 고정 저항이나 중량을 들어 올리기 위하여 각종 근육을 이용한다.

➡ **등속성 운동은**

움직이는 근육에 일관적으로 과부하 저항을 주기위해 Cybex같은 기계적 장치를 이용한다. 이 저항은 가해지는 힘에 관계없이 미리 설정된 속도로만 움직인다. 효과적으로 운동을 하기 위해서 이용자는 최고의 근력을 사용해야 하므로 정교한 장치가 필요하다. 이 같은 장치는 특정한 체육 센터나 진료센터 또는 재활 클리닉에서만 이용할 수 있는 결점이 있다.

올바른 체형관리를 위한 자세 교정법 **제10장**

체형관리를 위하여 근육을 단련시키고, 뼈의 단단함을 증가시키는 근력트레이닝은 필수적인 운동이다. 단 근력 트레이닝을 실시할 경우에는 꼭 전문가의 도움을 받아야 하며, 특히 요통 환자나 근력이 약한 사람일 경우, 근력 운동이 오히려 통증을 유발할 수 있으므로 자신에게 맞는 적절한 근력 운동 프로그램을 실행해야 한다.

짐볼 활용의 체형교정 운동

- 최근에는 평상시 간단하게 할 수 있는 체형관리로 다이어트 기구, 신체의 유연성과 탄력성을 위한 복근 기구들이 사용되고 있다.
- 짐볼 위에 앉아 있는 것만으로도 자세 교정효과가 있으며 여러 가지 활용 동작으로 다양한 효과를 크게 볼 수 있는 특징이 있다.

4) 운동이 체형과 신체에 미치는 영향

(1) 체형관리

운동을 하지 않게 되면 지방이 축적되면서 몸매의 균형이 깨지게 된다. 뿐만 아니라 피부의 탄력이 저하되면서 팔과 다리, 엉덩이 등에 쳐짐 현상이 나타나게 된다. 즉 운동은 아름다운 체형을 유지시킬 뿐만 아니라 나이가 들어감에 따라 나타나는 노화의 증상을 예방할 수 있게 해준다.

(2) 골다공증 및 근 골격계 질환

나이가 들어 갱년기나 폐경기가 되면 여성호르몬 부족으로 인해 골다공증이 생길 수 있는데 운동을 하지 않고 누워만 있을 경우에도 여러 가지 광물질이 빠져나가게 되면서 골다공증이 오게 된다. 적절한 운동은 근육과 뼈를 튼튼하게 하고 자율신경 활동의 촉진으로 엔도르핀의 분비를 증가시켜 항상 젊음을 유지할 수 있게 만들어 준다.

(3) 심폐지구력 향상

규칙적인 운동은 우리 몸의 신진대사를 원활하게 해주고 심폐지구력을 향상시켜준다. 심폐지구력은 장시간 운동 시 필요한 영양분이나 산소를 근육에 공급하는 순환계의 효율적인 능력을 의미하는데, 최대 산소섭취량이 높은 사람은 힘든 일을 하더라도 쉽게 피곤해 하지 않으며 피로회복도 매우 빠르다.

(4) 혈액 정화

운동 시 근육이 수축 되거나 확장되면서 체온이 올라가기 때문이며 체온이 상승하게 되며 체내 잉여 영양분을 태워주게 되어 남은 노폐물을 세포 밖으로 배출하는 일을 돕는다. 운동량 부족으로 땀과 같은 노폐물이 배출되지 않으면 혈액은 점점 탁해지면서 체지방이 축적되어 당뇨나 심혈관질환, 뇌졸중 및 암 등과 각종 심각한 질병을 유발할 가능성이 높아진다.

Q&A 규칙적인 운동의 효과에는 무엇이 있나요??

A.
▶ 심장과 폐기능이 향상되어 힘든 활동을 가능하게 한다.
▶ 혈액량이 증가하고 체내 대사를 향상시킨다.
▶ 노화를 지연시켜 나이보다 훨씬 젊어 보인다.
▶ 체지방 감소로 체형유지를 할 수 있다.
▶ 피로를 덜 느끼게 하고 성인병을 예방한다.
▶ 체형 및 자세가 좋아지며 성장발달을 돕는다.
▶ 소화와 배설 기능을 좋게 하여 맑은 피부를 갖게 한다.

〈표 10-3〉 신체활동의 종류별 소비열량

활동의 종류	시간당 소비 열량(kcal)
달리기(16km/시)	1,280
스키	700
수영(46km/시)	500
수영(23km/시)	275
단식 테니스	400
자전거 타기(10km/시)	240
자전거 타기(20km/시)	410
제자리 뛰기	650
걷기(2.3km/시)	240

〈표 10-4〉 신체 상태와 관련된 운동용어

용어	의미
바벨	벤치 프레스(bench press)를 할 때처럼 양손으로 긴 웨이트 바.
an- 에어로빅	역도, 코어 트레이닝, 요가, 등척 운동(특정 부위 근육 강화 운동)등이 이에 해당한다. 공기 없이'라는 의미.
심박율 (최대)	심근이 이론적으로 최대한으로 수축할 수 있는 것을 말함. 개인의 한계점, 즉 최대 심박율은 나이를 먹으면 감소하지만 건강하면 빨리 떨어지지 않는데, 남성의 경우 최대 심박율의 평균적 기준치는 '220-나이'
컷	외관상 균형 잡히고 근육을 가진 사람. (예를 들면 켈빈 클레인과 같은 사람.)
덤벨	한 손으로 잡을 수 있는 만큼 짧은 역기.
오버 트레이닝	오랫동안 장시간 운동하여 몸이 더 이상 쉽게 회복할 수 없는 상태, 힘들고 피곤하고 아프지만 운동을 계속 했을 때 나타남.
펌프 (pump)	근육이 혈액으로 채워지고 단단하고 굳게 느껴지는 것. 근육 섬유를 정확히 공격하고 있다는 것을 의미
모션의 범위	운동 모션의 완전한 경로. 시작점으로 부터 근육 수축 그리고 다시 시작점까지로 지속적인 활 모양이 더 안전하고 효과적
번 (burn)	근육이 지치고 피곤을 느낄 때 종종 나타나는 느낌으로 지쳐서 힘들어 있다는 의미
코어 (core)	무거운 기구를 사용하지 않고, 유연성, 민첩성, 균형감각, 체력 강화 훈련을 합친 새로운 형태의 운동. 코어는 위아래로 서로 힘을 전달하는 모든 신체 중간 부위의 근육을 의미.
랩스 (reps)	연속적으로 운동을 몇 번 반복하는가를 의미.
식스 팩 (six pack)	복근에 지방이 거의 없고 근육이 자리 잡은 모습.
서포팅 (spotting)	서포팅은 바벨을 들고 있는 사람이 도움이 필요한 경우를 대비해서 안전 요원으로서 옆에 서있는 것을 의미
스트립 (strip)	스트립은 웨이트 플레이트를 바 끝 쪽이나 기계로부터 떼어서 적합한 선반(rack)에 갖다놓는 것. 덤벨이나 양손에 들고 있는 작은 바벨로 마찬가지로 정리.
세트/슈퍼세트 (set/super set)	세트는 하나의 반복(reps) 그룹을 의미. 슈퍼세트는 쉬지 않고 계속적으로 하는 다른 종류의 2가지 운동 세트를 말함.

체·형·관·리·학

용어	의미
웜업 (warm up)	어떤 운동이라도 시작 전 최고 10분간 가볍게 운동하는 것, 스트레칭, 고정되어 있는 천천히 걷기 등 몸의 상태를 예열한다는 의미.
워킹 인 (walking in)	'워크인'이란 교대로 장비를 다른 사람과 함께 사용한다는 의미

③ 이상적인 자세를 위한 체형 만들기

이상적인 체형은 건강한 사람이 피로감 없이 여가 활동은 물론 일상생활에 적응할 수 있는 신체로 각각의 기능과 신경 계통이 건강하고 효율적으로 작용할 때 만들어진다. 근력과 근지구력은 체형과 자세에 영향을 미친다.

1) 근력

올바른 자세를 유지하고 앉거나 서기 위해서는 근력이 필수적이다. 근력이 없으면 잠시도 바른 자세를 유지할 수가 없다. 근력이 강할수록 근 수축력은 커지며 원하는 자세와 움직임을 완전하게 수행할 수 있다. 자세를 유지하고, 걷고, 들어 올리고 당기고 하는 근력은 수축을 유지하는 근육 운동의 가장 기본적인 예이다. 근력은 과부하의 원리를 이용한 훈련에 의해 증가할 수 있으며 물체 또는 중량을 점차 증가시킴으로서 점증 부하 근력을 증가시킬 수도 있다.

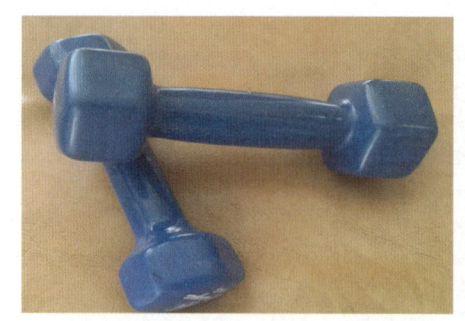 

[그림 10-10] 근력을 위한 운동기구 및 운동

2) 근지구력

아마추어와 전문 운동선수들은 가끔 스포츠 활동과 관련된 특정근육의 지구력을 늘릴 필요가 있는데, 이것은 주어진 근력운동을 반복하여 점차적으로 횟수를 늘리는 운동으로 달성된다. 그러나 근지구력은 운동을 한 부위에만 향상이 되므로 원하는 부위의 근육운동을 따로 해줘야 한다.

근지구력은 근력과 연계된 체력의 한 구성요소이므로 근육이 수축할 때 각각의 근섬유가 단축하기 위해서는 많은 에너지가 필요하다. 에너지 발생을 위해 근육으로 공급되는 산소 및 효소와 영양분을 필요로 하고, 이 생성물이 각 근육 세포에 의하여 에너지로 변환될 때 생성되는 피로물질이나 독성의 생성이 가능하므로 미리 몸의 노폐물을 제거하는 것이 좋다.

제10장 올바른 체형관리를 위한 자세 교정법
핵심요약

○ 바르지 못한 자세가 가지고 오는 질환

바르지 못한 자세는 요통, 허리 디스크, 목 디스크 질환, 척추 측만증 등의 척추 질환과 팔다리 통증, 근육 위축, 만성적인 소화불량과 같은 기능 저하 뿐만 아니라 뼈, 관절 등의 각종 퇴행성 변화, 어깨통, 만성피로 등을 유발하기 때문에 질환을 예방하려면 올바른 자세를 갖는 것이 먼저 준비 되어야 한다.

○ 올바른 걷기의 자세

- 시선은 10~15m 앞
- 몸을 바로 세우고 어깨와 가슴을 폄
- 팔은 앞뒤로 자연스럽게 흔들기
- 목, 허리, 엉덩이가 일자가 되도록 배와 엉덩이에 힘을 줌
- 체중을 발 뒤꿈치의 바깥쪽 시작으로 발 가장자리에서 엄지 발가락 쪽으로 이동

○ 자세 교정을 위한 운동이 중요한 이유

인체는 꾸준한 움직임을 통해 근육을 발달시켜 정상적인 관절활동을 유지하게 된다. 또한 이러한 활동에 영양분을 공급하고 또 노폐물을 배출하게 된다. 관절뿐만이 아니라 근육은 단백질 등의 영양소 공급과 규칙적인 운동에 의해서 움직임이 더욱 강해지게 되고, 근육이 강해져야 각 관절을 유지하는데 큰 도움을 받을 수 있다.

○ 자세 교정을 위한 스트레칭의 효과

- 근육 조절력을 증가시켜 올바른 자세 유지에 도움을 준다.
- 혈액순환을 촉진시키고 기분을 좋게 한다.
- 근육의 긴장을 완화시켜 편안한 느낌을 준다.

- 인체의 과도한 사용에 의한 근육의 통증을 풀어준다.
- 근육의 상해를 사전에 방지하여 근육의 저항력을 길러준다.
- 신경 반사작용을 통해 격렬한 운동도 무리 없이 할 수 있게 한다.
- 어깨, 목 요추부위 등에 오는 비이상적인 근 긴장을 해소하게 한다.
- 관절의 여러 범위를 증가시켜 조정력을 향상시켜 동작을 자유롭게 한다.

○ **유산소 운동 및 무산소 운동의 차이**

	유산소 운동	무산소 운동
대사물	이산화탄소, 물	젖산
에너지의 지속성	장시간 지속	단시간밖에 지속하지 못함
산소의 필요성	필요	불필요
에너지원	글리코겐, 지방	글리코겐
에너지 변환속도	에너지가 생산, 산소공급의 시간이 필요	즉효성, 돌발적인 운동에도 반응
운동의 예	조깅, 걷기, 천천히 하는 수영, 자전거 타기 등	단거리달리기, 덤벨, 복근운동

체·형·관·리·학

제10장 올바른 체형관리를 위한 자세 교정법
연습문제

객관식

1. 바르지 못한 자세가 가지고 오는 질환끼리 묶인 것은?

   ㉠ 허리 디스크　　　　　㉡ 근육 위축
   ㉢ 신경질환　　　　　　㉣ 저혈압

   ① ㉠　　　　　　　　　② ㉠, ㉡, ㉢
   ③ ㉠, ㉡　　　　　　　④ ㉠, ㉡, ㉢, ㉣

2. 유산소 운동과 무산소 운동의 구분에 대한 설명으로 옳은 것은?
   ① 순간의 힘을 이용하는 10초 미만에 일어나는 운동을 유산소 운동이라 한다.
   ② 무산소 운동의 경우 운동 중 칼로리 소비뿐만 아니라 안정 시 칼로리 소비도 높여준다.
   ③ 유산소와 무산소 운동을 구분하는 것은 '호흡을 하느냐 하지 않느냐'이다.
   ④ 운동을 시작한 경우 초시에는 유산소성 에너지를 사용하고, 시간이 흐를수록 무산소성 에너지를 점점 많이 사용하게 된다.

3. 다음 중 올바른 자세로 옳지 않은 것은?
   ① 의자는 등받이가 어느 정도 강하고 탄탄한 것이 좋다.
   ② 고개를 숙여 사무를 보거나 공부하는 자세는 피한다.
   ③ 상체를 바로 세우도록 노력한다.
   ④ 머리를 앞으로 숙여 공부해야할 경우 책을 쌓고 그 위에 독서대를 놓아 눈높이를 맞춘다.

올바른 체형관리를 위한 자세 교정법 제10장

4. 올바른 걷기로 옳지 않은 것은?
   ① 처음부터 보폭을 넓혀 걷는다.
   ② 호흡은 코로 들이마시고 입으로 뱉는다.
   ③ 손은 손바닥에 계란 하나를 가볍게 쥔 느낌으로 주먹을 쥔다.
   ④ 시선은 15m 앞을 응시하고 걸을 땐 11자로 걷는다.

5. 잠을 잘 때 자세에 관한 설명으로 옳은 것은?
   ① 옆으로 누워 자도록 한다.
   ② 목보다 높은 베개를 벤다.
   ③ 자연적인 곡선을 유지하지 않는다.
   ④ 가능한 한 반듯이 누워서 자는 것이 척추에 가장 적게 무리를 준다.

주관식

1. 자세 교정을 위한 운동이 중요한 이유를 쓰시오.

2. 유산소 운동과 무산소 운동의 차이점에 대해 쓰시오.

3. 스트레칭의 효과에 대해 쓰시오.

정답 및 해설

제1장

◉ 객관식

1. ②
2. ②
3. ④
4. ②
5. ④

◉ 주관식

1. 나쁜 생활습관과 근육의 경직 등 여러 가지 요인들이 체형에 부정적 영향을 미쳤을 경우 물리적, 전기적, 과학적인 방법을 이용하여 전체적인 몸의 형태를 바르게 하고, 건강하고 아름다운 체형을 유지하도록 하는 것이다.

2. • 전문 지식
   • 신뢰를 바탕으로 한 정보
   • 인성과 감성
   • 건강과 올바른 정신

3. 체형관리를 위한 많은 시간과 다양한 노력으로 얻게 되는 건강수명의 개념은 '아프지 않고, 얼마나 오랫동안 삶을 건강하게 잘 사는가'라고 할 수 있다.

정답 및 해설

제2장

◉ **객관식**

1. ②
2. ①
3. ②
4. ③
5. ④

◉ **주관식**

1. 비타민 A : 시력유지, 피부의 건조방지, 상피세포 유지
   비타민 D : 칼슘과 인 흡수, 지방산 산화 방지, 세포 재생
   비타민 E : 항산화제, 불포화 지방산 산화방지, 세포재생
   비타민 K : 세포신진대사 산화, 환원반응, 혈액응고, 골다공증 발생예방

2. • 피부표피의 수분량은 10~20%로서 유지되어야 하는데 평형이 깨지면 건조가 시작되어 탄력이 상실되고 주름이 생긴다.
   • 피부진피의 수분부족은 굵은 주름의 원인이 된다.
   • 피부에 수분이 부족하면 윤기와 탄력을 잃어 피부의 노화가 촉진된다.
   • 염분을 많이 섭취할 경우에 수분의 소비가 증가되는데, 충분한 수분이 공급되지 못하면 이것은 체내에 무기질과 비타민의 부족증으로 이어질 수 있다.

3. • 뼈, 근육의 구성과 조직의 보수
   • 생명활동 조절과 항상성 유지
   • 혈장단백
   • 수분 및 산 염기 평형 유지, 체내 대사과정의 조절
   • 열량 공급
   • 피부의 노화 예방

체·형·관·리·학

제3장

● 객관식

1. ②
2. ③
3. ②
4. ②
5. ④

● 주관식

1. 기초대사란 호흡, 체온의 유지, 세포의 활동, 뇌의 기능, 심장의 활동 등의 기본적인 생명유지를 위한 것이다.

2.
   - 체표면적
   - 연령
   - 체구성 성분
   - 성별
   - 건강상태 및 호르몬
   - 기후

3. 기초대사량, 활동대사량, 식품의 특이동적 작용

정답 및 해설

제4장

● 객관식

1. ①
2. ④
3. ①
4. ①
5. ②

● 주관식

1. 뇌의 시상하부에 있는 섭식중추(Appetite Center)와 포만중추(Satiety Center)의 균형에 의해서 조절된다.
   - 혈당의 영향
   - 온도의 영향
   - 습관의 영향
   - 공복감
   - 먹는 즐거움

2. - 열량은 줄이되 건강을 해치지 않는 안전한 수준의 섭취 열량과 소비 에너지양의 균형을 생각하여 음식량을 정한다.
   - 영양부족이 되지 않도록 양질의 단백질을 충분하게 공급한다.
   - 식사를 하기 2시간 전에 물을 마시고 음식을 천천히 먹는다.
   - 탄수화물과 지방음식의 섭취량을 줄인다.
   - 탄수화물 대사의 보조인자인 비타민 B군을 충분히 섭취한다.
   - 충분한 비타민과 무기질을 공급한다.
   - 섬유소가 풍부한 채소류를 섭취하고 짜거나 자극적인 음식을 피한다.
   - 인스턴트식품, 탄산음료수, 단 맛의 간식 섭취를 하지 않도록 한다.

3. - 행동수정 요법
   - 약물요법 : 식욕 억제제, 에너지 소비 촉진제, 지방 흡수 방해제
   - 수술요법 : 지방 흡입술
   - 보정속옷
   - 셀룰라이트 관리

제 5장

● **객관식**

1. ②
2. ③
3. ④
4. ④
5. ④

● **주관식**

1. 상담자는 화법기술, 응대기술을 가지고 고객의 문제를 파악하여 해결점을 제시해 주고, 긍정적인 결과를 끌어내는 역할을 한다.

2.
   - 고객의 성격에 맞추어 응대
   - 좋은 경청자로서 끝까지 듣고, 공감해줌
   - 질문으로 원하는 내용으로 유도
   - 편견과 선입견 없이 고객을 응대함

3.
   - 식이요법 : 심장 질환과 신장질환, 시력, 신경 장애 등의 합병증을 예방하고, 지연하는 것을 목적으로 당뇨병의 혈당을 정상화하고, 정상체중을 유지하고자 한다. 당뇨병 치료를 위해서는 과량의 지방섭취를 제한하고, 혈당 조절을 위해 GI(당지수)가 낮은 식품을 선택하도록 한다.
   - 운동요법 : 당뇨병 환자에서 합병증이 있는 경우와 운동 전의 혈당이 300mg/dL 이상 이거나, 소변에 케톤체가 나오면서 혈당이 240mg/dL 이상일 경우 운동을 삼가야 한다. 당뇨병 환자의 운동 시기는 식사 후 30~60분 경과된 후에 하는 것을 원칙, 운동의 종류는 유산소 운동으로 빠른 걷기, 자전거 타기, 등산, 수영 등을 권장한다. 운동의 강도는 최대산소섭취량의 50~70%로 진행하며, 일주일에 5일 이상, 20~60분 동안 실시하는 것이 바람직하다.

정답 및 해설

제6장

● **객관식**

1. ①
2. ③
3. ②
4. ①
5. ②

● **주관식**

1. 효과적인 체형관리를 위해 다양한 프로그램도 중요하지만 체형이 변하게 된 요인파악, 비만 판정, 체형관리 실행 순으로 진행된다.

2. 비만 및 체형관리 계획을 수립하고, 4단계의 관리 과정을 거쳐 스스로 관리에 돌입할 수 있도록 운동요법, 식이요법, 행동 수정을 유도한다. 각 단계가 진행될 때에는 피드백을 통해 변화 요인을 체크한다.

3. • 당지수 : 탄수화물을 50g을 함유한 특정 식품을 섭취선의 면적을 포도당과 흰 식빵의 표준식품 당지수 100과 비교하여 백분율을 표시한 값이다.
   • 열량관리 : 자신이 섭취하고 있는 양과 에너지의 양을 바로 알고 올바른 식습관을 잡고, 운동으로 섭취한 에너지를 소모해야 한다.

체·형·관·리·학

제7장

● **객관식**

1. ②

2. ①

3. ④

4. ③

5. ③

● **주관식**

1.
   - 림프드레나쥐
   - 스웨디시 마사지
   - 스포츠 마사지
   - 아유르베다
   - 경락 마사지
   - 타이 마사지
   - 딥 티슈 마사지
   - 아로마 테라피 마사지

2.
   - 슬리밍 : slimming은 허벅지나 엉덩이, 뱃살 울퉁불퉁해지는 셀룰라이트를 없애주는 기능을 말한다.
   - 퍼핑 : firming은 수분 조절, 탄력은 수분 분해를 통해 피부에 탄력을 주며 일시적으로 부은 곳에 사용하면 좋다.
   - 리프팅 : lifting은 처진 피부, 콜라겐은 턱이나 눈 밑이 축 처지는 것을 들어 올려주는 에센스 기능, 콜라겐 성분을 함유한 것이 많은데, 보습제와 함께 사용하면 더 큰 효과가 있다.

3. 테이프를 피부에 붙여 물리적으로 피부의 자극을 유도하는 것으로 혈액과 림프액의 순환이 증가하여 자연치유력이 높아지면서 통증이 사라지고 근육의 운동기능이 되살아나게 되어 정상적인 신체활동을 할 수 있게 하는 것이 테이핑 요법의 목적이다.

정답 및 해설

제8장

● 객관식

1. ③
2. ④
3. ②
4. ①
5. ③

● 주관식

1. <적용 효과>
    - 셀룰라이트 관리
    - 세포 및 조직 재생력 강화
    - 혈액순환 및 노폐물 배출
    - 림프 순환 촉진

   <적용 시 주의 대상>
    - 어깨에 심을 박은 사람
    - 암에 걸려 치료를 받았던 사람
    - 체내에 금속 삽입물을 가진 사람
    - 심각한 질환중인 환자

2. - 자율 신경 조절
   - 신진대사 촉진
   - 림프드레나쥐 효과
   - 발한 작용

3. 스텝퍼, 러닝머신

   <스텝퍼의 적용 효과>
    - 유산소 운동의 효과 및 근력강화
    - 대퇴부의 근력강화에 효과적
    - 심폐 지구력 증강에 효과적
    - 골반 및 종아리 운동이 가능
    - 대퇴부 지방 및 셀룰라이트를 제거

   <러닝머신의 적용 효과>
    - 열량소모를 유도하여 체중조절의 운동 효과
    - 변비해소에도 도움이 되며 다이어트에 유산소 운동효과 강화
    - 성인병 예방 및 비만을 예방
    - 운동에 의하여 면역력이 향상

체·형·관·리·학

제9장

◉ 객관식

1. ②
2. ①
3. ④
4. ④
5. ③

◉ 주관식

1. • 운동 : 근육의 수축에 의한 부분적인 움직임 또는 전신활동이 가능한 지속적인 근육활동이 요구
   • 자세 유지 : 바른 자세로 서있거나 앉아 있는 자세를 장시간 유지하려면 근육의 수축활동이 요구
   • 체온 유지 : 모든 세포가 활동하면서 열을 발생하면서 활동을 할 수 있게 만들며, 신체의 체온 유지가 가능

2. 활동량의 감소는 신체의 유연성을 감소시키는 직접적인 원인이다. 관절을 규칙적으로 사용하지 않게 되면서 결합조직에서 탄력성이 사라지고 관절과 관련된 기능도 급속도로 감소한다. 스트레칭은 유연성을 증가시켜서 외부의 충격이 가해졌을 때 위험을 감소시키는 역할도 한다. 체형관리를 위하여 스트레칭을 자주 하는 것이 큰 도움이 된다.

3. 근육은 체격의 발달에 막대한 영향을 끼친다. 체격이란 신체발육상의 크기를 나타내는 '체위'라는 말과 계측값의 균형에서 볼 수 있는 신체의 모양을 나타내는 체형의 내용을 합친 개념이다.

정답 및 해설

제10장

● **객관식**

1. ③
2. ②
3. ①
4. ①
5. ④

● **주관식**

1. 인체는 꾸준한 움직임을 통해 근육을 발달시켜 정상적인 관절활동을 유지하게 된다. 또한 이러한 활동에 영양분을 공급하고 또 노폐물을 배출하게 된다. 관절뿐만이 아니라 근육은 단백질 등의 영양소 공급과 규칙적인 운동에 의해서 움직임이 더욱 강해지게 되고, 근육이 강해져야 각 관절을 유지하는데 큰 도움을 받을 수 있다.

2.
	유산소 운동	무산소 운동
대사물	이산화탄소, 물	젖산
에너지의 지속성	장시간 지속	단시간밖에 지속하지 못함
산소의 필요성	필요	불필요
에너지원	글리코겐, 지방	글리코겐
에너지 변환속도	에너지가 생산, 산소공급의 시간이 필요	즉효성, 돌발적인 운동에도 반응
운동의 예	조깅, 걷기, 천천히 하는 수영, 자전거 타기 등	단거리달리기, 덤벨, 복근운동

3.
   - 근육 조절력을 증가시켜 올바른 자세 유지에 도움을 준다.
   - 혈액순환을 촉진시키고 기분을 좋게 한다.
   - 근육의 긴장을 완화시켜 편안한 느낌을 준다.
   - 인체의 과도한 사용에 의한 근육의 통증을 풀어준다.
   - 근육의 상해를 사전에 방지하여 근육의 저항력을 길러준다.
   - 신경 반사작용을 통해 격렬한 운동도 무리 없이 할 수 있게 한다.
   - 어깨, 목 요추부위 등에 오는 비이상적인 근 긴장을 해소하게 한다.
   - 관절의 여러 범위를 증가시켜 조정력을 향상시켜 동작을 자유롭게 한다.

모의고사

제1회

01. 다음 중 설명이 가장 옳은 것은? ②

① 비만은 신체의 외형상의 문제에만 악영향을 미친다.
② 체형은 우리의 건강과 밀접한 상관관계에 있다.
③ 체형의 변화를 소득과 무관하다.
④ 바르지 못한 자세는 근육의 변화와 관절의 이상과는 무관하다.

02. 나트륨의 기능으로 옳은 것은? ④

① 세포 내액에서 삼투압을 조절한다.
② 소화액의 분비를 촉진한다.
③ 염기로 작용하여 혈액을 알칼리로 유지한다.
④ 근육의 이완작용을 조절한다.

03. 비만 식이요법 요령에 대한 설명으로 틀린 것은? ③

① 과일을 먹을 때 식후에 곧장 먹는 것이 좋다.
② 적은 양이라도 자주 먹으면 지방분해가 되지 않는다.
③ 대용식을 아침에 먹는 경우가 좋다.
④ 수분대사에 문제가 없는 사람이라면 물을 많이 마셔도 문제가 없다.

04. 요요 현상에 대한 내용으로 틀린 것은? ③

① 잘못된 식습관으로 나타난다.
② 다이어트로 한때 체중이 감량되었다가 다시 원래의 체중으로 급속히 복귀하거나 또는 그 이상으로 체중이 증가하는 현상을 말한다.
③ 이 용어는 의학계에서는 사용되는 용어이다.
④ 잘못된 다이어트 방법으로 인해서 나타난다.

05. 체형관리 중 식생활이 중요한 이유가 아닌 것은?
① 1일 식사의 식품으로 곡류 및 전분류를 가장 많이 섭취하여 체형관리에 도움이 된다.
② 질병을 예방하고, 병의 치료에 도움을 준다.
③ 비만현상을 막아주고 체내 영양소 공급으로 활력을 얻는다.
④ 체내 면역체계가 향상된다.

06. 스포츠 마사지에 대한 설명이라고 볼 수 없는 것은?
① 일반적 효과나 근육의 혈액순환을 좋게 함과 동시에 심장의 부담을 덜어 주고 전신의 혈액순환을 개선 조절한다.
② 고대 그리스나 로마의 의사들도 마사지를 질병 치료와 고통 완화의 목적으로 사용하였다.
③ 스포츠 마사지라는 말을 사용한 것은 18세기 후반에서 19세기 초반이다.
④ 주로 피부를 쓰다듬거나, 주무르기, 문지르기, 두드리기, 흔들기 등의 방법으로 행해진다.

07. 지방 분해 단계의 기기관리로 옳은 것은?
① 고주파 – 근육운동 효과로 지방의 분해를 촉진시키고, 규칙적인 수축으로 국소적인 열을 발생시켜서 효과적으로 섬유질을 파괴하는데 적용시킨다.
② 석션기 – 혈관확장 및 혈류량 증가로 섬유소 분해 활성화 효과, 파의 전달로 반사와 굴절, 매질(젤리)이 필요하다. 초음파 기기는 세정효과, 온열효과, 지방분해효과를 주는 기기로 아주 작은 물리적인 진동으로 피부 속 깊은 침투가 가능한 기기이다.
③ 적외선 – 앨리스 적외선 A 파장을 사용하며, 램프와 전극을 이용한다. 선택적 근육운동으로 미세혈관 생성을 촉진시키고, 독성물질을 제거하며 지방산의 산화작용으로 피하지방층까지 효과를 볼 수 있다.
④ 온열기 – 정확한 자세로 운동할 경우 허벅지 안쪽의 내전근, 복부외측의 복사근을 강화하고 근육 섬유의 수축작용과 혈액순환, 위장관 운동, 변비를 완화에 도움을 준다.

08. 체형관리 단계별 기기의 종류로 옳은 것은?
① 발열 작용 – 고주파, 선석기, 바이브레이터, 엔더몰로지
② 셀룰라이트, 부종관리 – 원적외선 (사우나 건식, 아로마 건식)
③ 탄력 리프팅 관리 – 초음파, 엔더몰로지
④ 체형분석 – 체지방측정기, 체중계, 신장계, 캘리퍼, 줄자

체·형·관·리·학

09. 근육과 체형관리에 대한 설명으로 옳지 않은 것은?
① 근육은 우리 몸 전체를 움직여 활동하도록 하며, 때로는 몸의 일부분만 움직여 특정된 범위의 활동을 하게 한다.
② 하나의 근육은 하나의 근세포로 구성되어 있다.
③ 근육은 인체의 모든 움직임을 조절하며, 체중의 40~50% 이상을 차지한다.
④ 근섬유와 근섬유 중간 사이사이에는 수많은 모세혈관이나 신경 등이 퍼져있다.

10. 걷기에 대한 설명으로 가장 틀린 것은?
① 걸을 때 발을 45° 각도로 걷는다.
② 건강을 회복하기 위한 첫번째 시도가 걷기이다.
③ 걷기의 장점 중 하나는 아주 다양하다는 것이다.
④ 등을 쭉 펴고, 턱을 가볍게 당기며, 배를 안으로 당기며 걷는다.

11. 체형관리의 적용영역에 대한 설명으로 옳지 않은 것은?
① 자세관리는 몸의 균형이 무너지는 건강하지 못한 체형을 바른 자세를 교육시키고 그 개인에게 맞는 자세를 습관화 시키는 것이다.
② 운동 관리는 섭취열량과 활동열량의 불균형으로 인한 체지방 과다축적 체형의 전신관리나 부분관리를 실시하는 것이다.
③ 통증관리는 신체적 문제나 잘못된 자세에 의한 통증을 기계적, 물리적 방법을 이용하여 근육을 이완시켜 통증을 감소시키는 것이다.
④ 영양관리는 적절한 식품 관리로 필요한 영양소를 공급해주고 체내 면역체계를 튼튼하게 하여 좋은 체형을 유지하는 것이다.

12. 필수지방산의 역할로 옳은 것은?
① 세포막의 성분이 되어 투과성을 방해한다.
② 단백질 절약과 케톤증 예방에 도움이 된다.
③ 피부와 면역기능을 향상시킨다.
④ 혈청 콜레스테롤을 증가시킨다.

13. 운동으로 인한 효과라고 볼 수 없는 것은?
    ① 에너지 소비의 증가와 지방조직의 분해에 의한 체중의 감량
    ② 기초대사의 증가
    ③ 동맥경화성 혈관장애의 개선
    ④ 인슐린 감수성 감소

14. 체중조절을 위한 올바른 식사습관으로 가장 적절하지 않은 것은?
    ① 야식은 적당량만 먹는다.
    ② 인스턴드, 패스트푸드 보다는 자연음식, 집에서 조리한 음식을 선택한다.
    ③ 음식을 지나치게 제한하지 않도록 한다.
    ④ 음식은 맵거나 짜지 않게 먹는다.

15. 체중조절을 위한 올바른 식사습관으로 가장 적절하지 않은 것은?
    ① 초저열량 식이요법은 초기에는 수분 손실로 인하여 오히려 상대적인 탈수현상이 있다가 탄수화물의 재섭취로 인한 반동현상이 발생할 수 있다.
    ② 초저열량 식사요법을 수개월 간 계속하면 머리가 빠지거나 피부가 거칠어지는 경우가 발생하게 된다.
    ③ 식사량의 감소로 변의 양이 줄어들면서 변비가 발생할 수 있다.
    ④ 저열량 식사로 글루코겐이 많아 근육이 작아진다.

16. 체중조절을 위한 올바른 식사습관으로 가장 적절하지 않은 것은?
    ① 카이로프락틱 근육이완법
    ② 식이 조절법
    ③ 카이로프락틱 교정법
    ④ 재활 운동법

17. 체형관리의 기기 종류로 옳지 않은 것은?
    ① 원적외선 기기(Sauna and Far Infrared Rays)
    ② 러닝머신(Running Machine)
    ③ 림프 마사지기기(Lymphatic drainage machine)
    ④ 엔저몰러지 (Endermologie)

체·형·관·리·학

18. 근육의 생리적 특성으로 틀린 것은?
   ① 수천개의 섬유조직으로 뼈와 다른 조직에 연결된다.
   ② 근육은 장기의 움직임에도 관여하며 수의근과 불수의근이 있다.
   ③ 근섬유는 자극을 받으면 길이가 늘어나면서 신체를 고정시킨다.
   ④ 근섬유의 한쪽끝을 자극하면 근섬유에 퍼지는 전도성이 있다.

19. 다음 중 올바른 자세로 옳지 않은 것은?
   ① 의자는 등받이가 어느 정도 강하고 탄탄한 것이 좋다.
   ② 고개를 숙여 사무를 보거나 공부하는 자세는 피한다.
   ③ 상체를 바로 세우도록 노력한다.
   ④ 머리를 앞으로 숙여 공부해야할 경우 책을 쌓고 그 위에 독서대를 놓아 눈높이를 맞춘다.

20. 다음 중 옳지 않은 것은?
   ① 과도한 체중으로 무릎관절 등에 무리가 가서 관절염이 생기기 쉬우며 담석증, 호흡곤란 증상을 나타낼 수도 있다.
   ② 체중과다는 미용상의 문제뿐만 아니라 건강을 위협할 수 있다.
   ③ 체중이 지나치게 늘거나 부족하게 되면 우리 몸에 신체적, 정신적 장애를 일으켜 우리의 건강한 삶을 저해하는 중요한 요인이 된다.
   ④ 체중은 정신적인 영향을 미치지 않는다.

제2회

01. 체형관리의 필요성으로 옳지 않은 것은?
① 사회적 만족뿐만이 아니라 육체적 건강과 정신적, 정서적 안정감을 얻는 것이다.
② 체형의 불균형이 가져오는 스트레스는 육체적으로 불안감을 유발한다.
③ 건강한 체형을 유지하게 되면 중추신경계와 면역계가 활성화 되어서 신체의 피로와 사회적 결핍을 감소시킨다.
④ 올바른 식이요법, 운동 요법 등을 체형관리의 면에서 복합적 프로그램과 함께 적용하면 아름다운 체형을 유지할 수 있다.

02. 인체 내 수분의 역할로 옳지 않은 것은?
① 생체 내 모든 반응은 물을 용매로 삼투압 작용을 한다.
② 체온 조절이 가능하다.
③ 연령이 증가함에 따라 수분 보유량이 증가하여 평균 성인의 경우 체중의 55~60%정도 차지한다.
④ 체액의 전해질 농도와 산, 알칼리의 평형을 유지한다.

03. 다음 중 설명이 잘못된 것은?
① 간식의 경우에는 간식의 종류에 따른 영양적 조성과 양이 문제가 된다.
② 잘못된 식생활은 과식뿐만 아니라 식생활 전반에 걸친 문제이다.
③ 불규칙적인 식사는 적은량을 섭취하므로 체지방을 높이지 않는다.
④ 폭식은 평상시와 달리 갑자기 많은 음식을 섭취하는 것이므로 급격한 혈당치 상승을 가져오고 이에 따라 인슐린 분비도 촉진되어 지방합성이 증가하게 된다.

04. 체형관리를 위한 올바른 식사요법으로 옳은 것은?
① 열량은 줄이되 건강을 해치지 않는 안전한 수준의 섭취 열량과 소비 에너지양의 균형을 생각하여 음식량을 정한다.
② 식사를 하기 바로 전에 물을 마시고 음식을 빨리 먹는다.
③ 탄수화물과 지방음식보다 단백질 섭취량을 줄인다.
④ 단 음식의 간식 섭취로 식사량을 줄이도록 한다.

체·형·관·리·학

05. 다이어트의 부작용에 대한 설명으로 옳지 않은 것은?
① 잠이 너무 많이 오고 많이 잠을 잔다.
② 섭식장애가 나타난다.
③ 요요현상이 발생된다.
④ 신경과민과 신경질이 나타난다.

06. 당지수와 열량관리 프로그램 실제 과정의 주별 과정으로 옳지 않은 것은?
① 1주째 – 일상적인 생활습관의 변화를 유도하기 위한 단계이다.
② 2주째 – 과식은 체형관리에 있어서 위험한 요인이기 때문에 위의 크기를 줄이는 첫 단계로 본인의 식사량을 모두 절반으로 줄인다.
③ 3주째 – 요요현상이 일어나지 않고 완전한 비만으로부터의 탈출이 진행되고 있는지 목표한 체중으로 줄였는지 체크하는 단계이다.
④ 4주째 – 완벽하게 식습관을 수정하기 위해서 소금과 간장을 멀리하여 염분의 섭취량을 줄인다.

07. 카이로프락틱에 대한 설명으로 옳지 않은 것은?
① 그리스어에서 파생되어 "손"을 뜻하는 "카이로(chiro)"와 치료를 뜻하는 프락토스(practice)"라는 말의 합성어이다.
② 신체의 운동역학적 장애에 대한 병리, 진단, 치료를 통해 이들 조직의 기능적 장애, 생화학적 변화, 신경 생리학적 변화 및 통증의 발생을 예방하는 것을 목적으로 한 학문을 말한다.
③ 간스테드 테크닉(Gonstead Technique)은 회전교정요법이라 하며, 추골의 최대 회전가동력, 추골근육의 연부조직의 최대장력을 이용한다.
④ 1895년 미국의 데이비드 파머(D.D. Palmer)박사에 의해 처음으로 의학적 체계를 갖추었다.

08. 기기의 특징에 대한 설명과 연결이 바르지 않은 것은?
① 림프 마사지기기 – 셀룰라이트 관리에 효과적이며 맥박수, 정확한 압력, 배출 방향을 최대한으로 고려하여 제조된 순환기기이다.
② 바이브레이터 – 진동에 의해 혈액순환을 촉진시키는 마사지 기기이다.
③ 엔더몰러지 – '피부를 당겼다 놨다'를 반복함으로써 피부에 물리적인 자극을 계속 주어 지방을 분해한다.
④ 프레셔테라피 – 열에 의한 체형관리 방법에 사용되며, 심부에 열을 전달하여 일시적인 체중 감량을 목적으로 사용된다.

09. 골격과 체형관리에 대한 설명으로 옳은 것은?

① 무기질은 칼륨과 마그네슘의 복합체인 하이드록시아파타이트가 주성분으로 뼈를 견고하고, 단단하게 유지하는 성질을 나타낸다.
② 골격은 죽어있는 골세포들과도 결합된 조직으로 존재한다.
③ 골격의 신체의 기관 중 가장 단단한 조직이다.
④ 골격은 체중의 약 40~50%를 차지하고 있다.

10. 프레셔테라피의 적용 효과로 옳은 것은?

① 근육 통증 완화
② 근육 이완 효과
③ 근육 활동을 통한 체형관리
④ 세포 및 조직 재생력 강화

11. 생체 전기저항 측정법 (Bioelectrical Impedance)에 대한 내용은?

① 초음파와 같은 원리를 이용하여 피하지방 두께를 간편하게 측정하기 위한 방법이다.
② 몸에 약한 전류를 흘려 물이 있으면 전류가 잘 흐르고 물이 없는 부분(예를 들어 체지방부위)에서는 전기저항값이 커진다는 원리를 이용하여 체내의 지방량을 측정하는 것이다.
③ 인체의 특정 부위의 피부를 엄지와 집게 손가락으로 잡아서 잡힌 피부의 두께를 체지방 측정기(skinfold caliper)를 이용하여 측정하게 된다.
④ 체지방을 측정하는 간접 방법 중에 가장 정확한 측정을 할 수 있는 방법이다.

12. 다음은 사상체질에서 볼 때 어떤 체형인가?

> 폐는 크고, 간은 작으며, 외형상으로는 상체가 비교적 크고 허리부분은 약하며, 등 부분은 두꺼운 근육을 가지고 있고, 얼굴은 원대하여 눈이 빛나고 이마는 넓은 편이며, 광대뼈가 나온 형이다. 또한 행동은 요추가 약한 체질로서, 보행을 멀리하지 못한다.

① 소양 체질　　　　　　　② 소음 체질
③ 태음 체질　　　　　　　④ 태양 체질

체·형·관·리·학

13. 유산소 운동과 무산소 운동의 구분에 대한 설명으로 옳은 것은?
    ① 무산소 운동의 경우 운동 중 칼로리 소비뿐만 아니라 안정 시 칼로리 소비도 높여준다.
    ② 순간의 힘을 이용하는 10초 미만에 일어나는 운동을 유산소 운동이라 한다.
    ③ 운동을 시작한 경우 초기에는 유산소성 에너지를 사용하고, 시간이 흐를수록 무산소성 에너지를 점점 많이 사용하게 된다.
    ④ 유산소와 무산소 운동을 구분하는 것은 '호흡을 하느냐 하지 않느냐'이다.

14. 고객과의 의사소통의 구성요소에 대한 설명으로 옳지 않은 것은?
    ① 음성 메시지 – 고객에게 실제 적용할 방법을 전달하는 것으로 55%의 가장 큰 비율을 차지한다.
    ② 언어 메시지 – 문자화가 가능하여 주의사항과 지켜야할 사항을 정리하여 메시지를 전달하는 방법의 하나이다.
    ③ 비언어 메시지 – 표현과 여러 가지 표정에서 프로그램을 위한 필요한 정보를 전달한다.
    ④ 언어 메시지 – 의사소통의 가장 기본적인 구성요소이다.

15. 다음 내용에 대한 마시지 요법은 무엇인가?

    > 전신에 걸친 혈관을 자극하여 혈액순환을 도와 노폐물을 제거하는 것으로 혈액을 심장 쪽으로 보낸다. 정맥흐름이 심장방향으로 흐르게 하여 정신적 안정을 되찾아 주는 혈액순환(circulation)마사지이다.

    ① 경락 마사지 ② 타이 마사지
    ③ 스웨디시 마사지 ④ 스포츠 마사지

16. 좋지 못한 걷기라 생각 되는 것은 무엇인가?
    ① 걷기에 있어 준비운동과 마무리 운동은 필수다.
    ② 느린 걸음을 위주로 한다.
    ③ 직장인이 하는 123 걷기를 해본다.
    ④ 뒤로 걷기를 해본다.

17. 체형의 판단에 대한 내용으로 옳지 않은 것은?
    ① 신체질량지수(BIM)가 30을 초과하면 "비만"으로 인한 건강상의 문제가 발생할 가능성이 항상 존재한다.
    ② 간단한 방법은 허리와 엉덩이 비율(Waist and Hip Ratio)을 사용하는 것이다.
    ③ 체중조절을 위한 목표를 세울 때에는 현실성을 고려할 필요가 없다.
    ④ 체내 지방량을 알기 위한 간단한 방법으로 엄지와 집게손가락을 이용한 피부 두겹 측정법(Skinfolds)이 있다.

18. 다음 중 비만의 문제점이라 볼 수 없는 것은?
    ① 성인이 된 이후 나이를 먹어감에 따라 기초대사율은 떨어지는 데다 식사는 많이 하면서 운동량은 감소되어 비만이 되기 쉽다.
    ② 지방세포는 20세 이후에는 다시 한번 급속히 증가한다.
    ③ 출생 후 체지방의 축적은 급속히 시작하여 생후 1년 동안 가장 높다.
    ④ 미국의 의학박사 딜은 비만으로 인한 5D를 제시하였는데 외모손상(Disfigurement), 불편(Discomfort), 무능(Disability), 질병(Disease), 죽음(Death)의 다섯 가지로 나뉘었다.

19. 다음 중 비만의 문제점이라 볼 수 없는 것은?
    ① 단백질을 섭취하면 에너지 과다가 되므로 적은 양을 섭취해야 한다.
    ② 비타민과 무기질을 많이 섭취하면 살이 찌므로 체형관리에 도움이 안 된다.
    ③ 올리고당은 단 맛이 있으므로 혈당을 빠르게 높여 체형관리가 안 된다.
    ④ 식이섬유소는 부피를 늘려 장의 운동을 도우므로 체형유지에 도움이 된다.

20. 체형관리의 적용영역에 대한 설명으로 옳지 않은 것은?
    ① 통증관리는 신체적 문제나 잘못된 자세에 의한 통증을 기계적, 물리적 방법을 이용하여 근육을 이완시켜 통증을 감소시키는 것이다.
    ② 운동 관리는 섭취열량과 활동열량의 불균형으로 인한 체지방 과다축적 체형의 전신관리나 부분관리를 실시하는 것이다.
    ③ 자세관리는 몸의 균형이 무너지는 건강하지 못한 체형을 바른 자세를 교육시키고 그 개인에게 맞는 자세를 습관화 시키는 것이다.
    ④ 영양관리는 적절한 식품 관리로 필요한 영양소를 공급해주고 체내 면역체계를 튼튼하게 하여 좋은 체형을 유지하는 것이다.

체·형·관·리·학

모의고사 답안

《 제1회 》

1	②
2	④
3	③
4	③
5	①
6	③
7	③
8	④
9	②
10	①
11	②
12	③
13	④
14	①
15	④
16	②
17	②
18	③
19	①
20	④

《 제2회 》

1	②
2	③
3	③
4	①
5	①
6	②
7	③
8	④
9	③
10	①
11	②
12	④
13	①
14	①
15	③
16	②
17	③
18	②
19	④
20	②

참고문헌

1. 알기 쉬운 피부미용과 영양, 전형주 : 도서출판 효일, 2013.
2. 림프드레나쥐, 강수경 외 : 수문사, 2001
3. 생활주기영양학, 구재옥 : 도서출판 효일, 2006.
4. 식품과 조리원리, 안명수 : 신광출판사, 2007.
5. 기초영양학, 허채옥, 권순형, 김은미, 원선임, 박용순 : 수학사, 2012.
6. 비만관리학, 김면순 : 훈민사, 2010.
7. 비만 : 원인·평가·치료와 예방, 권봉안 : 대한미디어, 2006
8. 건강과 영양, 김혜경 외 4인 : 울산대출판부, 2006.
9. 피부영양학, 전세열, 한정순 : 정담미디어, 2012.
10. 복부 관리 프로그램이 성인 비만 여성의 식이섭취, 스트레스 지수 및 복부비만율에 미치는 영향, 이지원 외 : 한국영양학회지, 2012.
11. 피부 미용 기기학, 원윤경 외 : 훈민사, 2006.
12. 체형관리학, 강수경 외 : 청구문화사, 2007.
13. 비만은 없다, 이윤관 : 대경북스, 2010.
14. 비만관리학 Obesity management, 김은주 외 : 구민사, 2012.
15. 피부미용과 영양, 안홍석 외 공저 : 파워북, 2007.
16. 비만증 치료와 군살빼는 요령, 현대건강연구회 : 태을출판사, 2008.
17. 영양판정 및 실습, 서정숙 : 파워북, 2014
18. 식생활관리, 김현오 : 광문각, 2010.
19. 체형관리학, 김기연 외 : 청구문화사, 2009.
20. 한국인 영양소 섭취기준 : 한국영양학회, 2010.
21. 21세기 영양학, 최혜미 : 교문사, 2011
22. 속옷 잘 입어서 건강을 지키는 책, 박명복 : 도서출판 함께, 2005.
23. MEDICAL SKINCARE & SPA1, 김영미 : 도서출판 임송 , 2005.
24. 체형관리학, 정한조 외 : 구민사, 2013
25. 인체의 구조와 기능, 고일선 : 은하출판사, 2013

26. 스포츠마사지와 Body Action Therapy, 육조영 : 글누림, 2010.

27. 병원코디네이터, 전형주 외 : 구민사, 2015

28. http://cafe.daum.net/hanryulove/KKUP/115534?q=%BB%E7%BF%EC%B3%AA&re=1

29. http://gong6587.tistory.com/820

30. http://media.daum.net/culture/others/newsview?newsid=20150201144204221

31. http://cafe.daum.net/1004victory/5oS6/87?q=%B1%D9%B7%C2%BF%EE%B5%BF&re=1

32. http://blog.naver.com/PostView.nhn?blogId=thdthd1105&logNo=30163454555

33. http://blog.naver.com/PostView.nhn?blogId=proudex_efo&logNo=30160335554

34. http://terms.naver.com/entry.nhn?docId=2119908&mobile&cid=51004&categoryId=51004

체형관리사 자격시험 대비
체형관리학

초판발행	2015년 7월 01일
4쇄인쇄	2023년 3월 16일
지은이	전형주
펴낸이	김미아
펴낸곳	圖書出版 漢樹
출판등록	제303-2003-000031호
등록일자	2008년 8월 13일
주소	서울특별시 성동구 왕십리로 311-1
전화	02) 2281-8013
팩스	02) 2281-4102
문의 이메일	see502@naver.com

copyright ⓒ 전형주, 2015

ISBN 979-11-85174-22-8

이 책은 저작권자의 계약에 따라 출판하였습니다. 이 책은 저작권법에 따라 보호받는 저작물이므로 책의 내용을 무단으로 인용하거나 발췌를 금지하며, 이 책의 내용의 전부 또는 일부를 이용하려면 저작권자와 도서출판 한수의 서면동의를 받아야 합니다.

잘못된 책은 구입하신 서점에서 바꾸어 드립니다.
책 값은 뒤표지에 있습니다.